Aus der Werkstatt der

AMC Automobil und Motorrad Chronik

Hans-Jürgen Schneider
Halwart Schrader

Alles über
Geländewagen

Fahrzeugkauf · Geländepraxis · Tips und Technik

BLV Verlagsgesellschaft
München Wien Zürich

Bildnachweis:
Fotos und Zeichnungen: Alfa Romeo SpA (1), All-rad-Schmitt (4), American Motors/Jeep Corporation (9), ATW Auto-Montan-Werke (1), Audi NSU Auto Union AG (10), Automobil-Chronik (15), Automobil-Revue Bern (1), Autopresse International (4), Auto Zeitung Köln (2), BMW AG (1), Boge (1), Citroën SA (4), Comasco AG (1), Continental AG (5), Daihatsu (2), Daimler-Benz AG (9), Dangel SA (6), Deutsche Lada Import GmbH (3), Deutsche Nissan GmbH (7), Deutsche Renault AG (1), Dodge Div./ Chrysler Corporation (1), Wolfgang Drehsen (5), Bernd Ebener (1), Wolfgang Fehlhaber (1), Fiat SpA (6), Ford Werke AG/Ford Motor Corporation (5), Wieslaw Fusaro (28), General Motors (7), Archiv Heribert Hofner (3), International Diffusion (1), Leyland GmbH/BL (18), Maristar AG (1), MMC/Mitsubishi (3), Monteverdi AG (2), National Motor Museum (3), Off Road München (1), Florian Oesterreicher (1), Porsche AG (1), Renault Suisse AG (2), Rheinauer Maschinen GmbH. (1), Rob de la Rive-Box (1), Saurer AG (1), Hans-Peter Seufert (1), Hans-Jürgen Schneider (6), Halwart Schrader (5), Steyr-Daimler-Puch AG (1), Studio R. Saalfelden (7), Subaru Deutschland (3), Toyota Deutschland (12), UMM (1), Volkswagenwerk AG (6), Volvo Truck AB (1), Wenger Karosseriebau (6).

Farbaufnahmen: Audi NSU Auto Union AG (1), Automobil-Chronik (2), Autopresse International (2), Citroën SA (1), Daimler-Benz AG (1), Wolfgang Drehsen (1), Bernd Ebener (1), Wieslaw Fusaro (6), Michael Mosch/Nissan (1), Off Road München (1), Hans-Jürgen Schneider (1), Halwart Schrader (1), Hans-Peter Seufert (1), Subaru (1), Toyota Deutschland (1).

Das Titelfoto zeigt einen Range Rover, Teilnehmer der Camel Trophy Rallye 1982. Foto: Wolfgang Drehsen.

CIP-Kurztitelaufnahme der Deutschen Bibliothek

Schneider, Hans-Jürgen:
Alles über Geländewagen: Fahrzeugkauf, Geländepraxis, Tips u. Technik / H.-J. Schneider; H. Schrader. – München; Wien; Zürich: BLV Verlagsgesellschaft, 1983
    ISBN 3-405-12756-4
NE: Schrader, Halwart:

© 1983 BLV Verlagsgesellschaft mbH, München

Gesamtherstellung: Ludwig Auer, Donauwörth

Printed in Germany · ISBN 3-405-12756-4

Inhaltsverzeichnis

Zu diesem Buch

Die zunehmende Beliebtheit des Geländefahrzeugs in aller Welt ist ein Phänomen. Als eine Art Mode-Erscheinung kann man die Entwicklung durchaus nicht abtun, dafür ist sie viel zu kontinuierlich gewachsen, und keineswegs nur etwa bei uns in Mitteleuropa.

Der Begriff »off road«, wörtlich übersetzt »abseits der Straße«, kommt aus den Vereinigten Staaten und hat sich in den sechziger Jahren auch bei uns eingebürgert. Die technische Formel »4 x 4« ist da sehr viel nüchterner; sie sagt im übrigen aus, daß von den vier Rädern eines Fahrzeugs alle einzeln angetrieben werden. Wie immer man das geländegängige Vehikel bezeichnen will: Es stellt eine Herausforderung dar, Strecken und Entfernungen auf unkonventionelle Fortbewegungsart per Kraftfahrzeug zu bewältigen.

Gewiß, wie der Krieg der Vater so vieler Dinge ist, war auch der militärische Einsatz zunächst der Hauptzweck, allradgetriebene Personenfahrzeuge zu konstruieren. Hin und wieder hat man auch versucht, allradgetriebene Sport- und Rennwagen an den Start zu bringen, diese Entwicklung verlief aber in anderen Bahnen. Gleichwohl gibt es Berührungs- und Überschneidungspunkte – und so kommen wir um die Erwähnung eines rallyebewährten Audi Quattro heute gar nicht mehr herum, wenn wir vom Vierradantrieb sprechen.

Die Autoren haben sich bemüht, auf gedrängtem Raum allen Aspekten der Geländefahrerei gerecht zu werden. Der technische Laie soll in Ansätzen etwas über die Besonderheiten des 4 x 4 erfahren, die Unterschiede einzelner Grundkonstruktionen kennenlernen. Erkenntnisse und Erfahrungen aus der Praxis, sowohl im deutschen Wald gesammelt als auch in tropischen und subtropischen Gegenden oder in Schnee und Eis, haben bei der Entstehung dieses Buches ihren Niederschlag gefunden – ein ausführliches Kapitel ist deshalb der Fahrpraxis und auch dem Thema Ausrüstung gewidmet.

Breiten Raum nimmt die Vorstellung der heute erhältlichen Fahrzeuge ein, die wir mit vielen technischen Daten präsentieren. Es wurde indessen auf genaue Preisangaben verzichtet – diese Werte ändern sich heute allzu schnell, als daß sie lange nach Veröffentlichung noch aktuell sein könnten. Hier wie auf vielen anderen Gebieten ist es unumgänglich, sich anhand der Fachpresse zu orientieren, die in großer Vielfalt heute angeboten wird. Wenn Preisangaben dennoch gemacht wurden, etwa bei der Aufzählung von Zubehör, dann handelt es sich um unverbindliche Richtwerte vom Stand Januar 1983. Man tut also gut daran, aktuelle Informationen einzuholen.

Die Geländewagen-Fahrerei hat auch ihre nostalgischen Aspekte, zumindest bei einer großen Zahl von Freunden betagter Jeep-, Land-Rover- oder Munga-Fahrzeuge. Es gibt sogar Clubs, deren Mitglieder sich ausschließlich der Restaurierung, Erhaltung und des Einsatzes historischer Geländewagen annehmen. Deshalb enthält dieses Buch auch ein Kapitel zu diesem Thema. Wie auch der Tatsache Rechnung getragen wird, daß die Anschaffung eines 4 x 4 als Gebrauchtfahrzeug vielen – vor allem jüngeren – Allrad-Enthusiasten erst den Einstieg ins Hobby möglich macht.

Viele Möglichkeiten, sich mit einem 4 x 4 mal eben abseits der Straße ins Gelände zu begeben, bieten sich in unseren Breitengraden heute nicht mehr. Da aber das Boulevard-Flanieren einem überzeugten Geländewagenfahrer auch nicht unbedingt liegt, sucht er ständig nach Auswegen – hier macht sich die Mitgliedschaft in einem Club bezahlt, in dessen Regie gemeinsame Ausfahrten ohnehin viel mehr Spaß machen. Im Kreis einer gutgeführten Organisation lassen sich Wettbewerbe arrangieren, Langstreckenfahrten durchführen, Behördenprobleme lösen. Das ganz große Abenteuer, off road die USA oder Kanada zu durchqueren, Paris-Dakar mitzufahren oder auf Kurs Sumatra zu gehen, bleibt natürlich nur einigen wenigen Glücklichen vorbehalten. Es ist nichts desto weniger der Traum aller 4 x 4-Enthusiasten, und ihr Fahrzeug, wie simpel oder raffiniert, alt oder neu, schlicht-oliv oder poppigverchromt auch immer, gibt ihnen eine handfeste Grundlage, diesen Traum wenigstens hier und da auf heimischer Scholle bescheiden zu realisieren.

Die Geländefahrerei ist ein Sport, ganz ohne Zweifel. Er erfordert körperliche Fitness, Wagemut (ohne daß man indessen unwägbare Risiken eingehen müßte), Kameradschaft und Ausdauer. Hinzu kommen technisches Verständnis, so etwas wie Pfadfinder-Sinn und gute Nerven. Beifahrer und -rinnen sollten natürlich aus dem gleichen Holz geschnitzt sein. Hier scheiden sich bald die Geister ...

Möge die Lektüre dieses Buches allen Geländefahrzeug-Freunden und solchen, die es noch werden wollen, jene Informationen und Anregungen vermitteln, die sie erwarten. Anspruch auf Vollständigkeit können die einzelnen Kapitel nicht erheben – der Stoff wäre umfangreich genug, einen Wälzer von fünffachem Volumen zu füllen. Auch entstehen in unserer schnellebigen Zeit immer neue Konstruktionen und Varianten erprobter Modelle, die es sicher verdient hätten, ausführlich behandelt zu werden. Die Autoren haben versucht, alle bis zum Redaktionsschluß aktuellen Geländefahrzeug-Versionen zu berücksichtigen, wobei natürlich technische Veränderungen, die hier und da in der Zwischenzeit vorgenommen wurden, Abweichungen mit sich bringen können. Bleibt nur noch der fromme Wunsch: Rad- und Achsenbruch!

Renault R 5 in spezieller Ausführung als 6 x 6, gebaut 1981.

So kam das Auto auf den Allradantrieb

Den Erfindern des Automobils bereitete es genug Kopfzerbrechen, die Kraft des Verbrennungsmotors mittels Riemen oder Ketten auf eine Antriebsachse zu übertragen. Daß man auch mehr als nur zwei – nämlich die hinteren – Räder antreiben und wozu das vielleicht gut sein könnte, darüber machte man sich vor der Jahrhundertwende kaum Gedanken.

Ein Mann jedoch, dessen Name bald mit der Automobilgeschichte aufs engste verbunden sein sollte, beschäftigte sich mit der Frage des Vierradantriebs schon im Sommer des Jahres 1899 ganz intensiv. Kurze Zeit später war sein Fahrzeug einer der Mittelpunkte des Interesses auf der Weltausstellung zu Paris.

Es war Ferdinand Porsche, damals ganze 25 Jahre alt, der bei seinem ersten Arbeitgeber in der Fahrzeugbranche, Ludwig Lohner in Wien, ein Auto mit Allradantrieb baute. Das Basismodell hatte nur Vorderradantrieb, wobei die Besonderheit beider Versionen im Antriebssystem selbst lag. Der Lohner-Porsche hatte nämlich Elektro-Innenpolmotoren in den Radnaben. Sie leisteten je 2,25 PS bei 120 Umdrehungen pro Minute. Die Batterien, mit denen die Motoren gespeist wurden, hatten 60 bis 80 Volt Spannung bei einer Kapazität von etwa 300 Ampèrestunden. Bei einem Schnitt von damals ganz beachtlichen 35 km/h reichte das für einen Aktionsradius von 50 Kilometern.

Porsche hatte das Auto natürlich nicht als Geländefahrzeug konzipiert. Es ging ihm vielmehr darum, an allen vier Rädern möglichst gleichmäßig viel Kraft auf den Boden zu bringen. Die Idee wurde aber weder von Porsche noch seinen Kollegen damals weiterverfolgt. Erst 55 Jahre später gab es wieder ein Auto mit Allradantrieb, das den Namen Porsche trug – das war der in Zuffenhausen entwickelte Typ 597, gebaut für die Bundeswehr. Ein Auto, das gegen den DKW Munga antreten sollte, über das Versuchsstadium aber nicht hinauskam.

Ferdinand Porsche hatte jedoch großen Anteil an der Entwicklung eines anderen Allradwagens, der indessen als VW in die Geschichte einging: Das war der Schwimmwagen vom Typ 166. Und nach dem Kriege, im Jahre 1947, baute Porsches Sohn Ferry für die italienische Firma Cisitaia einen allradgetriebenen Rennwagen, dem alle große Chancen einräumten – doch noch vor der Fertigstellung des 12-Zylinder-Monoposto ging den Auftraggebern das Kleingeld aus. Der Prototyp blieb ein nie eingesetztes Einzelstück.

Auch der von der holländischen Automobilfirma Spyker 1904 vorgestellte Allradwagen stellte gewiß kein Geländefahrzeug dar. Das auf der damaligen Amsterdamer Automobilausstellung präsentierte Modell 32/40 PS, dessen Vierzylindermotor 8,7 Liter Hubraum hatte und mittels zweier Kardanwellen beide Fahrzeugachsen antrieb, war so teuer, daß nur vier Kunden eine Bestellung aufgaben. Damals baute man noch Automobile auf ausdrückliche Order vermögender Auftraggeber. Keiner der vier Allrad-Spyker hat überlebt.

Als echten Wettbewerbswagen darf man den von Walter Christie 1905 gebauten 4 x 4 betrachten. Der Amerikaner hatte seinem Boliden im Bug wie im Heck je einen 60-PS-Vierzylindermotor verpaßt. Aber es gab ständig Probleme mit den nicht drehzahl-synchron laufenden Aggregaten. Christies Auto war als Bergrennwagen gedacht, so wie auch

Allradgetriebenes Elektromobil 1900: Ferdinand Porsches Spezialwagen mit Innenpolmotoren in den Radnaben.

Bugatti 1932 mit einem Allradfahrzeug (Modell 53) am Berg debütierte. Rechnungen dieser Art gingen aber nicht auf – damals. Die Konkurrenz war leichtgewichtiger und daher schneller. So gut das Fahrverhalten allradgetriebener Rennwagen, wie 1961 mit dem 1,5 Liter Ferguson bewiesen, auch war, vor allem bei kritischen Wettverhältnissen. So kam auch der 1969 präsentierte Cosworth-GP-Wagen über das Prototypenstadium nicht hinaus. Zu schwer, zu teuer, zu anfällig – das waren die Argumente, warum der Allrad-Wettbewerbswagen im Motorsport bis zum Auftauchen des Audi Quattro keinen Durchbruch erlebte.

Gewichtsprobleme waren es auch, die im »normalen« Personenwagenbau dem Allradantrieb Schranken setzten. Allenfalls bei großen Lastwagen spielte dies eine untergeordnete Rolle. Pionierarbeiten bei der Entwicklung leichterer – an heutigen Maßstäben gemessen aber immer noch sehr schwergewichtiger – Motorwagen mit Allradantrieb leisteten Daimler-Benz und Horch. Kunden aus nicht-militärischen Bereichen zeigten an solchen, meist als 6 x 4 (sechs Räder, davon vier angetrieben) ausgelegten Fahrzeugen indessen nur geringes Interesse. Bessere, leichtere Konstruktionen entstanden erst Mitte der dreißiger Jahre, aber auch wieder vorrangig für militärische Auftraggeber.

So schrieb damals das Heereswaffenamt den Bau von einem Militärfahrzeug aus, für das präzise Spezifikationen vorgegeben waren. Den Firmen, die sich am Konstruktionswettbewerb beteiligten, blieb nicht viel Spielraum zur Verwirklichung eigener Ideen. Fahrzeuge solcher Art entstanden bei BMW, Hanomag, Stoewer; die Unterscheidung lag nachher hauptsächlich in ihrer Motorisierung. Den Krieg machten nicht allzu viele der insgesamt 14 000 »leichten geländegängigen Personenwagen Kfz 1« mit. Den Rang lief diesen Fahrzeugen der VW-Kübelsitzer vom Typ 82 ab. Ein Fahrzeug ohne Allradantrieb!

Oben: Mercedes-Versuchsfahrzeug im Gelände, 1937. Rechts daneben ein russischer GAZ-67 von 1943, gebaut nach Jeep-Vorbild.

Aber es gab vom damaligen VW auch eine 4×4-Version. Oder sogar mehrere. Einmal baute man einige Käfer (das Auto trug seinerzeit die Bezeichnung »Kraft-durch-Freude-Wagen«) mit Vierradantrieb, bekanntgeworden als Typen 86 und 87, und auf gleicher Basis entstand der VW 166, das allradgetriebene Amphibienauto mit ausgezeichneten Geländeeigenschaften, das eingangs bereits erwähnt wurde.

Der leichte Personenwagen, der dem amerikanischen Heer im zweiten Weltkrieg zur Verfügung stand, war der heute in aller Welt bestens bekannte Jeep. Seine Entstehungsgeschichte ist bemerkenswert. 135 amerikanische Firmen hatten im Juli 1940 vom Kriegsministerium die Aufforderung erhalten, an einem Konstruktionswettbewerb teilzunehmen, aus dem ein Einheitsfahrzeug für die US-Armee resultieren sollte – das es bis dato nicht gab. Der in Europa ausgebrochene Krieg diktierte das Tempo: In nur vier Wochen wollte man in Washington die ersten Entwürfe sehen!

Vierzehn Automobilhersteller sagten zu, an diesem Wettbewerb teilzunehmen. Sie verpflichteten sich dadurch, in genau sieben Wochen ihren Prototyp vorzuführen. Aber nur ein einziges dieser vierzehn Unternehmen hielt den Termin auch tatsächlich ein: Die American Bantam Car Company in Butler, Pennsylvania. Auf die Minute genau fuhr der von der ehemaligen Austin-Lizenzbau-Firma erstellte »Bantam Reconnaissance Command 40 HP« am 49. Tag des Countdown durchs Tor des Versuchsgeländes. Und die erste Beurteilung des Fahrzeugs durch die Prüfungskommission fiel sehr positiv aus.

Ein Heeresauftrag zum Bau des 4×4 Reconnaissance Command sollte die Firma Bantam vor dem sicheren Bankrott retten, denn ihre Geschäfte gingen schlecht. Dennoch wurden nur wenige Fahrzeuge bei Bantam gebaut, so überzeugend die Konstruktion des Wagens auch war. Aus einfachem Grunde: Die Produktionskapazität dieser vergleichsweise winzigen Firma war viel zu klein. Obwohl verspätet, traten auch Willys-Overland und Ford mit einem 4×4 an. Ihre wie Bantams Versuchsmodelle wurden einem harten 30-Tage-Test unterzogen. Als feststand, daß nur eine größere Fabrik die Heeresaufträge bewältigen würde, war die Entscheidung für Ford und Willys-Overland gefallen – beide teilten

Mercedes-Benz 170 VL von 1939 mit Allradantrieb, ein typischer »Kübelwagen« jener Zeit.

sich den Brocken. Bantam stellte zwar noch eine Serie von 2500 Fahrzeugen her, erhielt dann aber nur noch Aufträge zum Bau von Anhängern für den Jeep der Konkurrenz . . .

Die bei Ford und Willys-Overland produzierten Fahrzeuge waren bis auf Kleinigkeiten so gut wie identisch. Der Name »Jeep« soll im übrigen erstmals von einem Redakteur der Washington Post benutzt worden sein, der die Buchstaben G und P (so kürzte man die Bezeichnung des Wagens »General Purpose« = Allzweck ab) phonetisch zusammenzog. Ab 1942 wurde dieser Name in der US-Armee nach und nach auch offiziell benutzt.

Den Namen Jeep ließ sich Willys-Overland, nicht etwa Ford, kurz nach Kriegsende schützen, nach 639 000 gebauten Einheiten. 1953, als die Firma in die Hände des Kaiser-Konzerns überging, wurde die Tochterfirma Willys Motors inc. gegründet, der Jeep für zivile und militärische Zwecke weitergebaut. Auch mit Zweiradantrieb übrigens. 1963 etablierte sich die Kaiser-Jeep Corporation, die 1970 mit anderen Firmen zur American Motors Inc. verschmolz. Die Wortmarke Jeep ist nach wie vor ausschließlich ihr geschützt.

Auch den Nachfolger des Militär-Jeeps, Baumuster M38, bauten Kaiser und Ford gemeinsam – den Typ M151, der jetzt aber eine bei Ford entwickelte Konstruktion war. 1960 kam dieses Fahrzeug heraus.

Dem amerikanischen Jeep nachempfunden war auch der erste Toyota

Unten links: Prototyp des amerikanischen Armee-Jeeps, der 1940 gebaute Bantam. Rechts daneben der klassische Willys Jeep M38.

4 x 4 – keineswegs eine US-Lizenz wie etwa der Mitsubishi-Jeep, der als Typ CJ3B, CJ4 oder CJ4C den amerikanischen Modellen exakt entsprach. Doch der Polizei-Toyota von 1951 mauserte sich schnell zu einer eigenständigen Konstruktion, die allmählich zu dem wurde, was sie heute ist: Vorbildlich in vieler Hinsicht. Der Nissan Patrol, heute ein starker Konkurrent zum Toyota Landcruiser, verleugnete in seiner Urform die Verwandtschaft zum US-Jeep ebenso wenig. Von 1952 bis 1959 veränderte sich dieses Fahrzeug kaum, während der Patrol 60 ab Jahrgang 1961 Formen anzunehmen begann, die den Weg dieser Konstruktion in unsere heutige Zeit aufzeigen. 3,4- oder 3,6-Liter-

Geländetest mit Schwierigkeiten: Ein Land-Rover zieht den anderen aus dem Schlamm . . .

Sechszylindermotoren hatten die japanischen 4 x 4 seit Anbeginn, permanenter Vierradantrieb war selbstverständlich, Differentialsperren allerdings unbekannt.

Erster Allradwagen in der Bundesrepublik, wenn auch nicht gerade mit Personenwagen-Charakteristik, war der Unimog. Der 1948 in Frankfurt vorgestellte Mehrzweck-Bolide mit dem Dieselmotor des (erst später debütierenden) Mercedes 170 D lief damals noch unter der Marke Boehringer GmbH, Göppingen. Das »Universal-Motor-Gerät« mit nur 1,70 Meter Radstand und einer Bauchfreiheit von gut 40 Zentimetern wurde erst 1951 ein Daimler-Benz-Produkt. Kurze Zeit darauf machte man sich bei der Auto Union, damals noch Düsseldorf, an die Konstruktion eines leichten 4 x 4 mit Zweitaktmotor; parallel dazu entstanden ähnliche Fahrzeuge bei Borgward in Bremen (Motor des Goliath) und Porsche in Stuttgart (Typ 597).

Der Land-Rover feierte seine Premiere im Jahre 1948; dieser Wagen war ebenfalls zunächst ein Landwirtschaftsfahrzeug, für das sich dann auch die britische Armee interessierte. Aber es gab auch gleich Konkurrenz von Austin in Gestalt der Modelle Champ und Gipsy.

1969 stellte Chevrolet eine neue Allrad-Generation mit dem volumigen, beinahe bulligen Blazer vor, ein Jahr später war in Europa der Range Rover da. Diese Allrad-Personenwagen hatten kaum mehr etwas von einem Arbeitsvehikel an sich – sie waren im wahrsten Sinne des Wortes »salonfähig« geworden. Ford zielte mit dem Bronco, IHC mit dem Scout, Monteverdi mit seinen – ebenfalls auf Scout-Mechanik basierenden – Typen Sahara und Safari auch in diese Richtung. Ein elegantes, geräumiges und komfortables Alltagsfahrzeug mit den Qualitäten eines geländegängigen 4 x 4 – das war ein Trend, dem immer mehr Automobilhersteller folgten, und selbstverständlich waren es die Amerikaner, denen diese Fahrzeugart auf Anhieb gefiel. Der US-Markt ist auch heute ein wichtiges Absatzgebiet europäischer und japanischer Hersteller solcher Fahrzeuge.

Den Vierradantrieb als interessante Konstruktion auch für die Schnellstraße entdeckte die englische Firma Jensen im Jahre 1965 wieder. Gemeinsam mit dem Ingenieursbüro Ferguson, für extravagante Antriebskonzepte schon lange branchenbekannt, entwickelte man damals den Jensen Interceptor CV8 FF. Mit großvolumigem Ami-V8-Motor und Getriebe-Vollautomatik, rassigen Coupé-Linien und feudalem Leder-Interieur war der FF ein Automobil der Luxusklasse – und blieb ein Außenseiter. Im Motorsport spielte dieses Auto keine Rolle. Ganz im Gegensatz zum Audi Quattro fünfzehn Jahre später . . .

Auf dem Gebiet des »normalen« Personenwagens für den Straßen-, weniger für den Geländebetrieb kam die japanische Firma Subaru 1979 mit einem 4 x 4 heraus. Der Fronttriebler mit zuschaltbarem Heckantrieb – wie bei den ersten DKW Munga – zeigt seine Stärke genau wie der ein Jahr später von American Motors (AMC) präsentierte Eagle vor allem im Schnee. Diese Autos sind keine Querfeldeinmobile, wie auch der Audi Quattro, wenngleich allradgetrieben, sich nicht als Geländewagen versteht. In der Beherrschung extremer Straßensituationen, sei es im Sport oder im Alltag, spielt ein solcher Personenwagen seine Qualitäten gegenüber normalen, zweiradgetriebenen Automobilen aus.

Oben links: DKW Munga von 1962. Rechts daneben ein um 20 Jahre jüngerer Geländewagen: Mercedes-Benz/Puch 230 G als Bergungswagen der Freiwilligen Feuerwehr Passau.

Gelungene Kompromisse zwischen Personenwagen-Konzept und 4 x 4-Fahreigenschaften bieten Fahrzeuge, wie sie die Russen 1976 mit dem Shiguli-Lada Niva vorstellten. Daß ein Geländewagen nicht immer ein offenes Fahrzeug, allenfalls mit Hardtop, sein muß, sondern auch eine zwei- oder viertürige Limousine sein darf, war nicht neu – siehe Range-Rover. Aber der Lada Niva war zweifellos originell und keine Kopie irgend welcher anderen Konstruktionen.

1979 erschien Daimler-Benz mit seinem in Zusammenarbeit mit der Steyr-Daimler-Puch AG, Graz, konstruierten Typ G, der in einigen Ländern ausschließlich als Auto der Marke Puch vertrieben wird. Zwar sind die aufwendige Konstruktion dieses Fahrzeugs und seine perfekte Verarbeitung Ursachen für den hohen Preis, der den Wagen mit zum teuersten Serien-4 x 4 Europas avancieren ließ, doch sind sich Experten über die Qualitäten des schwäbisch-steyrischen Geländewagens einig und des Lobes voll.

Es mag heute rund um den Globus fünfzig oder auch mehr Allrad-Fahrzeug-Marken geben. Mehr als die Hälfte von ihnen teilt sich indessen

Aggregate und Bauelemente – und auch Styling-Details. Wobei die Amerikaner in vieler Beziehung die Ahnherren so mancher Idee abgeben: Dem Ur-Jeep von Willys-Overland nachempfundene Karosserien werden heute schon für kleine japanische 4 x 4-Wagen angeboten (zur nachträglichen Umrüstung), auch baut man Jeep-ähnliche Fahrzeuge auf Basis japanischer Großserienwagen auf den Philippinen zu Großraum-Taxis um, die man dort Jeepneys nennt – natürlich kommen sie mit Zweirad-Antrieb aus.

Individuell zu Allradfahrzeugen umgebaute Automobile, die jedem hiesigen TÜV-Mann das Haar ergrauen lassen würden, sind außerhalb Europas, in erster Linie natürlich in den Vereinigten Staaten, gang und gäbe. Großraum-Vans, Pickups oder Station Wagons jeden Kalibers

Allradgetriebenes Superlativ-Automobil mit Weltmeister-Attributen: Audi Quattro 1982.

begegnet man im amerikanischen Westen und Südwesten in 4 x 4-Modifikation besonders häufig. Aus einer anfänglichen Modewelle, so scheint es, hat sich eine Fortbewegungs-Philosophie entwickelt, die sich wohl an der Romantik des Cowboy- und Western-Life orientiert, den Geschmack von Freiheit und Individualismus vermittelt. Ein gutes Stück davon wurde mittlerweile nach Europa exportiert – und das nicht erst seit dem Start einer großangelegten Werbekampagne für eine bestimmte Zigarettenmarke. So oder so: Off Road verheißt die Möglichkeit, ausgetretene Pfade zu verlassen, und daß man sich hierzu heutzutage des Automobils bedient, liegt auf der Hand.

Geländewagen-Know How

Es hat durchaus seine Berechtigung, daß geländegängige Fahrzeuge auch in den 80er Jahren größtenteils noch nach Maßstäben gebaut werden, die im modernen Pkw-Bau nur noch zum Teil eine Rolle spielen. Die wesentlichen Kriterien heißen: Verwindungsfestigkeit von Chassis und Aufbau, Unempfindlichkeit gegenüber Schlägen und Stößen aller Art, große Bodenfreiheit, hohes Drehmoment bei niedriger Drehzahl, gute Traktion auch bei extremen Bodenverhältnissen, optimale Reparatur- und Servicefreundlichkeit.

Der Antrieb

Charakteristisches Merkmal reinrassiger Geländewagen ist der Allradantrieb. Der Kraftfluß sieht folgendermaßen aus: Bei fast allen Fahrzeugen wird die Motorkraft zunächst über die Kupplung an ein normales, unmittelbar am Motor angeflanschtes Vier- oder Fünfgang-Schaltgetriebe und von dort über eine kurze Welle an ein sogenanntes »Zwischengetriebe« weitergegeben. Von diesem zentralen Schaltkasten aus führen zwei separate Antriebsstränge, meist einteilige Gelenk- oder »Kardan«-Wellen, zu den beiden Achswellen und damit zu den Differentialen und den Rädern. In der Regel hat das Zwischengetriebe zwei verschiedene Aufgaben zu erfüllen: Gleichmäßige Verteilung der Motorkraft auf Vorder- und Hinterachse und – bei Bedarf – Reduzierung der Fahrgeschwindigkeit bei gleichbleibender Motordrehzahl. Das Gehäuse beherbergt demnach zwei unterschiedliche Komponenten: Ein Verteilergetriebe und ein Reduziergetriebe.

Zwischen-, Verteiler- und Reduziergetriebe

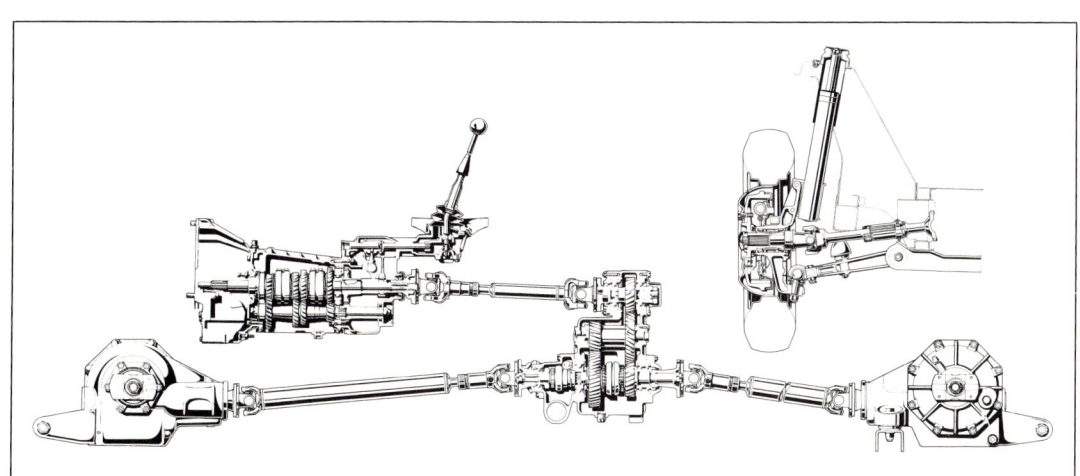

Der Radsatz, der im Reduziergetriebe enthalten ist, sorgt in allen vier (oder fünf) Normal-Gangstufen für eine zusätzliche Gelände-Übersetzung. Oft handelt es sich um zweistufige Vorgelege, die aus einem Viergang- ein Achtgang-Getriebe oder aus einer Fünfgang- eine Zehngangschaltung machen. Das Vorgelege bewirkt im allgemeinen eine Reduzierung der Übersetzung im Verhältnis 2:1.

Längsschnitt durch Getriebe und Antrieb des Fiat Campagnola.

**Zuschaltbarer
Allradantrieb**

Auch das Verteilergetriebe wird über den erwähnten Zusatzhebel bedient – zumindest dann, wenn es sich um einen Wagen mit ständig angetriebener Hinterachse und wahlweise zuschaltbarem Vorderradantrieb handelt. Und das ist bei den weitaus meisten Fahrzeugen der Fall: AMC Jeep, ARO 24, Chevrolet Blazer, Daihatsu Wildcat, Fiat Campagnola und Land-Rover verfügen genauso über einen zuschaltbaren Allradantrieb wie Mercedes G, Nissan Patrol, Suzuki LJ 80 und Toyota Landcruiser.

Unten: Japanischer Toyota-Landcruiser in Softtop-Ausführung. Die Freilaufnaben müssen bei Wagen dieser Modellreihe von Hand ein- oder ausgeschaltet werden.

Daß der Vierradantrieb bei normaler Straßenfahrt abgeschaltet und beim Wühlen im Gelände zugeschaltet werden kann, hat viele Vorteile: Die Reibungsverluste auf Asphalt bleiben relativ niedrig, die Motorleistung kann besser genutzt werden, der Spritkonsum wird leicht reduziert, die Mechanik wird weniger stark beansprucht. Doch das Abschalten der Vorderachse ist erst die halbe Arbeit: Schließlich wird der gesamte, inaktive Antriebsstrang immer noch von den rollenden Rädern mitgenommen, mit denen er fest verbunden ist. Er dreht leer durch, leistet nichts, aber beansprucht die Lager.

Freilaufnaben

Radikale Marscherleichterung können nur Freilaufnaben bringen, als Zubehör zum Nachrüsten erhältlich oder gleich ab Werk serienmäßig eingebaut. Die Spezialnaben bewirken, daß die Verbindung zwischen den Antriebswellen und den Rädern unterbrochen wird (Stellung »free«). Die Räder rotieren, der Antriebsstrang ruht vollkommen. Umgekehrt kann natürlich auch keine Kraft auf die Vorderräder übertragen werden, solange die Freilaufnaben entriegelt sind. Wer das nicht bedenkt, kommt im Gelände selbst mit eingeschaltetem Reduziergetriebe nicht sonderlich weit: Die Antriebssysteme arbeiten vorn und hinten mit voller Kraft, doch die Vorderräder drehen leer. Man ist also wohl oder übel meist gezwungen, auszusteigen und die Freilaufnaben mit dem üblichen Drehverschluß zu arretieren (Stellung »lock«); nur die wenigsten Modelle weisen eine Fernbetätigung auf.

Eine besondere Spielart dieses Systems, die sogenannte »automatische Freilaufnabe«, ist unter Experten umstritten. Es gibt nur eine Stellung »lock« und eine Stellung »automatic«, die Position »free« fällt weg. Bei Automatik-Schaltung wird ein »Überhol-Freilauf« in Gang gesetzt, der es dem entsprechenden Rad möglich macht, schneller als die Antriebswelle zu drehen. Ein langsameres Drehen wird dagegen vollkommen ausgeschlossen. Immer dann also, wenn die in »automatic«-Position gebrachten Räder schneller als die betreffende Antriebsachse rotieren (in engen Kurven, beim Fahren mit Motorbremse), wird der Allradantrieb de facto außer Gefecht gesetzt. Kraft wird nur noch auf die Räder ohne Freilaufnaben übertragen. Auch beim Rückwärtsfahren tritt dieser Effekt ein. Fatal, daß der Allradantrieb ausgerechnet immer dann aussetzt, wenn man ihn am dringendsten braucht – bei kritischen Fahrmanövern aller Art.

Fast verständlich, daß nicht alle Geländewagenhersteller auf abschaltbaren Four-wheel-drive und Freilaufnaben schwören. Auch viele Off-Road-Fahrer halten den Aufwand, der mit den Vario-Systemen verbunden ist, für übertrieben, die Effektivität für zumindest teilweise unbefriedigend. Leyland zog als einer der ersten Produzenten vor rund 20 Jahren die Konsequenzen und präsentierte ein Auto mit permanentem Allradantrieb, den Range Rover. Den Nachteilen, die dieses System mit sich bringt (mehr mechanische Geräusche, höherer Abnutzungsgrad, erhöhter Verbrauch) stehen Vorzüge gegenüber, die sich nicht so ohne

Permanenter Allradantrieb

Range Rover – einer der wenigen Geländewagen mit permanentem Allradantrieb. Als der Wagen 1970 vorgestellt wurde, erregte er beträchtliches Aufsehen.

weiteres von der Hand weisen lassen: Das Fahrverhalten eines Autos mit ständigem Vierradantrieb ist nicht nur im Gelände, sondern auch auf der Straße sehr ausgewogen. Besonders auf regennasser, laubbedeckter oder verschneiter Fahrbahn zahlt sich der permanente Kraftzufluß zu allen vier Rädern aus. Das Fahrverhalten wird deutlich verbessert, der Wagen bleibt auch in kritischen Kurven unter Kontrolle.
Neben dem Range Rover, der bekannt ist für seine hervorragenden Fahreigenschaften selbst bei hohen Geschwindigkeiten auf der Autobahn, weisen auch Fahrzeuge wie der Audi Quattro, der Dodge Ramcharger und der Lada Niva permanenten Vierradantrieb auf.

Bei Autos dieser Bauart findet sich im Zwischengetriebe ein drittes, zentrales Differential, das die Aufgabe hat, Motorkraft und Drehmoment der Bodenbeschaffenheit und dem Straßenverlauf entsprechend optimal auf Vorder- und Hinterachse zu verteilen.
Ein Ausgleich zwischen den Achsen ist aus mehreren Gründen notwendig: Auf stark welligem Untergrund können die Abrollwege für die vorderen Räder größer oder kleiner sein als für die Hinterräder; die gelenkten Vorderräder rotieren beim Durchfahren von Kurven aufgrund der größeren Radien, die sie durchlaufen, schneller als die gezogenen

Zentraldifferential und Längssperren

Hinterräder; wenn Luftdruck und Radlast unterschiedlich groß sind, können Abrollumfang und Raddrehzahl von Vorder- und Hinterachse unterschiedlich sein.

Um nun Verspannungen in der Kraftübertragung und übermäßigen Reifenverschleiß zu vermeiden, müssen beide Achsen ganz unabhängig voneinander drehen können, zumindest auf trockenen Asphalt- oder Betonstraßen. Auf schlüpfrigem oder nassem Untergrund spielt es keine große Rolle, ob die Achsen gekoppelt sind oder nicht. Hier tritt der notwendige Schlupfausgleich praktisch automatisch ein – ohne Schaden für Reifen und Kraftübertragung.

Ein Zentraldifferential funktioniert im Prinzip wie ein normales Achs-Ausgleichsgetriebe, bloß daß hier die Drehkraft nicht auf zwei Räder, sondern auf zwei Achsen übertragen wird. Im Gelände besteht allerdings die Gefahr, daß eine Achse durchdreht und in sinnloser Rotation die ganze Leistung schluckt, die andere Achse aber in ebenso nutzloser Ruhe verharrt. Das Traktionsvermögen läßt sich in derartigen Fällen nur wieder herstellen, wenn das Zentraldifferential völlig zu sperren ist. Erst dann kann die Kraft so gleichmäßig und effektiv zu den Rädern fließen wie bei einem Auto, das einen zwar zuschaltbaren, von der Funktionsweise her aber starren Allradantrieb hat.

Klassisches Layout eines 4 x 4 mit zuschaltbarem Vorderradantrieb: Fiat Campagnola.

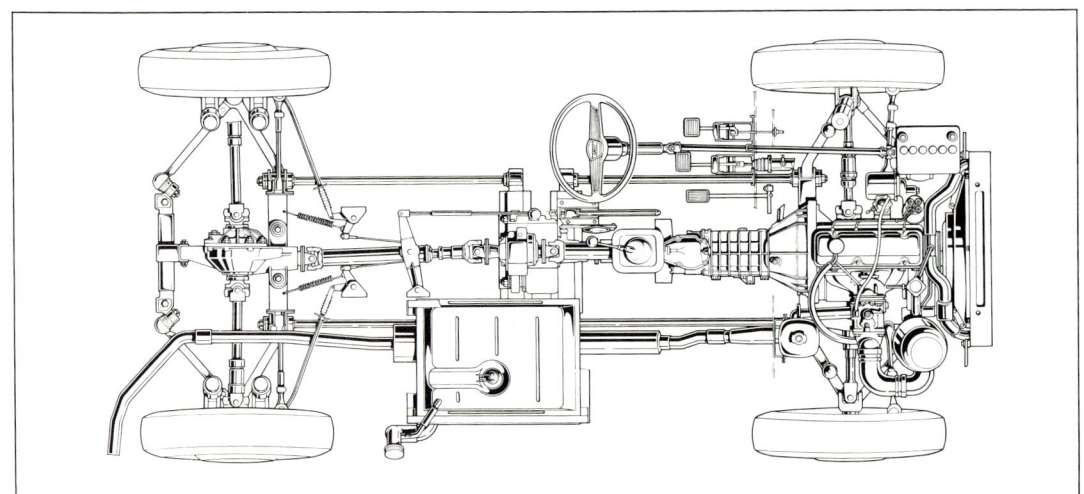

Achsdifferentiale Differentialsperren

»Quersperren« heißen demgegenüber die Vorrichtungen, mit denen die beiden Achsdifferentiale gesperrt werden können. Leider sind nur wenige Wagen ab Werk mit Differentialsperren oder Differentialbremsen ausgerüstet. Dabei kann im Grunde genommen kein Off-Road-Pilot auf Dauer auf diese nützlichen Einrichtungen verzichten. Verhindern doch die Differentialsperren an den Achsen in hakeligen Passagen, daß die Räder etwa auf der linken Fahrzeugseite durchdrehen und auf der rechten Seite einfach stehenbleiben.

Um zu verstehen, wie diese Sperren funktionieren, muß man sich zunächst einmal klarmachen, wie ein normales Achsdifferential arbeitet. Ausgleichsgetriebe sorgen beim Pkw wie beim Geländewagen dafür, daß die Räder der angetriebenen Achsen bei Kurvenfahrt unterschiedlich lange Wege zurücklegen können, ohne zu radieren. Die Differenz zwischen kleinerem Innenkreis und größerem Außenkreis wird automatisch ausgeglichen – daher der Name »Differential«. Bis zu einer gewissen Schlupfgrenze wird auf beide Räder einer Antriebsachse eine annähernd gleich große Drehkraft übertragen, auch dann, wenn links andere Raddrehzahlen auftreten als rechts.

Vorgenommen wird die Drehkraftverteilung von Ausgleichskegelrädern im Differentialgehäuse, die praktisch wie gleicharmige Hebel zwischen den Antriebskegelrädern wirken, ohne sich dabei durch die unterschiedlichen Raddrehzahlen irritieren zu lassen.

Die Nachteile dieses Systems treten auf glattem oder glitschigem Untergrund schnell zu Tage: Sobald ein Rad durchdreht, verpufft hier die gesamte Antriebsleistung. Ursache: Das Differential ist immer bestrebt, auf beide Räder ein möglichst gleich großes Pensum an Drehkraft zu übertragen. Steht nun ein Rad beispielsweise auf Glatteis, genügen bereits minimale Kräfte, um dieses Rad durchdrehen zu lassen. Dem Prinzip der gleichmäßigen Drehkraftverteilung entsprechend wird nun auch auf das Rad, das auf griffigem Boden steht, nur wenig Kraft übertragen – zu wenig, um das Fahrzeug von der Stelle zu bewegen. Abhilfe kann hier nur mit Einzelradbremsen und Sperrdifferentialen geschaffen werden. Nun finden sich im modernen Geländewagen entweder selbsthemmende Sperren mit variablem Sperrfaktor (»Differentialbremsen«) oder manuell zuschaltbare Sperren mit hundertprozentiger Sperrwirkung. Zunächst zum vollsperrenden Differential: Hier verhalten sich beide Räder einer Achse so, als wären sie über eine durchgehende Welle miteinander verbunden. Die Ausgleichswirkung wird vollkommen ausgeschaltet, links herrschen die gleichen Raddrehzahlen wie rechts.

Hervorgerufen wird diese Wirkung beispielsweise durch solide Klauen, die in entsprechend geformte Aussparungen einrasten und so eine der beiden Achswellen mit dem Differentialkorb drehfest verriegeln. Das genügt, um auch der anderen Achswelle eine gemeinsame Drehzahl aufzuzwingen.

Weil Vollsperren nur in der Hand routinierter Könner ihre Qualitäten nutzbringend entfalten können, verzichten die meisten Geländewagenbauer darauf, ihre Produkte ab Werk mit vollsperrbaren Differentialen auszurüsten. Werden Sperrdifferentiale dennoch serienmäßig eingebaut, ist die Sperrwirkung meist begrenzt. So ist der Nissan/Datsun Patrol an der Hinterachse mit einem Sperrdifferential ausgerüstet, mit dem lediglich eine Sperrwirkung von 45 Prozent zu erzielen ist. Ein gewisser Schlupf bleibt also erhalten.

Differentialbremsen

Neben den manuell zuschaltbaren Sperren gibt es auch Sperrdifferentiale, die automatisch die Ausgleichswirkung aufheben. Diese Einrichtungen werden »selbstsperrende«, »selbsthemmende« Differentiale oder auch »Differentialbremsen« genannt. Vor allem bei Fahrzeugen der Luxusklasse finden sich serienmäßig eingebaute Differentialbremsen: Dodge Ramcharger, Felber Oasis, Jeep Renegade und Wagoneer, Monteverdi Safari (»Power-Lock«-System), Sbarro Windhawk.

Das Zweckmäßige bei selbstsperrenden Differentialen: Die Sperrwirkung wird automatisch um so intensiver, je größer das Drehmoment ist, das auf die Antriebswellen übertragen wird. Besondere Hebel müssen vom Fahrer nicht bedient werden. Dafür, daß die Sperrwirkung mit wachsendem Drehmoment größer wird, sind Lamellenbremsen oder andere stark reibende Bauelemente verantwortlich: Wenn das Drehmoment anwächst, werden besondere Druckringe im Differentialkorb gegen die Lamellen oder gegen spezielle Mitnehmerscheiben gepreßt. Aufgrund der dadurch entstehenden Reibung wird die Ausgleichswirkung des Differentials teilweise aufgehoben, auf beide Räder einer Achse wird ausreichend Antriebskraft übertragen. Die Hemmwirkung liegt anders als bei der Vollsperre allerdings nicht bei 100, sondern zwischen 30 und 70 Prozent.

Natürlich haben Differentialbremsen auch ihre Nachteile. Ausgerechnet in Geländesituationen, die nur mit ausgeprägter Sperrwirkung zu meistern sind, können selbstsperrende Differentiale gar nicht wirksam werden. Um beispielsweise Räder anzutreiben, die sich in bodenlosem Morast drehen, sind nur geringe Drehkräfte notwendig. Es wird also gar nicht das entfaltet, was selbstsperrende Differentiale erst zu der gewünschten Wirkung bewegt – hohes Drehmoment nämlich. Diesen

Der Trick mit der Handbremse

Nachteil kann man freilich mit einem Trick ausschalten: Man zieht – wohl dosiert, versteht sich – die Handbremse an. Voraussetzung dafür, daß der Trick auch funktioniert, ist allerdings, daß die Handbremse auf eine angetriebene Achse und nicht auf die Kardanwelle wirkt. Sobald nun die Handbremse betätigt wird, muß der Motor schwerer ziehen, überträgt sich mehr Drehmoment auf den Achsantrieb und ruft somit die gewünschte Sperrwirkung hervor. Wer das einmal ausprobiert hat, wird verblüfft sein über den Gewinn an Traktionsvermögen, der durch diese Prozedur erzielt wird.

Einen anderen Nachteil, der für Differentialbremsen typisch ist, kann man dagegen nicht ausmerzen: Selbsthemmende Sperren rufen einen zwar kontrollierten, dennoch aber nicht unerheblichen Rest-Schlupf an den Rädern hervor. Durch die Reibung, die dabei entsteht, wird eine Menge Wärme produziert. Im Extremfall kann das dazu führen, daß der Schmierstoff im Antrieb verdampft, daß die Lager auslaufen und die beweglichen Teile festgehen.

Neben den konventionellen Differentialbremsen gibt es auch Differentiale, die im Normalzustand gesperrt sind, mit wachsendem Drehmoment aber die Sperrwirkung immer mehr aufheben. Bei diesen selbstentriegelnden Differentialen wird im Ausgangszustand durch vorgespannte Reibkupplungen eine Teilsperrwirkung erzielt. Je mehr Drehmoment nun auf ein derartiges Aggregat einwirkt, desto stärker wird die Sperrwirkung abgebaut – das Gegenteil also der Wirkungsweise selbsthemmender Differentiale, bei denen unter zunehmender Belastung die Sperrwirkung vergrößert wird.

Hintergedanke bei diesem System: Im Gelände – also da, wo hohe Sperrwirkung erwünscht ist – fährt man langsam, braucht auf Schnee, Matsch, Sand nicht unbedingt viel Drehmoment. Hier wird dann mit dem selbstentriegelnden Differential die größte Wirkung erzielt, das Ausgleichsgetriebe ist gesperrt. Auf der Straße dagegen wird schnell gefahren, der Motor überträgt maximale Drehkräfte auf die Räder, die Sperre löst sich automatisch.

H-Antrieb

Ein ebenso exotisches und dementsprechend selten anzutreffendes Konstruktionsdetail wie die selbstentriegelnde Differentialsperre ist der sogenannte »H-Antrieb«. Bei entsprechend ausgerüsteten Fahrzeugen werden nicht die beiden Vorder- und Hinterräder jeweils zu Antriebseinheiten zusammengefaßt, sondern die Räder auf der rechten und auf der linken Fahrzeugseite. Die beiden Ausgänge am Verteilergetriebe weisen also nicht nach vorn und hinten, sondern nach rechts und links. Natürlich sind bei diesem System zusätzlich Kraft-Umlenkungen erforderlich. Die Antriebswellen, die vom zentral angeordneten Verteilergetriebe her kommen, münden in zwei separate Differentiale rechts und links vom Verteilergetriebe. Von diesen Differentialen führen jeweils zwei Kardanwellen zu den Rädern, auf jeder Seite eine nach vorn und eine nach hinten, vier Wellen also insgesamt. Die herkömmlichen Starrachsen fallen weg, die Räder sind einzeln aufgehängt. Zweifellos eine sehr aufwendige, teure und kräftezehrende Lösung. Entscheidender Vorzug dieses Systems: Fahrzeuge mit H-Antrieb zeichnen sich durch ungewöhnlich große Bodenfreiheit aus.

Beim allradgetriebenen Toyota Tercel wird durch Leuchtanzeigen dem Fahrer signalisiert, ob der Vierradantrieb eingeschaltet ist und in welchem Neigungs- bzw. Gefällwinkel sich der Wagen befindet.

Portalachse

Ähnlich kompliziert gebaut sind Fahrzeuge, die mit Portalachsen ausgerüstet sind. Bekanntester Vertreter dieser Fahrzeuggattung: der Unimog von Mercedes. Die Kraft wird zunächst ganz normal über Verteilergetriebe und längs laufende Kardanwellen (Unimog) oder Achsen mit Einzelradaufhängung übertragen (Pinzgauer). Die Achswellen stehen aber nicht unmittelbar mit den Radnaben in Verbindung, sondern enden in vier separaten Vorgelegen, die direkt an den Rädern angebracht sind. Je nach Konstruktion wird die Kraft durch Vorgelege-Zahnräder um bis zu 30 Zentimeter nach unten transportiert – zur Radmitte hin. Das Ganze ähnelt – daher der Name – einem Portal: Die Räder und die Radvorgelege stellen die Stützpfeiler dar, die Achse bildet den Bogen. Geländewagen mit Portalachsen haben eine bis zu 30 Zentimeter größere Bodenfreiheit als Standard-Mobile.
Die Vorgelege haben allerdings nicht nur die Aufgabe, die Bodenfreiheit zu erhöhen, sie fungieren auch als Reduziergetriebe. Weil das Drehmoment durch diese Reduziergetriebe erst an den Rädern und nicht schon im zentralen Zwischengetriebe verstärkt wird, können die Achswellen leichter als gewöhnlich ausgelegt werden – sie werden nicht so stark belastet wie bei Fahrzeugen mit Allrad-Standardantrieb.

Automatikgetriebe

In ganz spezifischen Situationen allerdings kann es vorkommen, daß selbst der beste Automat verrückt spielt: Bei anstrengender Kraxelei über unwegsame Geröllhalden beispielsweise pflegen Automatikgetriebe nämlich im unpassendsten Moment die Gänge zu wechseln. Sie beschleunigen den Wagen durch plötzliches Herunterschalten ausgerechnet dann, wenn behutsames Vorwärtstasten angeraten erscheint, lassen harte Schaltstöße die Räder plötzlich durchdrehen, wo optimale Haftung gefragt ist. Der Fahrer kann dem höchstens entgegenwirken, wenn er das Getriebe mittels Wählhebel im ersten, allenfalls im zweiten Gang fixiert. Als nicht sonderlich zweckmäßig erweist sich in vielen Fällen auch die Abstufung der Getriebeautomaten: Vor allem bei Fahrzeugen mit Dreigang-Automatik sind die einzelnen Gangstufen meist zu lang übersetzt. Unangenehme Auswirkungen kann das zum Beispiel bei schwierigen Bergabfahrten haben: Die Bremswirkung des Motors wird durch den hydrodynamischen Wandler im Schiebebetrieb merklich reduziert, der Wagen fährt schneller zu Tal, als angebracht und wünschenswert. Folge: die Bremsen müssen häufiger und gefühlvoller betätigt werden als bei Autos mit Schaltgetriebe und starrem Antrieb.

Bei den meisten amerikanischen Geländewagen wird alternativ zu handgeschalteten Drei- oder Vierganggetrieben (Lenkrad- oder Stockschaltung) eine Getriebeautomatik mit hydrodynamischem Drehmomentwandler angeboten: Chevrolet Blazer (Dreigang-Planetengetriebe mit hydraulischem Wandler und Overdrive), Dodge Ramcharger (Getriebeautomat »Loadflite« mit hydraulischem Wandler und Dreigang-Planetengetriebe), Ford Bronco (Getriebeautomat »Cruise-O-Matic« mit Dreigang-Planetengetriebe, hydraulischem Wandler), Jeep CJ 5 bis CJ 8, Jeep Wagoneer und Cherokee (Dreigang-Planetengetriebe mit hydraulischem Wandler). Auch europäische Luxusfahrzeuge wie die Schweizer Produkte Monteverdi Safari, Felber Oasis und Sbarro Windhawk, der englische Rapport Starlight und der Sheer Rover auf Range Rover Basis werden serienmäßig mit Getriebeautomaten ausgerüstet.

Wie bei den meisten technischen Systemen halten sich auch der Gelände-Automatik Vor- und Nachteile die Waage. Von Vorteil ist zweifellos, daß die Automatik eine unübertrefflich sanfte Dosierung der Zugkraft und ein überaus weiches Anfahren auch am Berg und in kritischen Situationen ermöglicht. Es ist nahezu unmöglich, den Motor abzuwürgen, die Räder drehen auch bei ausgeschalteter Differentialsperre nicht so leicht durch. Zudem kann der Fahrer seine ganze Aufmerksamkeit dem Terrain widmen, kann stets beide Hände am Lenkrad behalten – vorteilhaft bei schwierigen Kletterpassagen. Ungeübte Fahrer, die ohnehin ständig alle Hände voll zu tun haben, um auf Kurs zu bleiben, werden es schätzen, daß der Automat in den meisten Fällen von selbst die jeweils passende Gangstufe wählt.

Geländegang

Nicht alle Geländewagen sind mit einem aufwendigen Reduziergetriebe ausgerüstet. Der VW Iltis zum Beispiel weist zusätzlich zum normalen Vierganggetriebe lediglich einen speziellen, extrem untersetzten Geländegang auf. Eine zweifellos kompakte, billig in der Serie herzustellende und gewichtsparende Lösung. Die Nachteile überwiegen jedoch: Erstens läßt sich der Iltis-Geländegang nicht während der Fahrt einlegen, weil er unsynchronisiert ist, und zweitens sind die Anpassungsmöglichkeiten an unterschiedliche Schwierigkeitsgrade im Gelände mit

VW Iltis im Gelände. Bei diesem Wagen führt vom vorderen Differential eine Kardanwelle zum Differential der Hinterachse, ein nur selten angewendetes Konstruktionsprinzip.

einem Vier-plus-eins-Getriebe stark eingeschränkt. Die Motorradbauer sind da weiter: Der japanische Zweiradriese Honda bietet seit 1982 eine Enduro an, die zusätzlich zu einem normalen Fünfgang-Getriebe einen Kriechgang aufweist. Die Gelände-Untersetzung bei der 250 Kubikzentimeter großen »Scrambler« läßt sich mit einem kleinen Hebel am Lenker mühelos während der Fahrt in Betrieb nehmen.

Eine intelligente, kosten- und gewichtsparende Lösung haben sich auch die für ihren Ideenreichtum bekannten Franzosen einfallen lassen: Beim Citroën Méhari 4 x 4 wird die Kraft zunächst vom Motor auf ein konventionelles Getriebe mit integriertem Differential übertragen. Wie bei allen Citroën-Personenwagen werden von diesem Differential aus die Vorderräder angetrieben. Das Besondere beim Méhari 4 x 4: Vom Frontdifferential aus führt eine Kardanwelle zum Differential der Hinterachse, ein genau kalkulierter Teil des Drehmoments wird so auf die hinteren Räder übertragen. Auch VW hat sich beim Iltis für dieses preiswerte und kompakte Antriebskonzept entschieden. Diese Autos sind etwas kopflastig; ein Nachteil muß das allerdings nicht immer sein: Beim Erklimmen von steilen Hängen ergibt sich durch die hohe Belastung der Vorderachse eine ähnlich gute Traktion wie bei heckgetriebenen Autos. Der heckmotorgetriebene VW Käfer etwa ist deshalb ein so guter Gipfelstürmer, weil beim Bergauffahren der größte Teil des Fahrzeuggewichts auf der angetriebenen Hinterachse ruht. Der VW 181 hat gute Klettereigenschaften, wie man weiß. Auch die beliebten Dune-Buggies auf Käfer-Basis, von einer Handvoll Hersteller noch immer angeboten, verdanken ihre relativ guten Geländeeigenschaften dem klassischen Heckmotorkonzept.

Besonderheiten bei Citroën und Volkswagen

Was noch vor wenigen Jahren niemand für möglich gehalten hätte, ist heute Realität: Der Allradantrieb setzt sich in jüngster Zeit mehr und mehr auch im Personenwagenbau durch. Kaum eine Automobilausstellung vergeht, auf der nicht neue Sportcoupés, Kombis und Limousinen mit Four Wheel Drive präsentiert werden. Den Anfang machten der japanische Subaru Leone und der amerikanische AMC Eagle, es folgte der mit viel Vorschußlorbeer bedachte Audi Quattro, 1982 wurde eine

Allradgetriebene Sport- und Personenwagen

23

vierradgetriebene Version des Nobelsportwagens Bitter SC und ein Toyota mit Allradantrieb vorgestellt, der Tercel 4WD. In Frankreich verhilft die kleine Spezialfirma Dangel dem Peugeot 504 zu vier angetriebenen Rädern, in Italien gibt es Prototypen des kleinen Panda mit Allradantrieb. Die vom Werk gebaute Panda-4WD-Version soll bei einem Aufpreis von 4000 Mark auf den Markt kommen, ein zweiter Panda wird von der italienischen Firma Ital Design in Moncalieri umgebaut. Doch damit nicht genug: Audi bietet ab 1983 die Modelle 80 und 200 wahlweise auch mit Vierradantrieb an, der englische Spezialist Ferguson liefert 4WD-Umbausätze nicht nur für den Bitter SC, sondern auch für die Opel-Autos Monza und Senator, Lancia experimentiert mit einem vierradgetriebenen Delta Turbo, Porsche zeigte 1981 einen 911 mit Heckmotor und Four-Wheel-Drive, und Citroën soll dem Vernehmen nach schon seit 1981 an einem CX mit Allradantrieb herumbasteln.

Gute Erfahrungen mit allradgetriebenen Limousinen hat inzwischen der französische Staatskonzern Renault gemacht: Ein entsprechend präparierter Renault 20 wurde im Januar 1982 Gesamtsieger der berüchtigten Wüstenrallye Paris-Dakar. Für das Erfolgsmodell R 18 ist der Allradantrieb inzwischen sogar serienreif, der Wagen ist ab 1983 im offiziellen Renault-Programm.

Peugeot 504 mit Dangel-Vierradantrieb. Die Vorderachse dieses Wagens ist eine umgedrehte Hinterachse vom Typ 604.

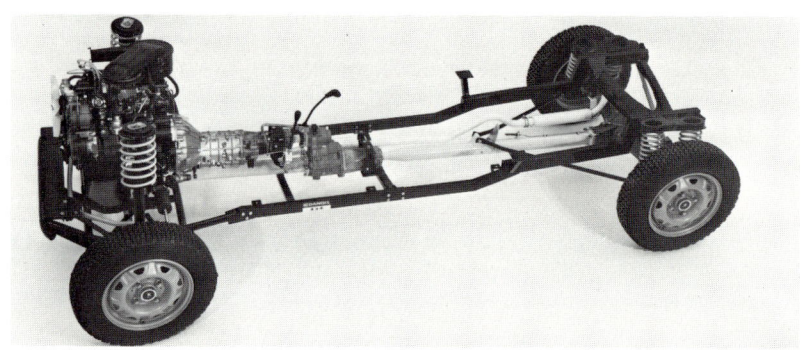

Das Audi-Allrad-Konzept

Daß Limousinen und Sportwagen mit Allradantrieb auf Schotterpisten, verschneiten Paßstraßen, glitschigen Feldwegen und regennassen Urwaldbahnen wesentlich schneller, zuverlässiger und sicherer vorwärtskommen als Autos mit konventionellem Front- oder Heckantrieb, hat in letzter Zeit vor allem der 200 PS starke Audi Quattro der Öffentlichkeit bewußt gemacht. Frappierend, wie dieses »schnellaufende Serien-Automobil mit Allradantrieb« – so der Werksjargon – bei internationalen Rallyes und Zuverlässigkeitsfahrten der Konkurrenz auf- und davonfährt. Größter Erfolg bisher: Der Gewinn der Rallye-Markenweltmeisterschaft 1982. Um ein Haar wäre die Französin Michèle Mouton auf einem Audi-Quattro Rallye-Weltmeisterin geworden – als erste Frau in der Geschichte. Doch ein Unfall beim vorletzten WM-Lauf brachte die Rallye-Amazone um den Sieg.

Was macht den Audi Quattro so bemerkenswert? Ein Blick unter die superleichte Karosserie aus Blech und Kunststoff gibt Aufschluß: Im Gegensatz zu den meisten Geländewagen, bei denen der Allradbetrieb bei Bedarf zu- und abgeschaltet werden kann, verfügt der Audi Quattro über einen permanenten Vierradantrieb. Quattro-Entwickler Walter Treser: »Ein unter allen Umständen perfektes Fahrverhalten läßt sich bei einem schnellaufenden Personenwagen nur dann erzielen, wenn alle vier Räder ständig angetrieben sind.«

Neben dem vollsynchronisierten Schaltgetriebe stammen auch Kupplung, Schaltmechanismus, Getriebegehäuse und das Ausgleichsgetriebe für den Vorderachsantrieb aus der Audi 100/200-Serie. Das Zwischendifferential konnte so günstig in das Seriengetriebe integriert werden, daß sich eine unter allen Bedingungen optimale Achslastverteilung ergab. Selbst in beladenem Zustand und beim Beschleunigen ist die Achslastverteilung beim Audi Quattro nahezu ausgeglichen.

Wie beim Range Rover sorgt das Zwischendifferential zusammen mit den Differentialen in Vorder- und Hinterachse dafür, daß die Räder in engen Kurven und beim Einparken trotz permanenten Allradantriebs nicht radieren. Der Reifenverschleiß wird also nicht unnötig erhöht. Für extrem sportliche Fahrweise sind serienmäßig zwei Sperren vorgesehen: Eine für das Zwischendifferential und eine für das Hinterachsdifferential. Beide Sperren können über simple Bowdenzughebel, die zwischen den Vordersitzen angeordnet sind, eingeschaltet werden – auch während der Fahrt. Eine Feder-Automatik läßt die Sperren exakt dann einrasten, wenn die Sperrverzahnung in der erforderlichen Zahn-auf-Lücke-Stellung steht. Zwei Leuchten auf der Mittelkonsole zeigen dem

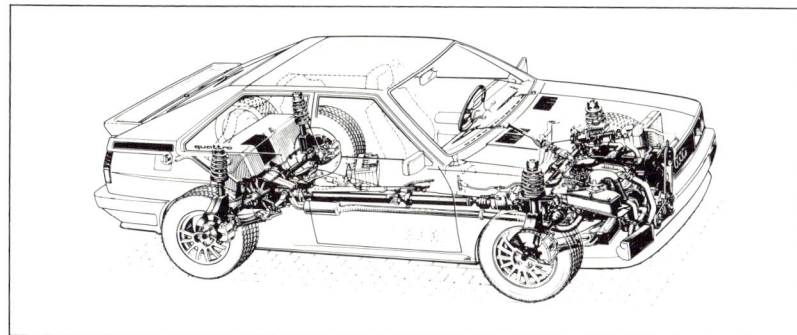

Audi Quattro, das erste deutsche Serien-Sportcoupé mit permanentem Allradantrieb.

Fahrer an, ob die Sperren eingeschaltet sind oder nicht. Auf eine Sperre für das Vorderachsdifferential wurde bewußt verzichtet, weil man die Lenkfähigkeit des Wagens nicht beeinträchtigen wollte. Wegen der außergewöhnlich kompakten Bauweise ist der Quattro-Allradantrieb nur 75 Kilogramm schwerer als eine normale Audi-Frontantriebseinheit und nur 35 Kilo schwerer als ein konventioneller Standardantrieb. Die überragenden Qualitäten des Quattro-Antriebskonzepts treten nicht nur bei Rallyes und anderen Wettbewerben, sondern auch im täglichen Straßenverkehr zutage:

● wesentliche Verbesserung des Fahrverhaltens besonders bei schneller Fahrt, und zwar auf trockener genauso wie auf nasser und glatter Straße
● fast völliges Fehlen von Lastwechselreaktionen bei abruptem Gasgeben und plötzlichem Gaswegnehmen
● kürzere Bremswege durch reduzierte Blockierneigung
● verringerte Aquaplaninggefahr
● reduzierter Reifenverschleiß
● großer Traktionsgewinn auf glatter Fahrbahn
● bessere Seitenführung in Kurven

Von geringen Abweichungen abgesehen, verfügt der neue Audi 80 Quattro über die gleiche Antriebstechnik wie das Audi Quattro Sportcoupé.

In vollem Umfang kommen die Vorzüge des Allradantriebs natürlich nur bei Fahrzeugen mit extrem niedrigem Schwerpunkt und hoher Motorleistung zum Tragen (Jensen FF, Audi Quattro, Bitter SC, Lancia Delta zum Beispiel). Wenn stark motorisierte Fahrzeuge mit Einachsantrieb schon im Grenzbereich driften, laufen allradgetriebene Sportwagen und Speziallimousinen immer noch wie auf Schienen. Womit das zusammenhängt? Beim Frontantrieb können durchdrehende Räder zum Verlust der Lenkfähigkeit führen, beim Hinterradantrieb brechen Seitenführung und Richtungsstabilität von einer gewissen Grenze an zusammen. Der Allradantrieb erlaubt es demgegenüber, wesentlich größere Kräfte problemlos zu übertragen. Vor allem die Seitenführungskräfte werden durch die Verteilung der Antriebskraft auf vordere und hintere Räder erheblich größer. Für neutrales Kurvenverhalten und für Kursstabilität auch auf Fahrbahnen mit geringem Reibwert sorgt bei Allrad-Coupés der Umstand, daß sich der Kraftschluß bei Lastwechsel an allen vier Rädern annähernd gleichmäßig verändert. Auch beim Bremsen wirkt sich der permanente Vierrad-Kraftschluß positiv aus: Die Räder blockieren nicht so leicht, vor allen Dingen dann nicht, wenn die Differentialsperren eingeschaltet sind.

Der Ferguson-Antrieb

Zu einer deutlichen Verbesserung des bei den entsprechenden Wagen ohnehin schon exzellenten Fahrverhaltens führt auch der Allradantrieb, mit dem seit Anfang 1982 die Opel-Autos Monza und Senator sowie das auf solider Opel-Technik basierende Nobel-Coupé Bitter SC ausgerüstet werden können. (Aufpreis bei Bitter: 35 000 Mark.) Der Opel-/Bitter-Allrad-Antrieb wird allerdings nicht in Deutschland hergestellt, sondern bei Ferguson in England, jener Firma also, die Mitte der 60er Jahre den Vierradantrieb für den legendären Jensen FF entwickelte. Die Engländer waren auch hilfreich bei der Entwicklung des Range Rover und des US-Kombiwagens AMC Eagle. Der Ferguson-Antrieb, der im Opel Senator und im Bitter SC Verwendung findet, ist genial einfach gebaut: Während der konventionelle Antriebsstrang mit Kardanwelle und angetriebener Hinterachse nahezu unverändert bleibt, werden die Vorderräder über ein an das Seriengetriebe angeflanschtes Verteilergetriebe, eine nach vorne führende Gelenkwelle, ein Vorderachsdifferential und zwei Achswellen angetrieben.

Unten: Bauelemente des Ferguson-Antriebs beim allradgetriebenen Bitter SC.

Das Besondere daran: Die vorderen Antriebswellen werden nicht unter der Motor-Ölwanne hinweggeführt, sondern laufen durch die entsprechend modifizierte Ölwanne hindurch. Was bei einem Geländewagen von Nachteil wäre, ist hier beabsichtigt: Die Bodenfreiheit bleibt so niedrig wie bei der serienmäßigen Version mit Hinterradantrieb. Der Fahrer eines Bitter SC 4WD oder eines Opel Senator mit Allradantrieb will mit seinem Auto schließlich keine Geländewettbewerbe bestreiten, sondern nur über ein optimales Maß an Fahrsicherheit, Traktionsvermö-

gen und Straßenlage verfügen, vor allem auf winterlicher und regennasser Fahrbahn. Und da ist ein niedriger Schwerpunkt besser als eine große Bodenfreiheit.

Man sieht es diesen Autos von außen nicht an, ob sie über zwei oder vier angetriebene Räder verfügen. Aber auch das ist gewollt. Erich Bitter über den Allrad-SC: »Der Wagen soll auch mit Allradantrieb seine schnittige, sportliche und aerodynamisch günstige Form behalten.« Bemerkenswert ist auch, daß der Ferguson-Antrieb nur 36 Prozent der Antriebskraft auf die Vorderräder überträgt. Hauptverantwortlich für den Vortrieb ist also nach wie vor die Hinterachse. Der Fahrer merkt's vor allem auf kurvenreichen Landstraßen und beim Rangieren: Das Fahrverhalten ist absolut neutral, die Lenkung ist so leichtgängig wie beim Standardantrieb. Eine automatisch arbeitende Differentialbremse im Zwischendifferential bietet zusätzliche Sicherheit in kritischen Situationen: Als Bremse fungiert eine zähe, silikonartige Flüssigkeit. Auf griffigem Untergrund ist die Masse praktisch wirkungslos. Sobald aber ein

Amphi Ranger 2000 SR mit Ford-Motor, ein Amphibien-Geländewagen, der 1983 erstmals auf dem Genfer Salon zu sehen war. Der selbsttragende Schwimmkörper hat Einzelradaufhängung; der Vorderradantrieb ist zuschaltbar. Gebaut wird das Auto von der RMA in Rheinau.

Rechts: Bitter SC mit
Vierradantrieb. Daneben:
Jensen FF Sportcoupé
mit Vierradantrieb von
1967.

Rad oder eine Achse durchdreht, tritt eine nicht unerhebliche Sperrwirkung ein. Sensoren verhindern beim Ferguson-Antrieb das Blockieren der Räder bei einer Vollbremsung.

Chassis und Fahrwerk

**Starrachsen mit
Blattfedern**

Nicht nur bei der Diskussion des Antriebskonzepts, auch wenn es um Chassis, Radführung, Federung geht, scheiden sich die Geister. Nach wie vor ist das Lager derjenigen am größten, die glauben, daß konservative Lkw-Technik das beste für reinrassige Geländewagen sei: stabiler Kastenrahmen, aufgesetzte Karosserie, robuste Starrachsen vorn und hinten. Starken Auftrieb hat die Gilde der Starrachs- und Kastenrahmen-Befürworter durch den großen Erfolg der neuen, von Daimler-Benz und Steyr-Daimler-Puch gemeinsam entwickelten G-Reihe bekommen. Obwohl es in beiden Häusern zahlreiche Ingenieure gab, die den Mercedes/Puch G lieber mit einzeln aufgehängten Rädern ausgerüstet hätten, setzte sich letztlich doch das konventionelle Starrachskonzept durch: Ungeteilte Achskörper vorn und hinten, aufgehängt an einem verwindungssteifen Kastenrahmen.

Die Vorzüge dieses Bauprinzips sind bekannt: Extreme Widerstandsfähigkeit auch bei härtester Beanspruchung, Anspruchslosigkeit in den Punkten Wartung und Reparatur. Auch kann es in schwierigem Gelände von Vorteil sein, daß sich Sturz, Spur und die Bodenfreiheit unter den Achsdifferentialen auch bei voller Zuladung nicht verändern.

Ob Starrachsen nun ein poltriges Eigenleben führen oder mit dem Fahrzeug eine harmonische Einheit bilden, das hängt in entscheidendem Maße von Federung und Dämpfung ab. Geländewagen, bei denen ungeteilte Achsen durch primitive Blattfedern gegen das Chassis abgestützt werden, haben oft nur mäßige Fahrwerks- und Komfortqualitäten. Die weitaus meisten Autos dieser Machart können nicht verheimlichen, daß sie ursprünglich nur entwickelt wurden, um militärischen Zwecken zu dienen. Darüberhinaus taugen sie allenfalls für den harten Einsatz in Land- und Forstwirtschaft und für das Bewältigen abgelegener Marterstrecken in Ländern der Dritten Welt. Daß Geländewagen wie der US-Jeep sich auf den Wogen des Off-Road-Booms vom biederen Nutzfahrzeug zum Boulevard-Star entwickelt haben, sagt nichts über die Fahreigenschaften aus: Bunte Zierstreifen und verchromte Felgen allein machen aus einem Lasttesel noch lange kein Rassepferd.

**Starrachsen mit
Schraubenfedern**

Merklich komfortabler und gutmütiger als die meisten Blattfeder-Autos sind Fahrzeuge, bei denen die Starrachsen an Schraubenfedern hängen und von Längslenkern geführt werden: Range Rover, Mercedes bzw. Puch G sowie diverse Spezialfahrzeuge auf Rover und Mercedes-Basis (Sheer Rover, Rapport Starlight, Carbodies Unitrack, Mercedes Fuoristrada/Italien). Die Vorderachse des Range Rover wird zusätzlich von einem Panhardstab unter Kontrolle gehalten, die Rover-Hinterachse verfügt neben den rechts und links angeschlagenen Längslenkern über einen zentralen, oberen Dreieckslenker und eine hydraulische Niveauregulierung. Aufwendig auch die Achsführung bei Mercedes bzw. Puch G: vorn und hinten je zwei Längs- und ein Querlenker, vorne zusätzlicher Kurvenstabilisator.

Weil die Federungs- und Dämpfungssysteme beim Range Rover und beim Mercedes G sorgfältig aufeinander abgestimmt wurden, kann man mit diesen Geländewagen sowohl auf rauhen Pisten als auch auf der Autobahn weite Strecken relativ ermüdungsfrei zurücklegen. Die Schraubenfedern sprechen besser an als die massigen Federblätter anderer Off-Road-Modelle, das Auto neigt weniger stark dazu, auf holprigem Untergrund zu hüpfen und seitlich zu versetzen. Die Range-Rover- und die Mercedes-Techniker haben somit bewiesen, daß sich auch mit starren Achsen gute Fahreigenschaften erzielen lassen.

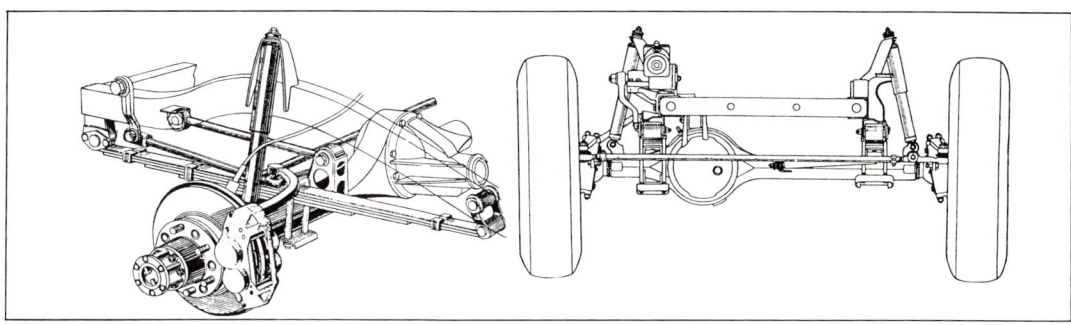

Im Gelände haben aufwendig von Schraubenfedern und Längslenkern geführte Starrachsen gegenüber Blattfeder-Achsen allerdings den Nachteil, daß sie pannen- und reparaturanfälliger sind. Erfahrene Geländepiloten wissen: Je größer die Zahl der Fahrwerkselemente, desto größer die Wahrscheinlichkeit, mit einem Defekt liegen zu bleiben. Was Blattfedern an Stößen und Schlägen ungerührt wegstecken, kann bei Schraubenfedern, Längslenkern und Stabilisatoren zu Materialbrüchen führen. Auch kann es vorkommen, daß Längslenker sich verbiegen.

Vorderachsführung beim Toyota Hi-Lux. Der Wagen hat serienmäßig Scheibenbremsen.

Wer auf robuste Primitiv-Technik schwört, wird sich kaum mit Geländewagen anfreunden können, die über vier einzeln aufgehängte Räder verfügen. Kompliziert gebaute Vorderradführungen und nicht minder aufwendig konstruierte Hinterachskonstruktionen lassen den Gedanken an mögliche Reparaturen im tiefen Busch oder mitten in der Wüste zum Alptraum werden. Daß trotzdem immer mehr Hersteller dazu übergehen, Geländewagen mit Einzelradaufhängung zu bauen, hängt in erster Linie damit zusammen, daß durch entsprechende Konstruktionen die Bodenfreiheit deutlich vergrößert werden kann. Gegner des Systems merken allerdings nicht zu Unrecht an, daß die große Bodenfreiheit bei einzeln aufgehängten Rädern nur dann erhalten bleibt, wenn der Wagen nicht einfedert. Ist das Auto voll beladen, knicken die geteilten Achsen ein, die Räder ändern Sturz und Spur.

Einzelradaufhängung

Sieht man von diesen Nachteilen ab, ergeben sich unstrittig eine Reihe von bemerkenswerten Vorzügen gegenüber den beschriebenen Starrachssystemen: Besserer Fahrkomfort dank leichter Achskonstruktion und kleiner ungefederter Massen, größere Richtungsstabilität sowohl auf kurvenreichen Landstraßen als auch im Gelände, zuverlässigere Bodenhaftung auf welligem und schlaglochübersätem Untergrund.

Einer der ersten Hersteller, der Geländewagen mit Einzelradaufhängung produzierte, war das Volkswagenwerk: Kübel, Schwimmwagen, Typ 87. Nach dem Krieg wurde die Tradition der Allradautos mit einzeln aufgehängten Rädern durch den DKW Munga fortgesetzt.

Vorderachs-Konstruktion des AMC Eagle.

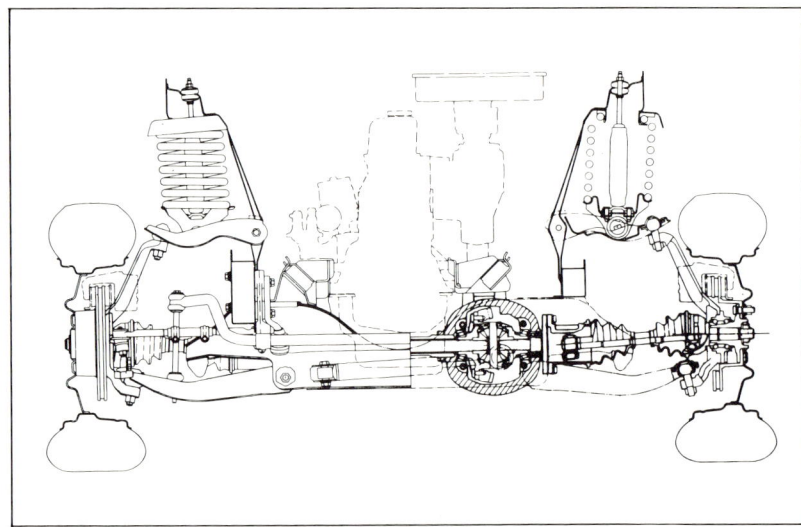

Auch der Munga-Nachfolger Iltis verfügt über eine aufwendige Einzelradaufhängung: Vorn und hinten befinden sich baugleiche Doppelgelenk-Schwebeachsen mit Doppelquerlenkern. Querblattfedern, die wie beim Munga oberhalb der Achsdifferentiale angeordnet sind, gleichen die Bodenunebenheiten aus, Teleskopstoßdämpfer fangen die dabei entstehenden Schwingungen ab.

Radaufhängung bei Allrad-Personenwagen

Überwiegend auf Einzelradaufhängung rundum setzen die Hersteller von Sport- und Personenwagen mit Allradantrieb. Eine ebenso originelle wie effektive Lösung findet sich beim Audi Quattro: Hinten wurde der gleiche Achskörper eingebaut wie vorn, nur um 180 Grad gedreht. Auch die beiden Hilfsrahmen sind baugleich. Im Prinzip handelt es sich vorn und hinten um die gleiche Radaufhängung, die auch bei den Audi-Fronttrieblern verwendet wird: Dreiecksquerlenker, Federbeine mit Schraubenfedern, Kurvenstabilisatoren und je zwei Antriebswellen, die wie die Federbeine aus dem Audi-Baukasten stammen. Einziger Unterschied zwischen vorn und hinten: Die Spurstange wurde an der Hinterachse durch einen Querlenker ersetzt.

Der Bitter SC Allrad verfügt wie die Basis-Autos Opel Monza und Senator ebenfalls über vier einzeln aufgehängte Räder. Vorn finden sich speziell modifizierte, unten angeschlagene Einfach-Querlenker mit Zugstreben, McPherson-Federbeinen und einem Querstabilisator; die hinteren Räder sind an Schräglenkern mit Miniblock-Schraubenfedern,

Gasdruck-Stoßdämpfern und einem Drehstab-Stabilisator aufgehängt. Das Fahrwerk des Subaru Leone 4WD ist vorn ähnlich ausgelegt: Querlenker, Federbeine mit Schraubenfedern, Stabilisator. Hinten übernehmen Längslenker, Torsionsfederstäbe und hydraulische Stoßdämpfer die Radführung.

Der Toyota Tercel Allrad ist nur vorn mit Einzelradaufhängung ausgerüstet: Einzel-Querlenker mit elastisch gelagerten Zugstreben, McPherson-Federbeine, Stabilisator. Hinten sorgt eine schraubengefederte und sorgfältig von vier Längslenkern, einem Panhardstab und einem Stabilisator geführte Starrachse für sauberen Bodenkontakt.

Typisch amerikanisch die Radführung beim AMC Eagle: Die Vorderräder sind hier an oberen Trapez-Dreieckslenkern und unten angeschlagenen Einfach-Querlenkern mit Zugstreben aufgehängt; Schraubenfedern, Teleskopstoßdämpfer und ein Kurvenstabilisator vervollständigen das System. Die Hinterräder hängen nach Altväter Sitte an einer blattgefederten Starrachse mit separat angeschlagenen Teleskopstoßdämpfern und serienmäßig angebautem Stabilisator. Auch der Peugeot 504 4 x 4 von Dangel verfügt über Einzelradaufhängung an der Vorderachse und eine Starrachse an der Hinterhand.

Oben links: Zugkräftiger Audi 80 Quattro – er darf 1400 kg an den Haken nehmen. Oben: Toyota Tercel 4WD Modell 1983.

Bremsen

Die beste Geländetauglichkeit nützt nicht viel, wenn man sich bergab und in Notsituationen nicht auf die Bremsen verlassen kann. Die Traditionalisten unter den Geländewagenherstellern schwören auf herkömmliche Trommelbremsen an allen vier Rädern. Ihre Hauptargumente: Trommelbremsanlagen sind unempfindlicher gegenüber Steinschlag als Scheibenbremsen, in den Trommeln kann sich kein Schmutz ablagern. Diese Vorzüge werden durch die Nachteile zumindest teilweise wieder aufgehoben: Trommelbremsen sind nicht so wartungsfreundlich wie Scheibenbremsen, das Auswechseln der Beläge sowie das Nachstellen der Bremsbacken nimmt deutlich mehr Zeit in Anspruch und kostet entsprechend mehr Geld.

Nicht alle Trommelbremsen stellen sich selbsttätig nach. Auch erhöhen die schweren Trommeln mit dem aufwendigen Innenleben das Gewicht der ungefederten Massen, und darunter leidet dann wieder der Komfort. Zudem sind die meisten Trommelbremsanlagen bei weitem nicht so wasserdicht wie immer behauptet wird: Nach längeren Wasserdurchfahrten zeigt sich ein deutliches Fading. Auch werden beim Durchwaten von schlammigen Sumpfpassagen zusammen mit dem eindringenden Wasser feine Sand- und Staubpartikel in die Trommeln hineinge-

Trommelbremsen

schwemmt. Die kleinen Körnchen wirken wie Schmirgelpapier und machen ein aufwendiges, zeitraubendes und kostspieliges Ausdrehen der Trommeln notwendig. Werden Trommelbremsen nicht vernünftig gewartet und sorgfältig nachgestellt, ziehen sie bald einseitig: Die Bremsen sprechen beispielsweise rechts stärker an als links, vorne packen sie zu, hinten tut sich gar nichts. Was aber passiert, wenn einzelne Räder blockieren, die anderen Räder sich aber ungebremst weiterdrehen? Ganz einfach: Der Wagen stellt sich unvermittelt quer, gerät aus der Spur, rutscht von der Piste.

Scheibenbremsen
Scheibenbremsen sind nicht nur unkomplizierter und damit auch wartungsfreundlicher, sie funktionieren auch unter widrigen Bedingungen in der Regel zuverlässiger als die antiquierten Trommeln. Vor Steinschlag können die Bremsscheiben wirksam durch stabile Prallbleche zwischen Felge und Radaufhängung geschützt werden. Auch ist die Schmutzempfindlichkeit geringer als man glaubt: Umfangreiche Versuche und nicht zuletzt die tägliche Praxis haben bewiesen, daß sich der Dreck zwischen den Bremsscheiben und den Belägen überhaupt nicht festsetzen und damit auch nicht die Bremswirkung beeinträchtigen kann. Die Zwischenräume zwischen Scheiben und Belägen sind viel zu schmal. Wird die Bremse betätigt, tritt zudem ein gewisser Selbstreinigungseffekt ein: Die Schmutzpartikel auf der Scheibe werden von den Belagkanten wie von einem Schneepflug weggeschoben.

Der einzig wirklich gravierende Nachteil, den Scheibenbremsen haben, ist der bei manchen Konstruktionen doch recht unangenehme Fading-Effekt nach Wasserdurchfahrten: Auf den Scheiben bildet sich ein Wasserfilm, die Bremsbeläge schwimmen praktisch auf. Wer einmal erlebt hat, daß Scheibenbremsen nach dem Durchqueren eines Wasserlochs nur ungenügend Wirkung zeigen, richtet sich künftig entsprechend ein und macht sofort nach der Wasserdurchfahrt eine Bremsprobe. Nach zehn, zwanzig Metern Fahrstrecke mit angetipptem Bremspedal löst sich der Wasserfilm auf den Scheiben auf.

Servobremsen
Wer einmal tagelang mit einem beladenen Jeep über abschüssige Geröllhalden oder wilde Gebirgspisten getrailt ist, wird es schätzen gelernt haben, wenn ihm eine Servobremse zu Gebote stand. Ein richtig vollgepackter Geländewagen wiegt gut und gerne drei Tonnen — eine so schwere Fuhre läßt sich nur unter Aufbietung aller Kräfte verzögern, wenn die Bremse keine Servounterstützung hat. Es gibt gottlob nur noch wenige Hersteller, die ihren Kunden ein Auto zumuten, das ab Werk nicht mit einer Servoanlage ausgerüstet ist. Vor allem im Ostblock scheint man nach wie vor eher auf Brachialgewalt als auf Komfort zu setzen: ARO 10 und 24 sind ebenso wenig mit einer Servobremse ausgerüstet wie der russische Tundra. Bei den leichtgewichtigen Citroën- und Suzuki-Off-Road-Autos läßt sich die Servoanlage noch am ehesten entbehren. Kaum aber beim Daihatsu Wildcat, beim Fiat Campagnola, beim Mitsubishi Jeep oder beim Land Rover. Alle anderen Autos verfügen inzwischen serienmäßig über dieses der Fahrsicherheit überaus zuträgliche Bauelement.

Handbremse
Wie jeder weiß, müssen Straßen- wie Geländefahrzeuge aller Art nicht nur mit einer fußbetätigten Vierradbremse, sondern außerdem mit einer unabhängig davon wirkenden hand- oder pedalbetätigten Zusatzbremse ausgerüstet sein. Der Handbremse kommt beim Fahren abseits

fester Straßen zusätzlich zur bekannten Sperrwirkung beim Halten und Parken eine wesentliche Bedeutung als Manövrier- und Anfahrhilfe zu (siehe auch Seite 172).

Wie im Personenwagenbau ist auch bei den Geländewagen die mechanische, auf die Hinterräder wirkende Handbremse am weitesten verbreitet. Der Mercedes ist dergestalt ausgerüstet, der Range Rover, der Fiat Campagnola und der VW Iltis, um nur die wichtigsten zu nennen. Bei den Citroën-Allradwagen und beim Tundra wirkt die Handbremse auf die Vorderräder. Wesentlich schlechter ist die Wirkung bei Zusatzbremsanlagen zu dosieren, die über Pedale arretiert und Zugknöpfe gelöst werden: Es gibt praktisch nur zwei Stellungen – Stop und Off. Als Manövrierhilfe scheiden diese Bremsen so gut wie aus. Bezeichnenderweise finden sich die Pedal-Zusatzbremsen nur bei Fahrzeugen US-amerikanischer Bauart: Chevrolet Blazer, Dodge Ramcharger, Ford Bronco, Jeep Wagoneer und Cherokee.

Einige Geländewagenhersteller rüsten ihre Fahrzeuge mit Handbremsanlagen aus, die nicht auf die Räder, sondern auf die Kardanwellen wirken. Die Hebelkraft wird per Hand auf eine kleine Trommel- oder Bandbremse übertragen, die an der hinteren Kardanwelle sitzt. Klein

kann diese Haltevorrichtung deshalb sein, weil die Wirkung durch die Achsübersetzung verstärkt wird. Vorteilhaft ist auch, daß sich die langen, pflegebedürftigen und nicht unbegrenzt haltbaren Handbremsseile erübrigen: Die Kardanbremse wird über ein robustes, schier unverwüstliches Gestänge betätigt.

Solange man bei den entsprechenden Autos die Kardanbremse nur bedient, um das Auto am Berg vor dem Wegrollen zu bewahren, funktioniert die Sache tadellos. Kritisch wird es allerdings, wenn man den Mechanismus benutzt, um das Auto abzubremsen: Furchterregende Schläge in der Kraftübertragung lassen Notbremsungen mit diesem System zum Alptraum werden. Auch sind Kardanbremsen untauglich, im Gelände die Wirkung selbstsperrender Differentiale zu verbessern – die Räder lassen sich damit ja nicht unmittelbar beeinflussen. Ebenso wie eine normale Handbremse wirkt die Kardanwellenbremse automatisch auf beide Achsen, wenn der Vierradantrieb eingeschaltet wird.

Armaturen einst und jetzt: Links ein von der Auto Union 1960 gebauter Munga, rechts der 23 Jahre später aus dem gleichen Hause kommende 80 Quattro.

Räder und Reifen

Zunächst gilt die einfache Regel: Je größer die Räder, desto besser die Geländetauglichkeit. Als es noch kaum Asphaltstraßen gab, rollten die Autos nicht ohne Grund auf mächtigen 19-, 21- oder sogar 23-Zoll-Rädern. Bis in die 50er Jahre hinein wurden zahlreiche Personenwagen mit 15- und 16-Zoll-Rädern ausgerüstet. Große Räder werden besser mit Schlaglöchern und Rillen fertig, die Bodenfreiheit bleibt auch auf holprigen Wegen bis zu einem gewissen Grad erhalten. Auch über Buckel auf der Fahrbahn, über Steine und querliegende Äste vermag ein großes Rad gelassener hinwegzuklettern als ein Mini-Rad.

Radgröße

Moderne Geländewagen sind größtenteils mit 16-Zoll-Rädern ausgerüstet. Noch größere Räder lassen sich vor allem an der gelenkten Vorderachse aus Platzgründen kaum unterbringen. Nachteil ist, daß große Räder mit Stahlfelgen sehr schwer sind und damit das Gewicht der ungefederten Massen beträchtlich erhöhen. Wie sehr der Komfort darunter leiden kann, zeigt sich beispielsweise beim Toyota Landcruiser Hardtop, dessen Räder nach Lkw-Art zusätzlich durch massive Sprengringe verstärkt sind: Das verhindert bei hartem Geländeeinsatz zwar, daß die Felgen brechen, die letzten Reste von Fahrkomfort werden aber durch die schwergewichtigen Räder eliminiert.

Wie weit man abseits fester Asphaltbahnen kommt, hängt schließlich auch von der Bereifung ab. Genau genommen verlangt jeder Untergrund nach einem speziellen Reifenprofil, nach einer speziellen Gummimischung. Was auf Sand und Geröll vorzügliche Dienste leistet, muß nicht unbedingt auch auf Schnee und Eis etwas taugen.

Da aber niemand, der häufig über Land fährt, bereit ist, ständig die Reifen zu wechseln, werden die meisten Geländewagen ab Werk mit Universalreifen geliefert, die genauso im Gelände wie auf der Straße gefahren werden können. Charakteristische Profilstruktur: mittelgrobe Stollen, großer Negativprofil-Anteil, hohe Selbstreinigungskraft.

Je besser freilich die Geländequalitäten dieser Straßen-Gelände-Kompromisse sind, desto schlechter sind Laufruhe und Seitenführungskraft auf der Straße. Wer überwiegend auf festem Untergrund fährt, sollte Reifen mit möglichst feiner Profilierung aufziehen. Die Laufgeräusche, die von grobstolligen Off-Road-Pneus auf Asphalt und Beton erzeugt werden, zerren auf Dauer arg an den Nerven.

Bereifung

Stahlgürtelreifen verbessern zwar die Straßenlage, haben aber wegen ihrer stabilen Karkasse einen deutlich geringeren Abrollkomfort als Diagonalreifen. Außerdem sind sie teurer. Bei Geländewagen, mit denen in der Regel nicht schneller als 120 km/h gefahren wird, tun es auch runderneuerte Reifen. Auch hier gibt es Markenfabrikate, die sich durch hohe Lebensdauer und gute Allround-Eigenschaften auszeichnen. Runderneuerte sind bis zu 40 Prozent billiger als neue Pneus.

Während Schlamm- und Schneereifen ein pfeilähnliches Profil aufweisen sollten, müssen Sandreifen mit Längsrillen versehen sein, wenn man vernünftig weiterkommen will. Mit quer zur Fahrtrichtung angeordneten Profilklötzen wühlt man sich auf losem Untergrund unglaublich schnell ein. Jeder Querklotz wirkt wie eine Schaufel, die alles zur Seite drückt, was Halt bieten könnte. Entsprechend schnell sitzt der Wagen fest.

Breitreifen sehen nicht nur gut aus, sie können in bestimmten Situationen auch die Fahrsicherheit und das Traktionsvermögen entscheidend verbessern. Auf grundlos weichem Boden, auf Sand, Kies und Schotter lassen breite Reifen das Fahrzeug wegen ihrer großen Aufstandsfläche nur wenig einsinken. Wenn obendrein die Gummimischung weich und der Luftdruck niedrig ist, werden kleinere Hindernisse von allen Seiten

Mit solchen Superreifen können Wüste und Steppe gemeistert werden. Auch der Wagen ist tropenbewährt: Ein Mercedes-Benz Unimog U 1700 L, Kategoriesieger der Rallye Paris–Dakar 1982. Auch 1983 gewann ein Mercedes-Lkw die Schwere und ein 280 GE die Pkw-Kategorie.

regelrecht umfaßt. Es entsteht eine Art Formschluß, der die Traktion stärker verbessert als der normalerweise vorhandene Reibungsschluß. Auf der Straße erlauben Breitreifen aufgrund der größeren Seitenführungskräfte höhere Kurvengeschwindigkeiten. Keine Vorteile bringen breite Reifen dann, wenn sich unter einer weichen Oberflächenschicht fester Untergrund verbirgt: Angetautes Erdreich über hartem Dauerfrostboden, schmierige Deckschicht auf feuchten Waldwegen und nassen Wiesen. Hier schwimmt der Breitreifen vorzeitig auf, dringt mit den Profilklötzen nicht bis zum festen, griffigen Untergrund vor. Auf entsprechenden Geländeabschnitten sind schmale Reifen eindeutig überlegen: Sie dringen verhältnismäßig leicht bis dahin vor, wo sich fester Halt bietet. Das tiefe Einsinken ist ganz im Gegenteil zur landläufigen Auffassung noch in anderer Hinsicht vorteilhaft: Die groben Profilsegmente an der Lauffflächenkante können nur wirksam werden, wenn die Pneus sich bis zu einer bestimmten Grenze ins Erdreich eingraben. Bei schmalen Reifen sind zudem nicht so hohe Lenkkräfte erforderlich wie bei Breitreifen. Ein mit breiten Reifen ausgerüsteter Geländewagen läßt sich ohne Servolenkung allerdings nur mit Mühe manövrieren.

Breitreifen

Lenkung

Ob man mit einem Geländewagen auf Dauer relativ ermüdungsfrei über die Runden kommt, hängt nicht zuletzt auch von der Lenkung ab. Leider gehört eine Servolenkung nur bei ganz wenigen Autos zur Grundausstattung: Nissan Patrol, Range Rover, Toyota Landcruiser Station, US-amerikanische Fahrzeuge. Bei Mercedes (außer Diesel), Fiat und beim Portaro beispielsweise gibt es diese nützliche Einrichtung nur gegen Aufpreis. Man sollte die Mehrausgabe trotzdem unter keinen Umständen scheuen: Es kann die Hölle sein, in schwierigem Gelände tage- oder wochenlang einem Auto ausgeliefert zu sein, das sich nur mit Brachialgewalt auf Kurs halten läßt. Zahlreiche Hersteller versuchen, die

Lenkkräfte einfach dadurch gering zu halten, indem sie die Lenkübersetzung so groß wie möglich machen und zusätzlich riesige Lenkräder montieren. Beim Toyota Landcruiser zum Beispiel liegen zwischen den Anschlägen 3,7 Lenkradumdrehungen.

Die indirekte Übersetzung schont zwar die Kräfte des Fahrers, doch macht sie es unmöglich, bestimmte Fahrmanöver mit der gebotenen Präzision durchzuführen. Die Lenkung fühlt sich teigig und schwammig an, der Wagen macht in bestimmten Situationen, was er will. Auch kann es auf kniffeligen Handlingstrecken in arge Kurbelei ausarten, wenn die Lenkung zu stark übersetzt ist. Beim Kauf sollte man daher Fahrzeugen den Vorzug geben, die über eine möglichst direkte Lenkung verfügen. Je direkter die Lenkung, desto besser der Kontakt zum Untergrund, desto größer die Fahrsicherheit. Viele Fahrer lehnen die Lenkhilfe von vornherein ab, weil sie der Ansicht sind, daß bei eingebauter Servoanlage das Gefühl für die Feinheiten verloren geht. Das muß nicht unbedingt so sein: Nissan hat mit dem Patrol bewiesen, daß sich auch ein Allradauto mit Servolenkung sauber und gefühlvoll dirigieren läßt.

Servolenkung

Sehr direkt und präzise lassen sich in der Regel Fahrzeuge steuern, die mit der robusten und unkomplizierten Zahnstangenlenkung ausgerüstet sind: Citroën Méhari, Suzuki SJ 410 und LJ 80. Über die ebenfalls robuste, aber weniger direkte Schnecken-Rollen-Lenkung verfügen die VW-Käfer-Verwandten Jeg und Gurgel, die rumänischen ARO-Wagen, Lada Niva, Fiat Campagnola und Portaro. Bei allen übrigen Off-Road-Fahrzeugen hat sich die Kugel-Umlauf-Lenkung durchgesetzt.

Motor

Stark und elastisch, wirtschaftlich und zuverlässig sollte er sein – der Motor eines echten Geländegängers. Inwieweit sich all diese Vorzüge miteinander vereinen lassen, hängt in erster Linie davon ab, ob der Motor mit Benzin oder Dieselkraftstoff betrieben wird. Benzinmotoren verbrauchen in der Regel bis zu 50 Prozent mehr Treibstoff als Dieseltriebwerke, und die Lebensdauer ist auch sehr unterschiedlich. Moderne, benzingetriebene Triebwerke haben eine durchschnittliche Lebenserwartung von 1500 Betriebsstunden. Das entspricht einer Laufleistung von etwa 150 000 Kilometern. Danach ist meist eine gründliche Überholung fällig. Dieselmotoren halten in der Regel doppelt so lange, bevor sie ausgetauscht werden müssen: 3000 Stunden oder 300 000 Kilometer. Bei häufigen Geländefahrten können die Werte allerdings deutlich unterhalb dieser Grenzen liegen.

Hubraum und Verbrauch

Wieviel Treibstoff pro Stunde oder auf 100 Kilometer verbraucht wird, ist nicht zuletzt eine Frage der Relation zwischen Hubraum und Fahrzeuggewicht. Nicht immer gilt die Formel: großer Hubraum = hoher Verbrauch. Der 1100 Kilo schwere DKW Munga zum Beispiel, angetrieben von einem Dreizylinder-Zweitaktmotor mit 980 Kubikzentimeter und 44 PS, verbrauchte auf der Straße bis zu 20, im Gelände sogar 30 Liter Sprit auf 100 Kilometer. Der immerhin 1800 Kilo schwere Toyota Landcruiser Hardtop begnügt sich in der Vierzylinder-Dieselversion (3432 ccm, 90 PS) mit maximal 13 Litern Treibstoff auf der Straße und mit 18 Litern im Gelände. Kleine Motoren, die ständig mit Höchstdrehzahl arbeiten müssen, um das Fahrzeug vorwärtszuschleppen, gehen

wesentlich unwirtschaftlicher mit dem Sprit um als großvolumige Triebwerke, die schon bei geringen Drehzahlen viel Kraft entwickeln.

Wenn der Hubraum relativ niedrig, das Fahrzeuggewicht aber vergleichsweise hoch ist, können auch Dieselmotoren durstig sein. Be-
mängelte im August 1980 *auto, motor und sport* am Mercedes 240 GD:
»Der 2,4 Liter große Vierzylinder-Diesel verhilft dem 1,8 Tonnen schweren Sternwagen zu völlig unzulänglichen Fahrleistungen. Da das Gaspedal im 240 GD stets am Bodenblech verharren muß, damit das Auto
im Verkehr mitschwimmen kann, konsumierte der kleine Diesel vergleichsweise viel Treibstoff.« Der Durchschnittsverbrauch lag bei
16,4 Liter. Im Gelände verbrauchte der Diesel 17,3, auf der Straße
14,4 Liter. Als »rechte Säufer« bezeichneten die Tester den Toyota
Landcruiser mit dem 4,2 Liter großen und 120 PS starken Sechszylin-
der-Benzinmotor sowie den Land-Rover V8 mit 92 PS und 3,5 Liter
Hubraum: Der Benzin-Toyota schluckte auf der Straße 18,8, im Gelände 23,1, im Durchschnitt also 20,4 Liter Treibstoff. Das sind fünf bis
sechs Liter mehr als bei der Vierzylinder-Dieselvariante . . .

Das Allradauto mit dem kleinsten Motor ist der Citroën Mehari 4 x 4:
Luftgekühlter Zweizylinder-Boxermotor mit 602 Kubikzentimetern und
21,5 KW (29 PS) bei 5750 Umdrehungen je Minute. Das maximale
Drehmoment von 39 Nm wird allerdings selbst bei diesem Mini-Trieb-
werk schon relativ früh erreicht, bei 3500 Touren. Im Gelände ist es
wichtig, daß schon bei niedrigen Drehzahlen viel Drehmoment, also
Drehkraft zunächst an der Kurbelwelle und dann auch an den Antriebswellen vorhanden ist. Für die notwendige Übersetzung sind Schaltgetriebe und Reduziergetriebe zuständig. Die Getriebezahnräder ermögli-
chen es, auf die Antriebsräder unabhängig von der Motorgröße gerade
soviel Drehmoment zu übertragen, wie zur Überwindung der Gelände-
schwierigkeiten notwendig ist – und auf gar keinen Fall mehr. Drehmomentüberschuß nämlich bringt die Räder zum Durchdrehen, Vortrieb
und Seitenführungskräfte brechen zusammen. Durch eine sinnvolle
Getriebeabstufung können also auch verhältnismäßig schwach motorisierte Autos zu tauglichen Geländebezwingern werden. Neben dem
Méhari sind der mit einem 800 ccm großen und 39 PS starken Vierzylin-
der-Reihenmotor ausgerüstete Suzuki LJ 80, der nur wenig stärkere
Suzuki SJ 410 (970 ccm, 45 PS) und der Daihatsu Wildcat F 10
(960 ccm, 45 PS) dafür die besten Bespiele.

**Drehmoment
und Leistung**

*Stabiles
Kastenprofil-Chassis in
Form eines Leiter-
rahmens: Range Rover.*

Zu den Hubraumgiganten gehören bei uns die benzingetriebenen Varianten des Toyota Landcruiser: 4230 ccm, 120 PS aus sechs Zylindern. Ein bemerkenswertes Dieseltriebwerk baut Nissan in den Patrol ein: 3,3 Liter Hubraum, 95 PS, sechs Zylinder. Wenn die Kaltlaufphase überwunden ist, läuft dieser Motor fast so ruhig wie ein Benziner. Die größte Motorenpalette hält Daimler-Benz bereit: sie reicht vom 2,4 Liter Vierzylinder-Diesel mit 72 PS (240 GD) bis zum 2,8-Liter-Sechszylinder mit Benzineinspritzung und 156 PS (280 GE).

Daß der Drehmomentverlauf bei Geländewagen mit Dieseltriebwerk günstiger ist als bei Autos mit Benzinmotor, läßt sich gut mit einem Vergleich zwischen den Mercedes-Spitzenmodellen verdeutlichen: Beim 300 GD fällt das maximale Drehmoment von 172 Nm bereits bei 2400 Umdrehungen an. Der 280 GE muß deutlich höher gedreht werden, bis er in den Vollbesitz seiner Kräfte gelangt: Das maximale Drehmoment steht erst bei 4250 Touren zur Verfügung. Zum Ausgleich dafür ist es merklich größer als beim 300 GD, nämlich 226 Nm.

Wahre Drehmomentriesen sind die Amerikaner: Der Dodge Ramcharger bringt es in der 5,9-Liter-V8-Version auf unglaubliche 353 Nm. Und die stehen bereits bei 2000 Touren zur Verfügung, also unmittelbar nach dem Anfahren. Danach muß man mit dem Gas äußerst vorsichtig umgehen, wenn man nicht riskieren will, daß sich das Auto mit gewaltigem Drehmomentüberschuß in den Boden eingräbt.

Mercedes-Benz/Puch Typ 230 G. Die Version mit kurzem Radstand ist in drei Karosserie-Ausführungen erhältlich.

Geschwindigkeit und Laufkultur

Zu den schnellsten Off-Road-Autos gehört der Monteverdi Safari: 170 km/h. Der Mercedes 280 GE und der Range Rover lassen Höchstgeschwindigkeiten von um 160 Stundenkilometer zu. Daß man mit dem Rover und dem Mercedes solche Geschwindigkeiten auch über längere Zeit ohne größere Ermüdungserscheinungen durchhalten kann, liegt an der Laufkultur der ausgereiften Motoren und an den sorgfältig abgestimmten Fahrwerkskonstruktionen. Zu den schnellsten Diesel-Autos gehören der Toyota Landcruiser 3,4 Liter und der Nissan Patrol 3,3 Liter: 125 und 130 km/h. Mit anderen Dieselwagen ist man höchstens 90 bis 110 Stundenkilometer schnell. Kaum mehr als 100 Sachen laufen die Citroën, Suzuki und Daihatsu F 50. Auf der Autobahn kann die Zuckelei zu einer argen Geduldsprobe werden.

An den Nerven zerren auch die Brumm- und Dröhngeräusche, die bei zahlreichen Geländewagen von Motor und Antrieb ausgehen. Zu den

Fahrzeugen mit der lautesten Mechanik gehören der Lada Niva (permanenter Allradantrieb!), der Land-Rover und der Toyota Diesel. Aber auch der Mercedes 240 GD schont in dieser Hinsicht die Insassen nicht: Der 2,4-Liter-Vierzylinder-Diesel macht bei Geschwindigkeiten jenseits von 80 km/h die Besatzung mit nervtötendem Brummen fix und fertig. Bei vielen Autos gesellen sich zum Motorlärm Klapper- und Rasselgeräusche, die von vibrierenden Schalthebeln, von mahlenden Getriebezahnrädern und von nachlässig verarbeiteten Aufbauten oder losem Verdeckgestänge herrühren.

Karosserie und Aufbau

Der Willys-Overland, Urahn aller modernen Geländewagen, war nicht mehr als eine robuste Fahrmaschine mit spartanisch ausgestattetem Primitiv-Aufbau: Allseits offene Blechwanne mit Löchern im Boden, damit eingedrungenes Regen- und Spritzwasser besser ablaufen konnte, umklappbare Windschutzscheibe mit Flachglas und Eisenrahmen, Segeltuchsitze mit Rohrgestell. Lenkrad und Schalthebel ragten wie die Bedienungshebel einer Planierraupe ins Wageninnere hinein, eckige Schalter zielten auf die Knie der vorn Sitzenden. Sicherheitsgurte waren ebenso unbekannt wie Überrollbügel, Zweikreisbremsanlagen oder Warnblinkanlagen. Bei Regen, Sturm und Schneefall wurde ein primitives Stoffverdeck nach vorn geklappt, Seitenwind und Spritzwasser wurden notdürftig von einknöpfbaren Zelluloid-Scheiben angehalten. Die Heizung, falls überhaupt vorhanden, wärmte höchstens die Füße, der Kopf blieb kühl. Auch der VW Kübelwagen und der DKW Munga waren nach diesem archaischen Muster gebaut.

Wenn es auch heute allein schon aus Sicherheitsgründen in keinem Geländewagen mehr derart unwohnlich zugeht, blieb doch bei zahlreichen Fabrikaten das einfache Baumuster aus der Gründerzeit erhalten: völlig offene Stahlblechkarosserie mit Textilverdeck und einknöpfbaren Seitenscheiben. Siehe Jeep oder Citroën Méhari.

Offener Aufbau

Selbsttragende Karosserie des Fiat Campagnola.

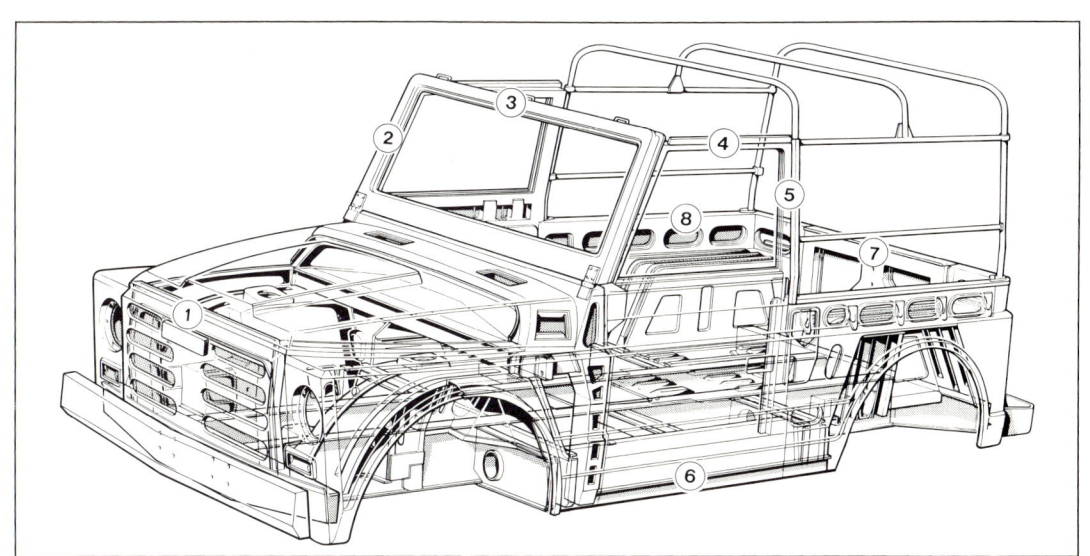

In einigen Modellen kann man sich nur auf den hinteren Plätzen den Wind richtig um die Nase wehen lassen, vorne bilden feste Türen mit Fenstern aus Sicherheitsglas den seitlichen Abschluß. Bei der offenen Version des Mercedes G zum Beispiel sind die Türrahmen durch einen integrierten Überrollbügel untereinander verbunden.

Auch Fahrzeuge wie der ARO 10, der Daihatsu Wildcat, der Chevrolet Nomad, der Mitsubishi Pajero und der Toyota Landcruiser »Vinyltop« haben Vordertüren mit festem Rahmen. Nicht immer werden bei den halboffenen Geländewagen die hinteren Sitze durch ein Klappverdeck oder völlig abnehmbares Stoffverdeck überdacht. Es gibt auch Fahrzeuge, die ausschließlich mit Kunststoff-Hardtop geliefert werden: Der Nissan Patrol mit kurzem Radstand zum Beispiel. Bei abgenommenem Hardtop sitzen nur die Passagiere auf der Rückbank im Freien, vorn bleibt ein festes Blechdach erhalten.

Geschlossener Aufbau

Viele Geländewagen sind ausschließlich mit geschlossenem Stahlblechaufbau lieferbar: Range Rover, Monteverdi Safari, Lada Niva, Toyota Landcruiser Station. Da die Ansprüche der Kunden sehr unterschiedlich sind, bieten die meisten Geländewagenhersteller ein und dasselbe Grundmodell in mehreren Aufbau- und Radstandvarianten an. Der Mercedes G zum Beispiel ist als offener Geländewagen mit kurzem oder langem Radstand sowie als komfortabler Stationswagen mit kurzem oder langem Radstand zu haben. Je nach Aufbau und Ausstattung finden bis zu neun Personen im Mercedes G Platz.

Ähnlich vielseitig ist das Angebot der Japaner: Den Nissan Patrol gibt es als halboffenen Geländewagen mit Hardtop und Platz für fünf Personen sowie als geschlossenen Station mit sieben Sitzplätzen. Bis zu zwölf Personen können in der Lang-Version des Land-Rover befördert werden. Im kurzen Land-Rover 88 ist je nach Ausstattung Platz für zwei bis fünf Passagiere. Der urige Standard-Landcruiser von Toyota wird in der Bundesrepublik nur mit kurzem, in anderen europäischen Staaten und in Übersee dagegen auch mit langem Radstand angeboten. Der Landcruiser Station hat von Haus aus einen langen Radstand: 2730 mm.

Radstand

Ob man sich für ein Auto mit langem oder kurzem Radstand entscheidet, das ist nicht nur eine Frage des Platzbedarfs. Jeder Geländewagenverkäufer sollte aber auch wissen, daß die kurzen Varianten ein völlig anderes Fahrverhalten haben als die Langversionen. Zwar sind Geländewagen mit kurzem Radstand wendiger und eher imstande, scharfgratige Hügel und querliegende Hindernisse zu überwinden, doch lassen Komfort und Kurvenlage sowohl im Gelände als auch auf der Straße meist arg zu wünschen übrig.

Fahrzeuge mit langem Radstand können, weil sie in der Mitte zwangsläufig schnell aufsetzen, zwar nicht so gut klettern, doch sie zeichnen sich durch einen wesentlich besseren Geradeauslauf und durch ein sichereres Kurvenverhalten aus. Das Heck bricht nicht so schnell seitlich aus wie bei kurz gebauten Geländeautos. Auch ist der Komfort selbst bei sonst identischem Fahrwerk allein schon deshalb entschieden besser, weil die lästigen Nickschwingungen nicht so leicht auftreten können. Kleine Bodenwellen und Unebenheiten werden eher glattgebügelt als von Fahrzeugen mit kurzem Radstand. Langer Radstand ist nur im »Extremgelände« von Nachteil.

Der bei den erwähnten Langversionen gängiger Basismodelle gewonnene Platz im Innenraum wird unterschiedlich genutzt: Vergrößerter Kofferraum (Toyota), zusätzliche Quersitzbank (Nissan), zusätzliche Längssitzbänke im Heck (Mercedes, Land-Rover). Auf diesen Längssitzbänken kann man es allerdings nur über kurze Distanzen einigermaßen gut aushalten. Vor allem Kindern sollte es unter keinen Umständen zugemutet werden, hier länger als unbedingt nötig zu verweilen. An den kurzen Bänken können weder Gurte noch Kindersitze befestigt werden; die Gefahr, daß die Insassen bei einem Unfall nach vorn katapultiert werden und sich dabei schwer verletzen, ist sehr groß.

Nicht nur, daß derartige Längssitzbänke keinen Seitenhalt bieten: In Kurven werden diejenigen Personen, die auf der kurveninneren Bank sitzen, unweigerlich von ihrem Sitzplatz weg auf die gegenüberliegende Fahrzeugseite gedrückt. Dem Toyota Landcruiser mit kurzem Radstand nimmt man es weniger übel, daß hinten nur in Längsrichtung gesessen werden kann: Dieses Auto wurde in erster Linie fürs Militär gebaut und weniger zum Transport von Kindern, Tanten und Schwiegermüttern.

Toyota Hi-Lux mit action-mobil-Wohnkabine im Huckepack. Solche Aufbauten müssen hinsichtlich ihres Gewichtes gut durchkalkuliert werden.

Geländegängigkeit und Verbrauch hängen in entscheidendem Maße auch vom Gewicht des Fahrzeugs ab. Hier gibt es bedeutende Unterschiede. Als Faustregel gilt, daß Fahrzeuge mit Dieselmotor bis zu drei Zentner schwerer sein können als Varianten mit Benzinmotor. Beispiel: Leergewicht Nissan Hardtop Benziner 1642, Hardtop Diesel 1760 Kilo. Spezialaufbauten im Station-Format erhöhen das Gewicht um weitere zwei bis drei Zentner. So wiegt der Nissan Patrol Station mit Dieselmotor 1980 Kilo – fünfeinhalb Zentner mehr als die Basisversion.

Das Anwachsen der Basisbelastung von Fahrwerk und Chassis muß allerdings nicht in jedem Fall bedeuten, daß sich in gleichem Maße die Ladekapazität verringert. Der schwere Patrol Station darf aufgrund verstärkter Federn sogar 45 Kilo mehr laden als die leichte Hardtop-Version: 548 Kilo hier, 503 Kilo da.

Zehn bis elf Zentner Zuladung – sicherlich kein schlechter Wert. Doch im Vergleich zu anderen Geländewagen ist das trotzdem eine eher bescheidene Leistung: Der ARO 24 darf bei einem Leergewicht von

1550 Kilo 14 Zentner zuladen; Der Mercedes G bringt es bei einem Leergewicht zwischen 1750 und 1950 Kilo auf eine Ladekapazität von durchschnittlich 13 Zentnern. 14 Zentner auch die Zuladung beim Range Rover (Leergewicht 1,8 Tonnen) und selbst beim kleinen VW Iltis (Leergewicht 1300 Kilo).

Sage und schreibe 1,3 Tonnen dürfen dem 1900 Kilo schweren Monteverdi Safari aufgebürdet werden. Auch die amerikanischen Geländewagen haben teilweise ein überaus kräftiges Rückgrat. Meister ist hier der Chevrolet Blazer mit einer Zuladung von knapp einer Tonne bei einem Leergewicht von rund 2000 Kilo. Ein Umstand, der diesen Wagen in der Pickup-Version auch als Trägerfahrzeug für Wohnmobilaufbauten interessant macht.

Allradwagen als Zugmaschine: Audi 80 Quattro mit Pferdetransport-Anhänger.

Anhängelasten

Was Geländewagen für Bootsbesitzer, Pferdehalter und Werkstattinhaber interessant macht: Die Anhängelasten sind durchweg beträchtlich höher als bei vergleichbar motorisierten Limousien. Weil Geländefahrzeuge so stabil gebaut sind, können sie Anhängelasten verkraften, die mit Werten zwischen 1800 und 2500 Kilo weit über dem liegen, was selbst der stärkste Straßenkreuzer ziehen darf. Nur bei Kleinfahrzeugen wie Lada Niva, Gurgel, ARO 10 und Suzuki LJ/SJ sind die Anhängelasten mit Werten zwischen 850 und 1150 Kilo (gebremst) relativ bescheiden. Bemerkenswert dagegen, daß zum Beispiel der nur 1300 Kilo schwere VW Iltis mehr ziehen darf als der AMC-Standard-Jeep, nämlich glatt zwei Tonnen. Der Renegade darf nach deutschen TÜV-Bestimmungen nur 1800 Kilo an den Haken nehmen. Stärkstes Zugpferd ist der Pinzgauer von Steyr-Puch: Er ist imstande, fünf Tonnen hinter sich herzuziehen – mehr als mancher Lastwagen. Etliche schwere 4 x 4 aus den USA, auch Land-Rover etc. kann man sich ebenfalls, ganz offiziell, als solche Lastenschlepper bescheinigen lassen. Nur geht man dabei der Klassifizierung als Pkw verlustig. Der Geländewagen wird zur Zugmaschine und unterliegt gewissen Einschränkungen im öffentlichen Straßenverkehr.

Geländefahrzeuge von A bis Z

Die am meisten verbreiteten Geländefahrzeuge mit Personenwagen-Grundcharakteristik stellen wir auf den folgenden Seiten mit kurzen technischen Steckbriefen vor. Exoten und Außenseiter wurden dabei nicht berücksichtigt, wenngleich bei einigen Modellen auch Versionen aufgeführt sind, die nur durch »Graue Importeure« bei uns vertrieben werden.

Bei den technischen Daten handelt es sich teils um Werks-, teils um in Fahrzeugerprobungen ermittelte Daten. Änderungen, die bekanntlich innerhalb kurzer Zeit in die Serie einfließen, lassen Abweichungen möglich werden.

Ergänzende Angaben zu vielen der aufgeführten Geländewagenmodelle finden sich auch auf den vorstehenden Seiten, die der Allradtechnik im allgemeinen gewidmet sind. Auch auf die Audi-Quattro-Typen zum Beispiel – keine Geländewagen im Sinne dieses Buches, gleichwohl Fahrzeuge mit Allradantrieb – ist dort ausführlich eingegangen worden. Viele interessante Informationen enthält darüber hinaus auch das Kapitel über Außenseiter, die man nicht jeden Tag bei uns sieht – ab Seite 134.

Einige interessante Allradwagen in Farbe präsentieren wir auf den Seiten 96 bis 112 – eine bescheidene Revue, dennoch faszinierend wie der gesamte Off-Road-Sport.

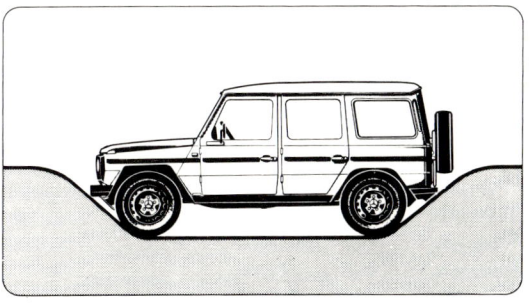

Kriterien der Geländetauglichkeit eines Off-Road-Fahrzeugs sind in erster Linie die vorderen und hinteren Böschungswinkel (Zeichnung links). Vorn können die Stoßstange, hinten vor allem Auspuffrohr und eine eventuell vorhandene Anhängerkupplung diesen Wert beeinträchtigen. Die Bauchfreiheit (Zeichnung unten links) ist vor allem an Bergkuppen von Bedeutung. Auch sollte ein Geländefahrzeug über besonders gute Steigfähigkeit verfügen.

AMERICAN MOTORS EAGLE

Modell	4türige Limousine, Station Wagon oder Liftback-Coupé SX 4 (2,5 Liter im August 1980 eingeführt)	
Motor		
Zylinder	4 Reihe	6 Reihe
Bohr. x Hub, ccm	101,6 x 76,2/2471	95,25 x 99,06/4235
Verdichtung	8,3 : 1	8,3 : 1
Leistung	65,5 kW (89 PS) 4000	87 kW (118 PS) 3500
Drehmoment	167 Nm 2800/min	285 Nm 1800/min
Steuerung	seitliche Nockenwelle	zentrale Nockenwelle
Gemisch-Zuf.	Fallstrom-Doppelvergaser	
Batterie/Lima	12 Volt 36 oder 54 Ah/42 A	
Kühlung	Wasser	
Antrieb		
Getriebe	4-Gang, 5-Gang oder 3-Gang-Automatik Torque Command/ Quadra-Trac	
Achsunters.	3,54	Schaltgetr. 2,73 Automatik zus. 3,08 oder 3,31
Antrieb	Allrad (Vorderradantrieb ab 1982 zuschaltbar, vorher permanenter Vierradantrieb)	
Unters. Straße	4- bzw. 5-Gang: I: 4,03, II: 2,37, III: 1,5, IV: 1, V: 0,86, R: 3,76 Automatik: I: 2,74, II: 1,55, III: 1, R: 2,2	
Unters. Gelände	ohne	
Sperren	selbstsperrend im Zentraldifferential	
Fahrgestell		
Bauart	Selbsttragende Karosserie	
Aufhängung v	Einzelrad, Querlenker, Schraubenfedern	
Aufhängung h	Starrachse, Blattfedern	
Bremsen	v Scheiben innenbelüftet, h Trommel, Feststellbremse auf Hinterräder	
Reifen	195/75 R 14	
Höchstgeschw.	140 km/h	170 km/h
Radstand	2780 mm (Coupé: 2470 mm)	
Spur v/h	1515/1460 mm	
Länge/Breite/Höhe	4740/1825/1410 mm (Coupé: 4180/1855/1400 mm)	
Wendekreis	11,8 m (Coupé: 10,8 m)	
min. Bodenfreiheit	200 mm	
Kraftstofftank	83 Liter (Coupé: 79 Liter)	
Leergewicht	1445–1530 kg (Coupé: 1360–1400 kg)	

Der von American Motors im September 1979 vorgestellte Eagle ging aus dem Modell Concord hervor, welches 1977 den Hornet – Baumuster 1969 – ablöste. Im Unterschied zu seinen Vorgängern hatte der Eagle Allradantrieb. Als Hornet – oder im Export: Rambler – war der AMC-Subcompact ein Amerikaner unter vielen; in der neuen Allrad-Version brachte das Unternehmen indessen einen Wagen auf den Markt, mit dem es sich gänzlich neue Käuferschichten eroberte. Ein knappes Jahr zuvor war die japanische Firma Fuji Heavy Industries mit dem Subaru 4 x 4 heraus- und den Amerikanern damit zuvorgekommen, doch AMC hatte eine breitere Angebotspalette parat, vor allem wesentlich stärkere Motoren.

Das heutige Programm des Eagle umfaßt den im Sommer 1980 vorgestellten Kammback mit kurzen Chassis (247 cm Radstand), wahlweise mit 2,5- oder 4,3-Liter-Motor zu haben, das sogenannte Liftback-Coupé SX/4, ebenfalls mit den beiden Motorvarianten und ab 1982 wahlweise mit Fünfgang-Getriebe ausgestattet, ferner einen viertürigen Sedan und einen geräumigen Station.

Der AMC Eagle ist kein ausgesprochener Geländewagen, aber bis zu einem gewissen Grad geländetauglich, wenngleich eine Bodenfreiheit von nur etwa 20 Zentimetern und ungünstige Böschungswinkel die Aktionsfähigkeit im Off-Road-Terrain recht bald einschränken. Ab den 1982er Modellen kann man den Vorderradantrieb (System Quadra Trac) abschalten – die früheren Ausgaben des Eagle wiesen permanenten Allradantrieb auf.

Wie beim – allerdings permanent aktiven – Ferguson-Allradantrieb werden auch beim Eagle die Vorderräder über eine vom Getriebe nach vorn laufende Gelenkwelle, ein Vorderachsdifferential und zwei Halbwellen angetrieben. Durch die Ölwanne wurde der vordere Antriebsstrang hier allerdings nicht geführt. Der Eagle wirkt daduch relativ hochbeinig. Vorn verhindert eine Prallplatte, daß Ölwanne und Vorderachsdifferential beschädigt werden können.

Auch der AMC Eagle unterliegt den in USA üblichen Styling-Mutationen. Die in 24 Quadrate unterteilte Kühlerpartie führte man 1982 ein.

Der 258-CID-Motor in Sechszylinder-Bauweise ist im Unterschied zur 2,5-Liter-»Sparversion« (Reihenvierzylinder) ein sehr elastisches Aggregat, das sich für das angebotene Automatik-Getriebe »Torque Command« besser eignet als die kleine Maschine. Der auch im AMC Pacer und im CJ-Jeep bestens bewährte Motor zählt wie der Quadra-Trac-Antrieb zum bekannten American-Motors-Repertoire. Mit seinem Drehmoment von 280 Nm meistert er alle Anforderungen.

ARO 10 · ARO 24

Modell	2,5 Liter	2,2 Liter Diesel	3,1 Liter Diesel	ARO 10 1,3 Liter
Motor				
Zylinder	4 Reihe			4 Reihe
Bohr. x Hub, ccm	97 x 84,4/2495	90 x 83/2112	95 x 110/3119	73 x 77/1289
Verdichtung	8:1	22,2:1	17:1	8,5:1
Leistung	61 kW (83 PS) 4200	43,5 kW (59 PS) 4500	48 kW (65 PS) 3200	39,5 kW (54 PS) 5250
Drehmoment	167 Nm 2800/min	117 Nm 2500/min	186 Nm 1800/min	87 Nm 3000/min
Steuerung	seitliche Nockenwelle			seitliche Nockenwelle
Gemisch-Zuf.	Fallstromvergaser	Einspritzanlage		Fallstromvergaser
Batterie/Lima	12 Volt 66 Ah/500 W	2 x 12 Volt 65 Ah		12 Volt 36 Ah/50 A
Kühlung	Wasser			Wasser
Antrieb				
Getriebe	4-Gang			4-Gang
Achsunters.	4,71	3,72		5,14
Antrieb	Hinterachse mit zuschaltbarem Vorderradantrieb			Hinterachse mit zuschaltbarem Vorderradantrieb
Unters. Straße	I: 4,921, II: 2,781, III: 1,654, IV: 1, R: 5,08			I: 4,376, II: 2,455, III: 1,514, IV: 1, R: 3,66, Red. 1,0476
Unters. Gelände	über Reduktion 2,127			über Reduktion 2,2494
Sperren	nicht serienmäßig			nicht serienmäßig
Fahrgestell				
Bauart	Kastenrahmen mit Traversen			Kastenrahmen mit Traversen
Aufhängung v	Einzelrad, Schraubenfedern			Einzelrad, Querlenker, Schraubenfedern
Aufhängung h	Starrachse, Blattfedern			Einzelrad, Längslenker, Schraubenfedern
Bremsen	v/h Trommel, mech. Handbremse auf Hinterräder			v/h Scheibenbremsen, Handbremse mech. auf Kardanwelle
Reifen	6,50-16			6,95/175 SR 14
Höchstgeschw.	115 km/h	105 km/h	110 km/h	110 km/h
Radstand	2350 mm			2400 mm
Spur v/h	1445/1445 mm			1305/1305 mm
Länge/Breite/Höhe	4035/1775/1888 mm			3595/1600/1725 (Plane)
Wendekreis	12 m			10,5 m
Böschungswinkel v	40°			45°
Böschungswinkel h	30°			40°
min. Bodenfreiheit	220 mm			225 mm
Kraftstofftank	95 Liter			53 Liter
Leergewicht	1550 kg	1625 kg	1675 kg	1050 kg Plane, 1120 kg Hardtop

Die in Cimpulung-Muscel, Rumänien, beheimatete Firma Uzina Intreprenderea Mecanica Muscel baut seit 1971 Geländefahrzeuge, anfänglich nach Baumuster des sowjetischen GAZ-69 mit 2,5-Liter-Vierzylindermotor, dem frühere Exemplare des ARO auch sehr ähnlich sehen.

Nachfolger des GAZ-förmigen ARO 461 ist der seit 1978 in seiner jetzigen Ausführung angebotene Typ 24, dessen Varianten 240, 243, 244 sich durch die Aufbauarten unterscheiden. Der 240 ist ein zweitüriger Station mit sechs Plätzen, der 243 ein Dreitürer mit sechs Plätzen, der 245 ein fünfsitziger Fünftürer. Vorn weist der Wagen Einzelradaufhängung mit Schraubenfedern, hinten eine Starrachse auf.
Neben der 2,5-Liter-Benzin-Version gibt es zwei Dieselmotoren mit 2,2 bzw. 3,2 Liter Hubraum. Einen kleineren ARO, basierend auf einer moderneren Konstruktion mit Einzelradaufhängung ringsum und Scheibenbremsen an allen vier Rädern kann man als Modell 100, 101, 102, 104 haben. Auch hier geben die Modellbezeichnungen unterschiedliche Aufbauformen an. Unter der glattflächigen Motorhaube befindet sich ein 1,3-Liter-Vierzylinder-Reihenmotor Bauart Renault – jenes Aggregat, das im R 12 und in einer Spezialversion des R 5 TL ebenfalls zu finden ist. Wie beim größeren ARO, ist der Vorderradantrieb zuschaltbar. Eine Differentialsperre ist nicht vorgesehen.
Der ARO wird im westlichen Ausland vergleichsweise preiswert angeboten, hat bislang dennoch keine allzu große Verbreitung bei uns gefunden. Seine Charakteristik ist ein wenig rauh im Vergleich zu Fahrzeugen gleicher Auslegung, doch wird man schon angesichts des niedrigen Anschaffungspreises als Käufer eines solchen Fahrzeuges kompromißbereit sein müssen. Es gibt auch eine westliche Lizenzausgabe des ARO, hergestellt in Portugal: Den Portaro. Und experimentierfreudig sind die Rumänen durchaus – 1979 stellten sie auf Basis des ARO 24 sogar einen 6 x 6 auf die grobstolligen Pneus.

Ganz oben links ARO 240 mit Schutzgitter vor der Kühlerpartie, rechts der gleiche Wagen vor einer Steilabfahrt. Links unten ein ARO 10 als geschlossener Zweitürer.

AUDI QUATTRO / QUATTRO 80

Modell	Quattro Coupé	Quattro 80
Motor		
Zylinder	5 Reihe	5 Reihe
Bohr. x Hub, ccm	79,5 x 86,4/2144	
Verdichtung	7:1	9,3:1
Leistung	147 kW (200 PS) 5500	100 kW (136 PS) 5900
Drehmoment	285 Nm 3500/min	176 Nm 4500/min
Steuerung	obenliegende Nockenwelle	
Gemisch-Zuf.	Einspritzanlage	
Batterie/Lima	12 Volt 63 Ah/90 A	12 Volt 63 Ah/65 A
Kühlung	Wasser	
Antrieb		
Getriebe	5-Gang	
Achsunters.	3,889	4,111
Antrieb	Allrad	
Untersetzungen	I: 3,60 II: 2,125 III: 1,36 IV: 0,967 V: 0,778 R: 3,50	I: 3,60 II: 2,13 III: 1,458 IV: 1,071 V: 0,829 R: 3,50
Sperren	zentrales und hint. Differential sperrbar	
Fahrgestell		
Bauart	selbsttragende Karosserie	
Aufhängung v	Dreiecksquerlenker, Schraubenfedern	
Aufhängung h	Dreiecksquerlenker, Schraubenfedern	
Bremsen	v/h Scheibenbremsen, Handbr. auf Hinterräder	
Reifen	205/60 HR 15	175/70 HR 14
Höchstgeschw.	222 km/h	190 km/h
Radstand	2525 mm	2525 mm
Spur v/h	1420/1460 mm	1403/1407 mm
Länge/Breite/Höhe	4405/1725/1345 mm	4383/1682/1376 mm
Wendekreis	11,3 m	10,5 m
mind. Bodenfreiheit	170 mm	120 mm
Kraftstofftank	92 Liter	70 Liter
Leergewicht	1300 kg	1190 kg

Gegenüberliegende Seite: Audi Quattro 1981/82 als Coupé und als Typ 80 mit viertürigem Limousinen-Aufbau, Modell 1983.

Der Audi Quattro wurde im Frühjahr 1980 als ein Sportcoupé der Superlative vorgestellt. Der Allradantrieb dieses Fahrzeugs diente indessen nicht nur dazu, um die hohe Motorleistung bei Eis und Schnee oder gar im Gelände auf den Boden zu bringen. Es ging den Auto-Union-Konstrukteuren vielmehr um die Nutzung aller Vorteile, die der – permanente – 4 x 4-Antrieb aufzuweisen hat, auch auf trockener Straße. Und daß man sich mit einem solchen Wagen besondere Chancen im Motorsport ausrechnete, liegt auf der Hand. In der Tat profilierte sich der Audi Quattro im internationalen Renngeschehen an vorderster Position. 1982 folgte dem Quattro der Quattro 80, eine vom Serien-80 abgeleitete Viertüren-Limousine mit gleicher Technik. Hier handelt es sich um eine Art Wolf im Schafspelz: Ein äußerlich fast als Alltagsauto erkennba-res Familienfahrzeug mit Leistungsgewicht und Spurtvermögen eines Sportwagens . . . wenn auch nicht gerade der Niedrigpreis-Kategorie. Ein besonderer Wagen bedingt einen besonderen Preis. Leider ist eine Kombiversion zunächst nicht vorgesehen.

CHEVROLET BLAZER

Modell	4,1 Liter	5 Liter	6,2 Liter Diesel
Motor			
Zylinder	6 Reihe	V 8	V 8
Bohr. x Hub, ccm	98,43 x 89,66/4093	95 x 88,39/5012	101 x 97/6217
Verdichtung	8,3 : 1	9,2 : 1	21,5 : 1
Leistung	89,5 kW (122 PS) 3600	123 kW (167 PS) 4400	97 kW (132 PS) 3600
Drehmoment	291 Nm 2000/min	326 Nm 2000/min	326 Nm 2000/min
Steuerung	seitl. Nockenwelle	zentrale Nockenwelle	
Gemisch-Zuf.	Fallstromvergaser	Fallstrom-Doppelvergaser	Einspritzanlage
Batterie/Lima	12 Volt 45 Ah/37 A	12 Volt 61 Ah/37 A	12 Volt 61 Ah/37 A
Kühlung	Wasser		
Antrieb			
Getriebe	3-Gang, 4-Gang, 3-Gang-Automatik, 4-Gang-Automatik		
Achsunters.	4,11, 3,73, 3,07, 2,56 wahlweise		
Antrieb	Hinterachse mit zuschaltbarem Vorderradantrieb		
Unters. Straße	3-Gang: I: 3,1, II: 1,612, III: 1, R: 3,1; 4-Gang: I: 6,32, II: 3,09, III: 1,69, IV: 1, R: 7,44; 3-Gang-Automatik: I: 2,48, II: 2,48, III: 1, R: 2,08; 4-Gang-Automatik: I: 2,72, II: 1,57, III: 1, IV: = Overdrive 0,67, R: 2,07		
Unters. Gelände	über Reduktion 2,0		
Sperren	auf Wunsch für Zentraldifferential		
Fahrgestell			
Bauart	Kastenrahmen mit 5 Traversen		
Aufhängung v	Starrachse, Blattfedern		
Aufhängung h	Starrachse, Blattfedern		
Bremsen	v Scheiben, innenbelüftet; h Trommel, Feststellbremse auf Hinterräder		
Reifen	235/75 R 15		
Höchstgeschw.	140 km/h	155 km/h	140 km/h
Radstand	2705 mm		
Spur v/h	1680/1600 mm		
Länge/Breite/Höhe	4710/2020/1875 mm		
Wendekreis	13,1 m		
Böschungswinkel v	35°		
Böschungswinkel h	27°		
min. Bodenfreiheit	170 mm		
Kraftstofftank	95 Liter		
Leergewicht	2025 kg	2075 kg	2140 kg

Mit dem Modell Blazer der Marke Chevrolet stieg General Motors 1972 ins Geländewagengeschäft ein, nachdem man erkannt hatte, daß sich hier ein interessanter Markt auftat. Im Laufe der Jahre entwickelte sich der Blazer zu einem vielgestaltigen Allzweckwagen.
Blazer heißt die zweitürige Stationwagon-Ausführung, Suburban die viertürige. Die technischen Spezifikationen teilen sich beide. Sowohl

Chevrolet Blazer 1980 mit 5,7-Liter-V8-Motor.

Unten: Chevi Blazer beim Geländetest. Der Rammschutz ist hier allerdings nicht sehr überzeugend . . .

Blazer als auch Suburban werden auch als 4 x 2 angeboten, genannt C 10, während die Allradausführung K 10 heißt. Die C 10-Version wartet mit vorderer Einzelradaufhängung auf, der K 10 hat vorn wie hinten Starrachsen mit Blattfedern. Jüngere Modelle sind vorn mit innenbelüfteten Scheibenbremsen versehen.

Blazer Modell 1981. Die Kühlerpartie ist gegenüber dem vorangehenden Modell geringfügig modifiziert worden.

In den USA, wo man mit dem Hubraum nicht zimperlich ist, gilt es als normal, einen Blazer mit starker Maschine zu fahren. Superlativ ist hier ein V8-Diesel mit 6217 ccm Hubraum (132 PS). Wer lieber mit Benzin fährt, kann sich zwischen einem 4093-ccm-Sechszylinder (122 PS), einem 5012-ccm-V8 (167 PS) oder einem V8 mit 5733 ccm Hubraum (152 PS) entscheiden. Letzterer ist aber fast ausschließlich in den USA zu sehen. Zwischen 20 und 25 Liter Kraftstoff auf 100 Kilometer schlukken sie alle; nur der Diesel kann – trotz seines Hubvolumens – als etwas sparsamer bezeichnet werden.

Der kleine Compact-Blazer Modell 1983, der indessen vorerst nur in den USA angeboten wird.

Ausstattungs-Details in unendlicher Vielzahl machen aus den Grund-
modellen individuelle Typen. So wird der Blazer in seiner Luxusversion
als Typ Cheyenne angeboten, den Suburban bekommt man als Custom
Deluxe, Scottsdale oder Silverado. Im Programm sind – im Basismodell
nicht vorhandene – Differentialbremsen, Getriebeautomatik oder Vier-
gang-Knüppelschaltung statt Dreigang-Lenkradschaltung, tausend Extras für innen und außen.
Für Kalifornien bietet Chevrolet – die Konkurrenz übrigens ebenso –
spezielle Motorvarianten an, die den dortigen Schadstoff-Emissions-
Gesetzen entsprechen, was auf eine geringfügig verminderte Motorleistung hinausläuft.
Je nach Motorisierung und Ausstattung wiegt ein fahrfertiger Chevi
Blazer oder Suburban 1850 bis 2200 Kilogramm. Gemessen an seinem
Radstand von 2705 mm – die Gesamtlänge des Wagens beträgt
4710 mm – und einem beachtlichen Raumangebot ist die Zuladelast mit
500 kg nicht allzu groß, auch gewährt ihm der deutsche TÜV beispielsweise nur 2000 gebremste Anhänge-Kilogramm.

Ein Zwillingsbruder des Chevrolet Blazer ist der GMC Jimmy bzw. GMC
Suburban, vertrieben von der Nutzfahrzeugabteilung des gleichen Kon-
zerns. Warum einunddasselbe Fahrzeug unter zwei Marken angeboten
wird, vermögen nur Branchenkenner zu beurteilen, die das Erfolgsge-
heimnis ähnlicher Erscheinungen am Weltmarkt kennen: Rolls-Royce
und Bentley, Austin und Morris oder – um bei den Allradwagen zu
bleiben – Dodge Ramcharger und Plymouth Trailduster. Badge-Engi-
neering nennen es die Briten, ein Begriff, der sich kaum wörtlich über-
setzen läßt.

*Größenvergleich
zwischen Blazer und
Compact-Blazer,
aufgenommen im Herbst
1982.*

Größter Beliebtheit erfreut sich in den Staaten ein Chevrolet Allradwagen, den es nur als Pickup zu kaufen gibt. Er trägt die Bezeichnung
»Luv« – nett auszusprechen wie »love«. In der Kategorie der Mini-
Trucks ist dieses Auto ein starker Konkurrent zu ähnlichen 4 x 4-Kleinla-
stern, die von den Japanern nach USA gebracht werden, vor allem von
den Japanern – siehe Toyota Hi-Lux.

CITROËN MEHARI 4 x 4

Modell	Méhari 4 x 4
Motor	
Zylinder	2 Boxer
Bohr. x Hub, ccm	74 x 70/602
Verdichtung	8,5 : 1
Leistung	21,5 kW (29 PS) 5750
Drehmoment	39 Nm 3500/min
Steuerung	zentrale Nockenwelle
Gemisch-Zuf.	Fallstrom-Registervergaser
Batterie/Lima	12 Volt 25 Ah/290 W
Kühlung	Luft
Antrieb	
Getriebe	4-Gang
Achsunters.	3,875
Antrieb	Vorderachse mit zuschaltbarem Hinterradantrieb
Unters. Straße	I: 6,06 II: 3,086 III: 1,92 IV: 1,42 R: 6,06
Unters. Gelände	Über Reduktion 2,64 für die ersten drei Gänge und den R-Gang
Sperren	Hinterachsdifferential sperrbar
Fahrgestell	
Bauart	Plattformrahmen mit Kastenträger
Aufhängung v	Einzelrad mit Längsschwingarmen und horizontalen Schraubenfedern, Kurvenstabilisator
Aufhängung h	Einzelrad mit Längsschwingarmen und horizontalen Schraubenfedern
Bremsen	v/h Scheiben, mech. Handbremse auf Vorderräder
Reifen	135-380 M & S 8
Höchstgeschw.	100 km/h
Radstand	2370 mm
Spur v/h	1260/1260 mm
Länge/Breite/Höhe	3720/1530/1630 mm
Wendekreis	11,2 m
min. Bodenfreiheit	200 mm
Kraftstofftank	25 Liter
Leergewicht	735 kg

Aufbau des Méhari 4 x 4:
1 = Getriebe,
2 = Reduktions-Schalthebel,
3 = Hauptschalthebel,
4 = Hebel für zuschaltbaren Hinterachs-
*   Antrieb,*
5 = Differentialsperrung,
6 = Kardanwelle,
7 = Hinterachse.

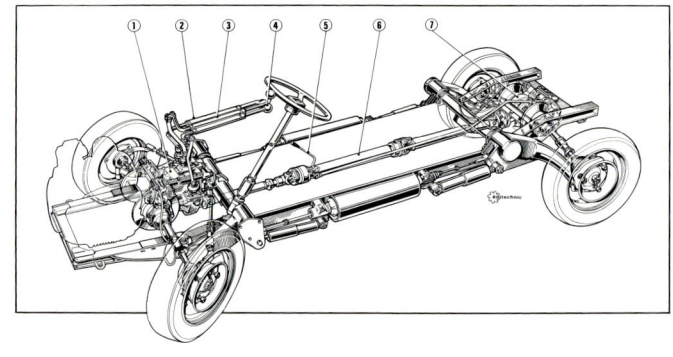

Als ideales Freizeitauto, aber auch als eine Art Lastesel und Vielzweck-mobil, hat sich der von Citroën gebaute Méhari längst einen festen Platz erobert – allerdings nicht in Deutschland, wo der TÜV etwas gegen die Kunststoffkarosserie des Wagens einzuwenden hat, weil sie nicht feu-ersicher ist. Seit Oktober 1979 bietet Citroën den Méhari auch als 4 x 4 an. Der nach dem Suzuki SJ kleinste Geländewagen – sein Zweizylin-dermotor hat nur 602 ccm Hubraum – auf dem internationalen Markt wartet indes mit allerlei Besonderheiten auf. Normalerweise als Front-triebler gefahren, kann man den Hinterradantrieb jeder Zeit, also auch unter voller Last, zuschalten.

Citroën-typisch sind das Einspeichen-Lenkrad (es gibt allerdings auch solche mit zwei Speichen) sowie die Einzelradaufhängung an Längs-Schwingarmen mit horizontalen Schraubenfedern und Stoßdämpfern. Die Bodenfreiheit ist mit 200 mm verhältnismäßig gering, doch der glatte Wagenboden aus Stahlblech rutscht quasi über alle Hindernisse problemlos hinweg.

Klein aber oho: Citroën Méhari im Geländetest.

Die Grundausführung des Méhari 4 x 4 ist ein offener Pritschenwagen mit Überrollbügel und umlegbarer Frontscheibe. Dazu gibt es ein leich-tes Dachgestänge mit allseitig aufrollbarer Plane, recht einfach, ohne Schnickschnack. Äußerliches Unterscheidungsmerkmal des Méhari 4 x 4 von seinen nur frontgetriebenen Brüdern: Das auf der Motorhaube befestigte Reserverad.
Eine Spezialversion dieses Autos liefert Citroën seit April 1981 unter der Bezeichnung A 4 x 4 an die französische Armee. Dieses Modell hat den 652-ccm-Motor des Citroën LN, ebenfalls ein Zweizylinder-Boxer-Aggregat, aber mit 34 statt 29 PS Leistung. Die Soldaten kennen den A 4 x 4 als offenen Plattformwagen à la Méhari oder als Station, dreitürig, mit zwei bis fünf Sitzen. In Radstand und Spur entspricht die Militärver-sion dem zivilen Méhari 4 x 4. Vorteil gegenüber jenem: Der A 4 x 4 ist mit Normalbenzin zu fahren, sein Motor verfügt über ein stärkeres Drehmoment und gibt der Fuhre eine etwas höhere Spitzengeschwin-digkeit auf der Autoroute.

DAIHATSU WILDCAT/TAFT

Modell	F 10	F 20	F 50 Diesel	F 60 Diesel
Motor				
Zylinder	4 Reihe	4 Reihe	4 Reihe	4 Reihe
Bohr. x Hub, ccm	68 x 66/958	80,5 x 78/1587	88 x 104/2530	92 x 104/2765
Verdichtung	9:1	9:1	21:1	21:1
Leistung	33 kW (45 PS) 5400	48,5 kW (66 PS) 4800	46 kW (62 PS) 3600	51 kW (70 PS) 3600
Drehmoment	63 Nm 4200/min	110 Nm 3400/min	145 Nm 2400/min	148 Nm 2200/min
Steuerung	seitliche Nockenwelle			
Gemisch-Zuf.	Fallstrom-Doppelvergaser		Einspritzanlage	
Batterie/Lima	12 Volt 32 Ah/360 W		12 Volt 32 Ah/360 W	
Kühlung	Wasser			
Antrieb				
Getriebe	4-Gang			5-Gang
Achsunters.	5,571	3,777 oder 4,771	3,545	
Antrieb	Hinterachse mit zuschaltbarem Vorderradantrieb			
Unters. Straße	I: 3,717 II: 2,177 III: 1,513 IV: 1 R: 4,34 Reduktion 1,307			
Unters. Gelände	über Reduktion 2,361			
Sperren	nicht serienmäßig			
Fahrgestell				
Bauart	Kastenrahmen mit Traversen			
Aufhängung v	Starrachse mit Blattfedern			
Aufhängung h	Starrachse mit Blattfedern			
Bremsen	v/h Trommel, Feststellbremse auf Kardanwelle			
Reifen	6.00-16			HR 78 S 15
Höchstgeschw.	95 km/h	115 km/h	105 km/h	120 km/h
Radstand	2025 oder 2700 mm			
Spur v/h	1210/1210 mm			1225/1225 mm
Länge/Breite/Höhe	2260 oder 3485/1460/1820 mm			3580/1490/1855 mm
Wendekreis	10,3 m			10,5 m
Böschungswinkel v	34°			
Böschungswinkel h	32°			
min. Bodenfreiheit	215 mm			205 mm
Kraftstofftank	32 Liter	50 Liter	50/60 Liter	50 Liter
Leergewicht	1020 kg	1060 kg	1255 kg	1330 kg

Die schon im Jahre 1907 gegründete japanische Firma Daihatsu, heute zum Toyota-Konzern gehörend, hatte einen Namen als Hersteller der für Fernost typischen Kleinwagen, ehe sie im November 1974 auf der Automobilausstellung in Tokio einen Geländewagen vorstellte. Der Daihatsu Taft – außerhalb Japans als Wildcat bezeichnet – wurde zunächst mit einem kleinen 958-ccm-Vierzylindermotor angeboten – Aggregate mit geringem Hubraum werden in Japan verhältnismäßig günstiger besteuert als größere. Immerhin leistete der Einlitermotor 45 DIN-PS.

Modellbezeichnungen für den Wildcat

F 20 1,6 Liter Benzinmotor
F 50 2,6 Liter Dieselmotor
F 60 2,8 Liter Dieselmotor
F 25 Pickupversion des 1,6 Liter
F 55 Pickupversion des 2,6 Liter
L   offene Ausführung, Stoffverdeck
LK   Stoffverdeck und Metalltüren
V   Stahlkabine/Festaufbau (Van)

Als F 10 gab es den kleinen Daihatsu als Viersitzer, als F 10 L war er sechssitzig. Im Herbst 1976 debütierte der Typ F 20 mit 1,6-Liter-Motor, vorgesehen hauptsächlich für den Export (»Gran 1600«). Auch vom F 20 gibt es eine längere Ausführung mit 2700 statt 2025 mm Radstand. Der F 10 ist bei uns nicht mehr im Angebot.

Einen 2530-ccm-Dieselmotor hat Daihatsu seit 1978 im Programm. Mit diesem Motor bringt der Wagen zwar 230 zusätzliche Kilogramm auf die Waage, doch er verhilft dem Auto zu wesentlich besseren Fahrleistungen. Das Plus an Drehmoment ist enorm, der Kraftstoffverbrauch dennoch geringer als beim 1,6- und sogar 1-Liter-Benziner. Der Diesel-Daihatsu läuft unter der Bezeichnung F 50, ab 1983 als F 60.

Der mit offener Karosserie angebotene Wagen veranlaßte eine Reihe von Ausrüstern, spezielle Aufbauten, vor allem Hardtops, auf den Markt zu bringen. Seit kurzem kann man ein werksseitig hergestelltes Hardtop gleich mitbestellen. Mit wenigen Handgriffen kann man das »Resign Top« aus glasfaserverstärktem Polyester abnehmen. Wer keine Wechselkarosserie dieser Art braucht, aber andererseits nicht viel Wert auf Offenfahren legt, kann den Daihatsu als Ganzstahlkabine (Van) haben. Die Preisunterschiede sind nicht allzu groß. Überhaupt gehört der Daihatsu, den man sogar als Versandobjekt bei einem Hamburger Mail-Order-Unternehmen kaufen kann, zu jenen Fahrzeugen, deren Preis im Vergleich zum Gebotenen als sehr günstig zu bezeichnen ist.

Daihatsu Wildcat in geschlossener Station- und Softtop-Ausführung. Der Stationwagen ist in Europa noch nicht lange im Angebot. Neu 1983: Daihatsu-Sparcar Minibus mit Allradantrieb.

DODGE RAMCHARGER

Modell	3,7 Liter	5,3 LIter	5,9 Liter
Motor			
Zylinder	6 Reihe	V8	V8
Bohr. x Hub, ccm	86,36 x 104,65/3678	99,31 x 8407/5210	101,6 x 90,93/5898
Verdichtung	8,4 : 1	8,5 : 1	8 : 1
Leistung	81 kW (110 PS) 3600	123,5 kW (168 PS) 4000	130 kW (177 PS) 4000
Drehmoment	231 Nm 1600/min	332 Nm 2000/min	353 Nm 2000/min
Steuerung	seitliche Nockenwelle	zentrale Nockenwelle	
Gemisch-Zuf.	Doppelvergaser	Vierfachvergaser	
Batterie/Lima	12 Volt 59-85 Ah/63-117 A		
Kühlung	Wasser		
Antrieb			
Getriebe	zwei 3-Gang, drei 4-Gang, 3-Gang-Automatik		
Achsunters.	3,2, 3,55, 3,9 wahlweise		
Antrieb	Hinterachse mit zuschaltbarem Vorderradantrieb		
Unters. Straße	3-Gang: I: 2,99 II: 1,75 III: 1 R:3,17 oder: I: 3,02 II: 1,76 III: 1 R: 3,95 4-Gang: I: 6,68 II: 3,34 III: 1,66 IV: 1 R: 8,26 oder: I: 4,56 II: 2,28 III: 1,31 IV: 1 R: 4,07 oder: I: 3,09 II: 1,67 III: 1 IV: 0,73 R: 3 Automatik: I: 2,45 II: 1,45 III: 1 R: 2,2		
Unters. Gelände	über Reduktion 2,01		
Sperren	Zentraldifferential sperrbar		
Fahrgestell			
Bauart	Kastenrahmen mit 5 Traversen		
Aufhängung v	Starrachse, Blattfedern		
Aufhängung h	Starrachse, Blattfedern		
Bremsen	v Scheiben, h Trommel, Feststellbremse für Hinterräder		
Reifen	235/75 R 15		
Höchstgeschw.	130 km/h	140 km/h	145 km/h
Radstand	2690 mm		
Spur v/h	1670/1670 mm		
Länge/Breite/Höhe	4690/2020/1880 mm		
Wendekreis	12 m		
Böschungswinkel	38°		
Böschungswinkel h	24°		
min. Bodenfreiheit	200 mm		
Kraftstofftank	132 Liter		
Leergewicht	1615 kg	1735 kg	1800 kg

Die Chrysler Corporation reagierte zwei Jahre nach dem Debüt des Chevrolet Blazer mit dem Ramcharger. Der Wagen wurde im Januar 1974 vorgestellt und gehörte von Anfang an zur Kategorie der schweren Kaliber. Nach Europa kam dieses Auto erst sehr viel später. In den Vereinigten Staaten wurde der Ramcharger – von dem dort eine Parallelausgabe unter der Bezeichnung Trailduster von Plymouth, ebenfalls zum Chrysler-Konzern gehörend, auf dem Markt ist – schnell beliebt. Eine Anzahl leistungsstarker Motoren steht zur Wahl; es sind die gleichen, die man im Programm des Chrysler Le Baron findet.

Auch aus einer Reihe verschiedener Getriebe kann man als Ramcharger-Kunde wählen: Dreigang, Viergang, Automatik. Die größten V8-Motoren werden nur in Verbindung mit automatischen Getrieben geliefert. Auch stehen drei verschiedene Achsuntersetzungen zur Wahl. Differentialbremsen und Zentraldifferential mit zuschaltbarer 2,01 : 1-Reduktion gehören zum Serienumfang des Ramcharger.

Der in traditioneller Kastenrahmen-Bauweise gehaltene Fahrgestellrahmen ist ein Superlativ an Stabilität und Gewicht. Man kann den Ramcharger aber auch extrem stark beladen – als Gesamtgewicht darf er fast drei Tonnen auf die Waage bringen.

Der Dodge Ramcharger alias Plymouth Trailduster ist auch als Hecktriebler, also ohne zuschaltbaren Vorderradantrieb, erhältlich. In dieser Ausführung gibt es in den USA auch einen etwas kleineren Dodge Rampage, genannt »Sport Truck«, mit 2,2-Liter-Benzinmotor (Vierzylinder, 73 PS) von Chrysler France – eine Maschine, die heute den Talbot Tagora antreibt. Der Rampage verkauft sich in den Staaten recht gut, vor allem, weil er schnell ist: Von Null auf 100 km/h beschleunigt der »Sport

Links: Dodge Power Ram 50 mit 2,6-Liter-Dieselmotor – leider nicht bei uns angeboten!

Unten: Zwei Dodge Ramcharger V8 in serienmäßiger Ausführung, wie sie auch in Europa verkauft werden.

Truck« in nur zehn Sekunden. 1982 brachte Dodge die Pickup-Version Power Ram 50 mit 2,6-Liter-Vierzylindermotor heraus, eine kompakte 100-PS-Bombe, die von vielen amerikanischen Off-Road-Fans als idealer Allroundwagen bezeichnet wird.

FIAT CAMPAGNOLA

Modell	2 Liter	2,5 Liter Diesel
Motor		
Zylinder	4 Reihe	4 Reihe
Bohr. x Hub, ccm	84 x 90/1995	93 x 90/2445
Verdichtung	8,6 : 1	22 : 1
Leistung	59 kW (80 PS) 4600	53 kW (72 PS) 4200
Drehmoment	151 Nm 2800/min	147 Nm 2400/min
Steuerung	seitliche Nockenwelle	obenliegende Nockenwelle
Gemisch-Zuf.	Fallstromvergaser	Einspritzanlage
Batterie/Lima	12 Volt 55 Ah/55 A	12 Volt 88 Ah/55 A
Kühlung	Wasser	
Antrieb		
Getriebe	5-Gang	
Achsunters.	5,375	
Antrieb	Hinterachse mit zuschaltbarem Vorderradantrieb	
Unters. Straße	I: 3,973 II: 2,249 III: 1,493 IV: 1 V: 0,975 R: 3,568	
Unters. Gelände	Über Reduktion 3,87	
Sperren	nicht serienmäßig	
Fahrgestell		
Bauart	selbsttragende Karosserie in zwei verschiedenen Aufbaulängen	
Aufhängung v	Einzelrad, Querlenker, Torsionsfederstäbe	
Aufhängung h	Einzelrad, Querlenker, Torsionsfederstäbe, Dämpferbeine in doppelter Ausführung	
Bremsen	v/h Trommel, Handbremse auf Hinterräder mechanisch	
Reifen	6.00-16 C oder 6.50-16 C oder 7.00-16 C oder 7.50-16 C	
Höchstgeschw.	120 km/h	115 km/h
Radstand	2300 mm	
Spur v/h	1365/1405 mm	
Länge/Breite/Höhe	3775 oder 4025/1580/1950 mm	
Wendekreis	10,8 m	Diesel-Modell-Servolenkung serienmäßig
Böschungswinkel v	43°	
Böschungswinkel h	36°	
min. Bodenfreiheit	275 mm	
Kraftstofftank	57 Liter	
Leergewicht	1670 kg	1820 kg

Fiat gehört seit den frühen fünfziger Jahren zum Geländewagen-Club. Der Campagnola 4 x 4 hat in der Zwischenzeit einige Wandlungen durchgemacht – heute präsentiert sich der Wagen in seiner 1974 vorgestellten Form als ein modernes Allzweckgefährt mit selbsttragender Karosserie und Einzelradaufhängung vorn und hinten. Man kann zwischen einem Benzinmotor (1995 ccm) und einem Diesel (2445 ccm) wählen, auch gibt es neben der kurzen Normalversion eine Ausführung als Station mit verlängertem Radstand. Der Dieselmotor kam 1979 in

Oben: Fiat Campagnola
Diesel, Modell 1981.

Links: Einfache
Softtop-Ausführung des
Campagnola im Gelände.
Rechts daneben eine
Werbeaufnahme für den
Campagnola 1980.

Serie, zur gleichen Zeit gab es einige Modifikationen an der Karosserie
und ein Fünfgang-Getriebe. Die Bremsen – Trommeln ringsum – kann
man auf Wunsch mit Servo erhalten.
In Italien hat sich der Fiat Campagnola nicht nur bei Militär, Polizei und
Behörden fest etabliert; es gibt auch einen privaten Absatzmarkt für den
bewährten und zuverlässigen Allradwagen. Im Export spielt das Fahrzeug bedauerlicherweise keine große Rolle. Deutsche Campagnola-
Enthusiasten müssen sich den Wagen auf eigene Faust aus dem Ausland besorgen.
Eine ausgesprochen elegante Ausführung des Campagnola stellte der
italienische Designkünstler Moretti 1978 auf dem Turiner Salon vor,
eine zweitürige Limousine mit großen Fenstern. Der Sporting 4 x 4
genannte Wagen konkurriert mit den von der Embo S.R.L. zwei Jahre
später präsentierten Nobelautos Mega und Campagnola speziale,
ebenfalls auf Fiat-Basis, wobei der Mega auf einen Radstand von nur
2000 mm reduziert wurde.
Moretti und Giugiaro haben mittlerweile 4 x 4-Themen auf der Grundlage des Fiat 127 und des Panda abgehandelt. Parallelen zum Shiguli
Lada Niva ergaben sich hier schon aufgrund der kompakten Abmessungen des Basisfahrzeugs. Daß Italiens Karosserieschneider als besonders experimentierfreudig gelten, haben sie seit Jahrzehnten immer
wieder bewiesen. Ihre neuesten Schöpfungen sind kugelsichere Ausführungen spezialkarossierter 4 x 4 für eine VIP-Klientel.

FORD BRONCO

Modell	5 Liter	5 Liter V8	5,8 Liter V8
Motor			
Zylinder	6 Reihe	V8	V8
Bohr. x Hub, ccm	101,6 x 101,9/4918	101,6 x 76,2/4942	101,6 x 88,9/5766
Verdichtung	8:1	8,4:1	8,3:1
Leistung	86 kW (117 PS) 4000	102 kW (139 PS) 3600	104,5 kW (142 PS) 3400
Drehmoment	260 Nm 1800/min	315 Nm 1600/min	360 Nm 2000/min
Steuerung	seitliche Nockenwelle	zentrale Nockenwelle	
Gemisch-Zuf.	Fallstromvergaser	Fallstrom-Doppelvergaser	
Batterie/Lima	12 Volt 36-63 Ah/40-70 A wahlweise		
Kühlung	Wasser		
Antrieb			
Getriebe	4-Gang oder 3-Gang-Automatik Cruise-O-Matic		
Achsunters.	3 oder 3,5		
Antrieb	Hinterachse mit zuschaltbarem Vorderradantrieb		
Unters. Straße	I: 6,69 II: 3,34 III: 1,66 IV: 1 R: 8,26 Automatik: I: 2,46 II: 1,46 III: 1 R: 2,2		
Unters. Gelände	über Reduktion 1,96, bei Automatik 2,0		
Sperren	nicht serienmäßig		
Fahrgestell			
Bauart	Kastenrahmen mit Traversen		
Aufhängung v	Einzelrad mit zwei gekreuzten Achskörpern, Schraubenfedern		
Aufhängung h	Starrachse, Blattfedern		
Bremsen	v Scheiben, h Trommel, Feststellbremse auf Hinterräder		
Reifen	215/75-15 oder L 78-15		
Höchstgeschw.	130 km/h	140 km/h	145 km/h
Radstand	2660 mm		
Spur v/h	1655/1635 mm		
Länge/Breite/Höhe	4510/1960/1860 mm		
Wendekreis	11,4 m		
Böschungswinkel v	38°		
Böschungswinkel h	23°		
min. Bodenfreiheit	200 mm		
Kraftstofftank	95/121 Liter		
Leergewicht	1935 kg	1985 kg	2000 kg

Mit schon zwei Tonnen Leergewicht gehört der Ford Bronco zu den Schwergewichtlern seiner Klasse. Der im September 1977 als Nachfolger des Ford Rural, den man als 4 x 2 oder 4 x 4 erhalten konnte, vorgestellte Geländewagen entwickelte sich zum scharfen Konkurrenten des Chevrolet Blazer.

Für das Modelljahr 1980 rundete sich die Karosserie des Bronco, der Wagen wurde eleganter, komfortabler. 1981 gab es erneut ein paar stilistische Verfeinerungen und auch Modifikationen an der Aufhängung. In seinem Layout gehörte der Bronco zur Gilde der konsequenten Starrachser, jetzt bekam er vordere Einzelradaufhängung mit zwei von einander unabhängigen, sich kreuzenden Achskörpern und Schraubenfedern. Der Allradantrieb ist abschaltbar, auf Wunsch wird der Wagen mit Differentialsperren geliefert. Statt eines per Hand zu schaltenden Viergang-Getriebes kann man sich, was die meisten Amerikaner bevorzugen, für die Cruis-O-Matic entscheiden (hydraulischer Wandler mit Dreigang-Planetengetriebe).

Als Antriebsaggregate stehen beim Bronco derzeit vier Motoren zur Wahl, alles großvolumige Benziner. Der Reihensechszylinder hat 4918 ccm Hubraum (117 PS), ein 4942-ccm-Motor ist als V8 ausgelegt (139 PS), ein weiterer Achtzylinder ist als 4183-ccm-Motor (119 PS) und der größte mit 5766 ccm (142 PS) zu haben. Spezial-Shops bieten unendlich viele Varianten der Motorisierung an, auch gibt es in einigen Exportländern noch stärkere Versionen.

Standard-Bronco ist der geschlossene Zweitürer mit vier bis sechs Sitzplätzen. Natürlich kennt man in den USA auch Pickup-Varianten, und eine dem Bronco verwandte Konstruktion, allerdings ausschließlich

Links: Ford Ranger als Pickup Modell 1980 – ab 1983 auch als 4 x 4 lieferbar, mit Benzin- oder Dieselmotoren von 2 bis 4 Liter.

Links: Bronco 1981. Rechts daneben: Version 1979 im Test.

mit Hinterradantrieb, ist in dieser Aufbauform sogar noch populärer – der Ford Ranger F-150, vergleichbar mit dem Chevrolet Nomad. Selbstverständlich ist im Ford-Programm auch ein Pickup in diversen Motorisierungs-Varianten enthalten, dem Bronco entfernt verwandt. Vom 4 x 2 zum 4 x 4 avancierte hier kürzlich der Ranger, ein mittelschweres Nutzfahrzeug für jene, die mit einem Japaner oder Chevrolet Luv nicht glücklich werden. Der Allrad-Ranger wird derzeit in Europa nicht angeboten.

ISUZU TROOPER

Modell	2000 UBS 13	2200 D UBS 52
Motor		
Zylinder	4 Reihe	4 Reihe
Bohr. x Hub, ccm	87 x 82/1950	88 x 92/2238
Verdichtung	8,4:1	21:1
Leistung	65 kW (88 PS) 4600	45 kW (61 PS) 4000
Drehmoment	140 Nm 3000/min	130 Nm 2200/min
Steuerung	obenliegende Nockenwelle	seitliche Nockenwelle
Gemisch-Zuf.	Fallstrom-Doppelvergaser	Einspritzanlage
Batterie/Lima	12 V 33 oder 60 Ah/35 A	12 V 70 Ah/50 oder 70 A
Kühlung	Wasser	
Antrieb		
Getriebe	4-Gang	
Achsunters.	4,555	
Antrieb	Hinterachse mit zuschaltbarem Vorderradantrieb	
Unters. Straße	I: 4,122 II: 2,496 III: 1,504 IV: 1 R: 3,720	
Unters. Gelände	über Reduktion 1,87	
Sperren	für Hinterachse (automatisch)	
Fahrgestell		
Bauart	Chassis mit Längsholmen und Traversen	
Aufhängung v	Einzelrad mit Dreiecksquerlenker, Torsionsstäben und Kurvenstabilisator	
Aufhängung h	Starrachse mit Blattfedern	
Bremsen	v Scheiben, h Trommeln, Handbremse mechanisch auf Hinterräder. Servobremse serienmäßig	
Reifen	6.00-16 oder 215 SR 15	
Höchstgeschw.	132 km/h	115 km/h
Radstand	2300 oder 2650 mm	
Spur v/h	1390/1350 mm	
Länge/Breite/Höhe	4075 bzw. 4380/1650/1800 mm	
Wendekreis	9,6 bzw. 10,8 m	
Böschungswinkel v	43°	
Böschungswinkel h	29°/32°	
min. Bodenfreiheit	225 mm	
Kraftstofftank	50 Liter	
Leergewicht	1180 kg	1270 kg

Isuzu Trooper 1982. In einigen Ländern wird dieser Allradwagen als Rodeo Bighorn verkauft, in Australien heißt er Holden Jackeroo. Holden ist die australische General-Motors-Tochtergesellschaft.

Die japanische Marke Isuzu kam erst verhältnismäßig spät nach Europa, nämlich Mitte der sechziger Jahre. Und zu den Geländewagen-Herstellern gehört die seit 1907 existierende Automobilfabrik erst ab 1981.
Den Namen Trooper trägt der Allrad-Isuzu nur als Station. Unter typisch amerikanischen Bezeichnungen wird das Auto als Pickup in den Staaten geführt. Dort heißt es Rodeo Bighorn.
Isuzu gehört zum Hitachi-Konzern und arbeitet eng mit General Motors zusammen; GM ist schließlich zu einem Drittel an dem japanischen Unternehmen beteiligt und übernimmt auch den Export und Verkauf des Trooper, der seit 1982 das Angebot an Allradwagen in der Bundesrepublik bereichert.
Aus dem ersten Modell »KB Faster Rodeo« – offenbar schon im Hinblick auf den amerikanischen Markt so benannt –, das nur als Pickup mit Hinterradantrieb gebaut wurde, machte man angesichts der zunehmenden Allradwagen-Beliebtheit schnell einen 4 x 4. Heute wird der Japaner in seiner Rodeo-Ausführung als Pickup – offizielle Bezeichnung drüben: Isuzu P'UP – gut verkauft; in Europa will man indessen vorzugsweise den geschlossenen Trooper vermarkten.
Das Kastenrahmen-Fahrgestell des Allrad-Isuzu mit zuschaltbarem Vorderradantrieb wird mit fünf verschiedenen Motoren gebaut. Sie sind allesamt Vierzylinder von 1584 ccm Hubraum (Modell 1600), 1817 ccm (Modell 1800), 1950 ccm (Modell 2000), 1961 ccm (Modell 2000 D) und 2238 ccm (Modell 2200 D). Letztgenannte Versionen sind Diesel. In Europa sind lediglich der 2000 und der 2200 D auf dem Markt.
Von der geschlossenen Karosserie-Ausführung bietet General Motors zwei Radstände an: 2300 und 2650 mm. Dreitürer sind sie beide. Weitere Besonderheiten: Vordere Einzelradaufhängung, automatischer Freilauf an den Vorderradnaben, Ausstellfenster vorn, sehr großzügige Verglasung. Die komfortable Innenausstattung des Fahrerabteils entspricht der des Isuzu Florian Kombi – und hier bewiesen die Isuzu-Designer (durchaus nicht zum erstenmal) viel Geschmack.
Auf dem reinen Nutzfahrzeug-Sektor hat Isuzu schon länger einen guten Namen. Bei der Mobilisierung des good-will dieser japanischen Marke in den USA hat man durchaus Erfolge erzielt; wenn GM seinen Vertriebsapparat für den Trooper auch in Europa gut nutzt, wird die Geländewagen-Szene bei uns bald um einige Exoten angereichert sein. Ein Anfang wurde bereits gemacht.

Gegenüberliegende Seite:
Isuzu Pickup 4 x 4, wie er in den USA sehr beliebt ist. Nach Europa liefert man vorzugsweise geschlossene Wagen.

JEEP CJ-5 · CJ-6 · CJ-7 · CJ-8

Modell	4,2 Liter	2,5 Liter	2,4 Liter Diesel	5 Liter
Motor				
Zylinder	6 Reihe	4 Reihe	4 Reihe	V8
Bohrg. x Hub/ccm	95,25 x 99,06/4235	101,6 x 76,2/2471	86 x 102/2370	95,25 x 87,38/4981
Verdichtung	8,2:1	8,2:1	20:1	8,4:1
Leistung	82,5 kW (112 PS) 3400	64,5 kW (88 PS) 4200	44 kW (60 PS) 3400	89 kW (121 PS) 3450
Drehmoment	271 Nm 2000/min	171 Nm 2400/min	151 Nm 2000/min	310 Nm 2000/min
Steuerung	seitliche Nockenwelle			zentrale Nockenwelle
Gemisch-Zuführg.	Fallstrom-Doppelverg.	Fallstrom-Reg.-Verg.	Einspritzanlage	Fallstrom-Doppelverg.
Batterie/Lima	12 Volt 50 Ah/37 A			
Kühlung	Wasser			
Antrieb				
Getriebe	4-Gang oder 5-Gang, Quadra-Trac-Automatik wahlweise			
Achsuntersetzg.	3,73 für 6- und 8-Zylinder 3,54 oder 4,09 für 4-Zylinder Benzin und Diesel			
Antrieb	Hinterachse mit zuschaltb. Vorderradantrieb. Quadra-Trac mit ständigem Allradantrieb			
Unters.-Straße	4-Gang: I: 4,03 II: 2,37 III: 1,5 IV: 1 R: 3,76 5-Gang: I: 4,03 II: 2,37 III: 1,5 IV: 1 V: 0,86 R: 3,76			
Unters. Gelände	über Reduktion 2,62 bzw. 2,03 (Automatik)			
Sperren	Quadra-Trac: sperrbares Zentraldifferential			
Fahrgestell				
Bauart	Kastenrahmen mit Traversen			
Aufhängung v	Starrachse, Blattfedern			
Aufhängung h	Starrachse, Blattfedern			
Bremsen	Scheibenbremsen v, Trommelbremsen h, Handbremse auf Hinterräder			
Reifen	H 78-15			
Höchstgeschw.	ca. 130 km/h	ca. 120 km/h	ca. 100 km/h	ca. 140 km/h

Der klassische Jeep als Stammvater der meisten Geländewagen-Konstruktionen unserer Zeit entstand im Jahre 1941 bei der amerikanischen Firma Willys-Overland, Toledo/Ohio. Noch im gleichen Jahr kam es zu einem Kooperationsvertrag mit Ford: Der Fortgang des zweiten Weltkrieges veranlaßte die US-Regierung, größere Stückzahlen für die Armee zu ordern; bei Willys waren hierfür die Herstellungskapazitäten nicht gegeben.

Den Namen »Jeep« des bis Kriegsende 1945 in 639 000 Exemplaren gebauten Allradwagens ließ sich Willys-Overland schützen. 1953 ging die Firma in die Hände des Kaiser-Konzerns über, weshalb das Auto später »Kaiser-Jeep« hieß. Mit anderen Firmen wurde aus dem Kaiser-Konzern später die American Motors Corporation, unter deren Regie der Jeep in allen seinen Varianten noch heute gebaut wird. In zahlreichen Ländern entstanden im Laufe der Jahre Lizenz-Konstruktionen; so etwa in Brasilien, wo Ford seit 1967 einen Jeep fertigt, oder Spanien, wo Ebro den Bravo-Jeep baut. Hotchkiss in Frankreich stellte einen Lizenz-Jeep von 1954 bis 1968 her. Die heute auf dem Markt befindli-

Jeep CJ-5 in seiner Grundform – ein sparsam ausgerüsteter, offener Kübel. Das Foto zeigt die 1974er Ausführung.

Unten: Ein Jeep nahm 1978 an der World-Cup Rallye statt. Start war in London. Am Heck des Wagens hatte man fünf Reservekanister befestigt.

In Maßen und Gewichten unterscheiden sich die einzelnen Modelle:

Modell	CJ-5	CJ-6	CJ-7	CJ-8
Radstand	2120 mm	2650 mm	2370 mm	2650 mm
Spur v/h	1310/1280 mm	1310/1280 mm	1310/1280 mm	1310/1280 mm
Länge/Breite/Höhe	3670/1520/1720 mm	4200/1520/1700 mm	3890/1520/1720 mm	4500/1520/1980 mm
Wendekreis	10,4 m	11,6 m	11,6 m	11,6 m
Böschungswinkel v	alle Modelle 45°			
Böschungswinkel h	alle Modelle 30°			
min. Bodenfreiheit	alle Modelle ca. 203 mm			
Kraftstofftank	alle Modelle 62,5 Liter			
Leergewicht				
6-Zylinder	1300 kg	1500 kg	1340 kg	1360 kg
4-Zylinder	1200 kg	1400 kg	1240 kg	1260 kg
4-Zylinder Diesel	1250 kg	1450 kg	1290 kg	1310 kg
V8-Zylinder	1420 kg	1620 kg	1460 kg	1480 kg

Oben: Jeep CJ-5 in der
Standardform,
ohne Türen, ohne Dach,
mit umgelegter
Windschutzscheibe.

Rechts: CJ-7 mit einem
speziellem Aufbau.
Die großfenstrige
Kabine wurde bei
Wenger
in Basel angefertigt.

Rechts: Mit V8-Motor
ausgestatteter CJ-5.
Diesen Motor führten die
Amerikaner
im Jahre 1972 ein.

*Links: Abnehmbare
Hardtop-Kabine, 1980 für
eine Straßenhilfsdienst-
Organisation gebaut.*

*Unten: CJ-5 Modell
1972 mit Winde und
Schubvorrichtung
im US-Polizei-Einsatz.*

men des Ur-Jeeps, wobei der Buchstabe C für »Civilian« steht. Die Hauptunterschiede der einzelnen Jeep-Modelle beruhen auf dem Radstand und der Motorenbestückung, die vom Vierzylinder bis zum V8 reicht.

1978 angefertigter Hardtop-Aufsatz für einen Jeep CJ-6 (langer Radstand), bei dem auch die Türen abnehmbar sind.

Ab 1977 kam ein 2,7-Liter-Dieselmotor (Bauart Perkins) ins Programm, im gleichen Jahr erhielten alle Versionen des Jeep vorn serienmäßig Scheibenbremsen. Ein Jahr später verbesserte man das Heizungs- und Lüftungssystem.

Den Sechszylindermotor gibt es seit 1955, und er ist ein adäquates Antriebsaggregat für den kurzen, kompakten Wagen. Den traditionellen Vierzylinder gibt es nach wie vor; auch diese Ausführung bringt ein Optimum an Geländetauglichkeit und auf freier Autostraße eine Spitze von beachtlichen 126 km/h. Schließlich ist der Vierzylinder ein Leichtgewicht in der Jeep-Armada, und da er von Haus aus schmalere Räder hat, kommt er auch ohne die bei den größeren Modellen üblichen Kotflügelverbreiterungen aus.

Die werbewirksamen Bezeichnungen Golden Eagle, Golden Arrow, Golden Hawk, Renegade, Laredo kennzeichnen Ausstattungs-Varianten. Große Komfort- und Extra-Pakete lassen kaum Wünsche offen. Und wegen des großen Angebots zusätzlicher, von zahlreichen Herstellern in aller Welt produzierter Sonderausstattungen ist die Gilde der Jeep-Besitzer nur zu beneiden.

Diverse Ausführungen des Jeep waren stets mit nur Hinterradantrieb zu bekommen, etwa der attraktive Jeepster (Design: Brooks Stevens) und der heute in den USA erhältliche DJ-5 Dispatcher, ein Hardtop-Modell mit Schiebetüren und Zweiliter-Benzinmotor – gebaut für amerikanische Postbehörden. Neu für 1983: eine geschlossene Stahlkabine für den CJ-7 und den CJ-8.

Die vor gar nicht allzu langer Zeit noch angezweifelte Kombination des amerikanischen Jeep mit einem französischen Motor ist inzwischen auch Realität geworden. Durch die Liaison Renault-AMC wird der CJ-7 als Modell Standard, Renegade oder Laredo in Frankreich ab 1982 mit dem Dieselmotor des Renault R 18 und R 20 (vier Zylinder, 2086 ccm

Links: CJ-5 mit abnehmbarem Hardtop für die Baseler Kantonspolizei.

Unten: Jeep CJ-7 Golden Eagle mt Kotflügel-verbreiterungen und Winde auf der vorderen Stoßstange in einem Geländewettbewerb.

60 PS) auf den Markt gebracht. Renault ist damit offizieller Jeep-Distributeur geworden. Auch in der Bundesrepublik ist der Renault-Diesel-Jeep ab 1983 zu haben. Die großvolumigen Motoren im Allrad-Urvater werden bald dem Nostalgie-Kapitel zugeordnet werden müssen – der seit Mitte 1981 nicht mehr produzierte V8 gehört mit Sicherheit zu den Liebhaberfahrzeugen der Jeep-Zunft. Einen kräftigen Sechszylinder, ob von AMC oder Renault, dürfte es aber auch im CJ-Modell – so lange es gebaut wird – stets geben; mit einem Vierzylinder allein kann Renault seine Off-Road-Kunden nicht glücklich machen. In der Schweiz ist der Jeep ab 1983 mit Vierzylindermotor gar nicht mehr im Angebot. In Argentinien gibt es einen Lizenz-Jeep mit Renault-Motor übrigens schon seit 1980 – dort übernahmen die Franzosen die ehemalige Firma Industrias Kaiser Argentina und die Rechte am Bau eines Pickup mit langem Radstand nach Jeep-Vorbild.

JEEP CHEROKEE·WAGONEER

Modell	258 CID	360 CID
Motor		
Zylinder	6 Reihe	V8
Bohr. x Hub, ccm	95,25 x 99,06/4235	103,63 x 87,38/5896
Verdichtung	8,2:1	8,25:1
Leistung	76 kW (103 PS) 3400	111 kW (150 PS) 4200 (in der Europa-Exportversion)
Drehmoment	271 Nm 2000/min	339 Nm 1200/min
Steuerung	seitliche Nockenwelle	zentrale Nockenwelle
Gemisch-Zuf.	Fallstromvergaser	Fallstrom-Doppel-(Europa) oder Vierfach-Vergaser
Batterie/Lima	12 Volt 50 Ah/37 A	12 Volt 60 Ah/37 A
Kühlung	Wasser	
Antrieb		
Getriebe	4-Gang, 5-Gang, 3-Gang-Automatik, Quadra-Trac für V 8	
Achsunters.	4-Gang und Automatik: 3,31 oder 2,73; 5-Gang: 3,31	
Antrieb	Hinterachse mit zuschaltbarem Vorderradantrieb; Quadra-Trac mit ständigem Allradantrieb	
Unters. Straße	4-bzw. 5-Gang: I: 4,03 II: 2,37 III: 1,5 IV: 1 V: 0,86 R: 3,76 Automatik: I: 2,48 II: 1,48 III: 1 R: 2,08	
Unters. Gelände	über Reduktion 2,6	
Sperren	Quadra-Trac: Zentraldifferential sperrbar	
Fahrgestell		
Bauart	Kastenrahmen mit 5 Traversen	
Aufhängung v	Starrachse, Blattfedern	
Aufhängung h	Starrachse, Blattfedern	
Bremsen	v Scheiben, h Trommel, Feststellbremse (Pedal) auf Hinterräder. Servobremsen serienmäßig	
Reifen	H 78-15 (7.75-15)	
Höchstgeschw.	120 km/h	150 km/h
Radstand	2770 mm	
Spur v/h	1505/1470 mm	1660/1580 mm
Länge/Breite/Höhe	4660/1920/1700 mm, Cherokee Chief: Höhe 2000 mm	
Wendekreis	11,5 m	
Böschungswinkel v	39°	
Böschungswinkel h	20°	
min. Bodenfreiheit	200 mm	
Kraftstofftank	83 Liter	
Leergewicht	1705–1775 kg	

Mit dem Namen eines berühmten Indianerstammes ist jener Jeep der American Motors Corporation versehen, der 1973 dem Modell Commando folgte und mit diesem eng verwandt ist. Der Cherokee ist ein Fahrzeug mit besonders langem Radstand – er übertrifft den des CJ-6 und CJ-8 noch um etwa 12 Zentimeter.
Wie das dem Cherokee entsprechende Modell Wagoneer haben diese

Fahrzeuge entweder einen Reihensechszylinder- oder V8-Motor; die größere Maschine ist mit dem Quadra-Trac-Vierradantrieb kombinierbar. Da der Cherokee im Grunde aber eine »Sparversion« des Wagoneer darstellt, ist seine Super-Motorisierung mittels der wuchtigen 5896-ccm-V8-Maschine (360 CID) nicht besonders sinnvoll. Zeitweilig konnte man – für beide Modelle – sogar einen 6,6 Liter V8 bekommen (401 CID). Standard-Motor ist der 4,3-Liter-Sechszylinder (258 CID), der bei AMC seit mehr als einem Jahrzehnt vom Band läuft.

Der Familien-Station Cherokee kann natürlich mit all jenen Extras bestückt werden, die vielen Amerikanern unentbehrlich sind: Klimaanlage, Hydra-Matic, Servolenkung, verstellbarer Lenksäule. Durch seine große Ladekapazität von mehr als zweieinhalb Kubikmeter und die geländegängigen Eigenschaften, die dieser Wagen mit dem »normalen« Jeep gemein hat, wurde der Cherokee in Amerika zu einem Allround-Vehikel der Farmer und Handwerker, und mit 2800 kg offiziell auch bei uns zugelassenem Anhängegewicht (das de facto gut zu verdoppeln ist) stellen Wagoneer und Cherokee bei den Allradfahrzeugen dieser Größenordnung auch bei uns Superlative dar.

Man könnte den Wagoneer als Lastwagen-Version des behenden, kleinen Jeep der CJ-Reihe bezeichnen, denn er ist länger, breiter, höher, schwerer. Servo-Scheibenbremsen, energievernichtende Stoßstangen, Servolenkung und den großen 401-CID-Motor von 6,6 Liter Hubraum erhielt man ab 1974.

Unten Links: Jeep Cherokee Chief als Zweitürer, Modell 1980. Rechts daneben ein viertüriger Wagoneer, Modell 1974.

Wenn auch mit dem CJ verwandt – eine Off-Road-Gems ist der Wagoneer erst in zweiter Linie; hier spielen die CJ-Typen aus gleichem Hause ihre Überlegenheit aus. Höhergesetzte und mit Sperrdifferentialen (serienmäßig nicht vorhanden) versehene, mit Rammschutz und vielen weiteren Querfeldein-Extras ausgerüstete Wagoneers haben dennoch so manche Baja- oder Parker-Schlacht erfolgreich durchstanden. Wo es nicht auf die Höhe der Benzinrechnung ankommt, ist auch der Wagoneer ein ernstzunehmender Wüsten- und Steppen-Bolide.

Oben links: Cherokee-Pickup-Version J 10 mit action-mobil-Wohnkabine. Rechts daneben Heckansicht der Cherokee-Großraum-Limousine.

LADA NIVA

Modell	VAZ 2121

Motor

Zylinder	4 Reihe
Bohr. x Hub, ccm	79 x 80/1558
Verdichtung	8,5 : 1
Leistung	57,5 kW (78 PS) 5400 oder 56 kW (76 PS) 5400 für einige Exportländer
Drehmoment	123 Nm 3200/min bzw. 118 Nm 3000/min
Steuerung	obenliegende Nockenwelle
Gemisch-Zuf.	Fallstrom-Registervergaser
Batterie/Lima	12 Volt 55 Ah/500 W
Kühlung	Wasser

Antrieb

Getriebe	4-Gang
Achsunters.	4,3
Antrieb	Allrad
Unters. Straße	I: 3,24 II: 1,99 III: 1,29 IV: 1 R: 3,34 Reduktion 1,19
Unters. Gelände	über Reduktion 2,13
Sperren	für Zentraldifferential

Fahrgestell

Bauart	selbsttragende Karosserie
Aufhängung v	Trapez-Dreieckquerlenker, Teleskopdämpfer mit Schraubenfedern, Kurvenstabilisator
Aufhängung h	Starrachse, Teleskopdämpfer mit Schraubenfedern
Bremsen	v Scheiben, h Trommel, mech. Handbremse auf Hinterräder
Reifen	6,95-16 175 SR 16
Höchstgeschw.	132 km/h
Radstand	2200 mm
Spur v/h	1430/1400 mm
Länge/Breite/Höhe	3720/1680/1640 mm
Wendekreis	10,6 m
Böschungswinkel v	40°
Böschungswinkel h	32°
min. Bodenfreiheit	220 mm
Kraftstofftank	45 Liter
Leergewicht	1150 kg

Der Shiguli VAZ 2121, außerhalb der Sowjetunion besser als Lada Niva bekannt, gab im Winter 1976/77 sein Debüt und wurde auf Anhieb ein Erfolg. 75 000 allradgetriebene Niva-Limousinen verlassen im Jahresdurchschnitt das Werk Togliatti an der Wolga. Allein in der Bundesrepu-

Lada Niva 5000, Modell 1981, beim strapaziösen Geländetest. Der Niva gehört zu den wenigen Allradfahrzeugen mit einem permanentem Vierradantrieb.

blik wurde der russische Kompakt-4 x 4 innerhalb kurzer Zeit mit dem Suzuki zum meistverkauften Geländewagen – woran in erster Linie sein außerordentlich günstiger Preis beteiligt ist.

Die Gelände- und sonstigen Fahreigenschaften des kompakten Russen erfuhren in den meisten Tests recht gute Bewertungen. Aber es gab auch immer wieder Ansatzpunkte der Kritik – man wünschte sich Gasdruck-Stoßdämpfer, einen größeren Kraftstofftank, Sitze mit besseren Rückenlehnen, vor allem mehr Platz im Fond. In Anbetracht der kurzen Bauweise des Lada Niva ist der letztgenannte Wunsch indessen kaum zu verwirklichen; bessere Stoßdämpfer erhielt er jedoch 1981.

Der Vierzylindermotor mit 1558 ccm Hubraum ist ein drehfreudiges ohc-Aggregat, im Spritkonsum allerdings nicht allzu bescheiden. Dafür kann man mit dem Auto 135 km/h Dauertempo fahren. Der Allradantrieb ist permanent, also nicht an einer Achse abschaltbar – das gibt's sonst nur noch beim AMC Eagle, beim Audi 80/Quattro oder V8-Rover.

Der mit einer selbsttragenden, zweitürigen Karosserie aus Stahlblech versehene Lada Niva ist ab Werk mit einer reichhaltigen Ausstattung gesegnet. Vordere Scheibenbremsen sind ebenso selbstverständlich wie Liegesitze, Drehzahlmesser, Rückfahrscheinwerfer oder heizbare Heckscheibe. Das Reserverad befindet sich unter der Motorhaube.

Sonderausführungen wie das Modell California (mit großem Schiebedach und einigen Extras, auch spezieller Lackierung) und ein neuerdings in Frankreich angebotenes Vollcabrio befriedigen Lada-Freunde, die statt eines Einheitsautos einen 4 x 4 mit persönlicher Note haben möchten. Auf dem Autosalon 1982 war sogar ein Turbo-Lada zu sehen; der Garrett-T3-Lader holt aus dem 1,6-Liter-Motor 105 PS. Das Turbo-Cabrio wurde aber nicht in der Sowjetunion entwickelt, sondern bei der Firma Lebranchu in Courbevoie. Zu einem besonderen Niva macht ihn auch die österreichische Importgesellschaft ÖAF: Mit Dachspoiler, elektrisch verstellbaren Außenspiegeln, Heckscheibenwischer und einem Satz zusätzlicher Stahlgürtelreifen auf Aluminium-Felgen avancierte das Fahrzeug zum Austro-Taiga – und ist immer noch ein vergleichsweise preiswertes Fahrzeug für's Geld.

Gegenüberliegende Seite:
Lada Niva in der 1981 vorgestellten California-Ausführung, die eine Reihe von Extras beinhaltet, und in der Normalversion.

LAND-ROVER

Modell	2,3 l Benzin	2,3 l Diesel	2,6 l Benzin	3,5 l V8/110
Motor				
Zylinder	4 Reihe	4 Reihe	6 Reihe	V8
Bohr. x Hub, ccm	90,47 x 88,9/2236	90,47 x 88,9/2236	77,8 x 92,08/2625	88,9 x 71,12/3532
Verdichtung	8:1	23:1	7,8:1	8,1:1
Leistung	51,5 kW (70 PS) 4000	45 kW (61 PS) 4000	63 kW (86 PS) 4500	85,5 kW (115 PS) 4000
Drehmoment	159 Nm 2000/min	139 Nm 1800/min	178,5 Nm 1750/min	226 Nm 2000/min
Steuerung	seitliche Nockenwelle			zentrale Nockenwelle
Gemisch-Zuf.	Fallstromvergaser	Einspritzanlage	Fallstromvergaser	2 Halb-Fallstromvergaser
Batterie/Lima	12 Volt 58 Ah/34 A	12 Volt 95 Ah/34 A	12 Volt 58 Ah/34 A	12 Volt 60 Ah/34 od. 45 A
Kühlung	Wasser			
Antrieb				
Getriebe	4-Gang			4-Gang
Achsunters.	4,7			3,54
Antrieb	Hinterachse, Vorderradantrieb zuschaltbar			Allrad
Unters. Straße	I: 3,68 II: 2,22 III: 1,5 IV: 1 R:4,02 Reduktion: 1,148 Overdrive wahlweise: 0,79			I: 4,07 II: 2,45 III: 1,5 IV: 1 R: 3,66 Reduktion: 1,17
Unters. Gelände	Über Reduktion 2,35 oder 3,54			über Reduktion 3,32
Sperren				für Zentraldifferential
Fahrgestell				
Bauart	Kastenrahmen mit Traversen			
Aufhängung v	Starrachse, Blattfedern			
Aufhängung h	Starrachse, Blattfedern			
Bremsen	v/h Trommel, mech. Handbremse auf Kardanwelle (LR 110: v/h Scheibenbremsen			
Reifen	kurzer Radstand: 6.00-16; langer Radstand: 7.50-16			
Höchstgeschw.	105/113 km/h	98/105 km/h		120 km/h
Radstand	2230 (LR 88) oder 2770 mm (LR 109), 2794 (LR 110)			2770, 2794 mm
Spur v/h	1310/1310 mm			1485/1485 mm
Länge/Breite/Höhe	3620 bzw. 4470/1680/1715 oder 2010 mm			4480/1690/2010 mm
Wendekreis	11,6 bzw. 14,3 m			
Böschungswinkel v	46°			
Böschungswinkel h	30°, langer Radstand: 24°			
min. Bodenfreiheit	175 bzw. 210 mm			210 mm
Kraftstofftank	45 bzw. 68 Liter			68 Liter
Leergewicht	1330 bzw. 1535 kg	1370 bzw. 1575 kg		1805 kg

Nach dem US-Jeep dürfte der Land-Rover das meistbekannte und wohl auch am meisten verbreitete Geländefahrzeug der Welt sein. In Europa, Afrika und Asien, aber auch Süd- und Nordamerika ist der 1948 eingeführte Allzweckwagen seit langem populär; Armeen zahlreicher Nationen haben ihn zum offiziellen Militärfahrzeug erkoren, die Industrie kennt ihn als Einsatzwagen für alle möglichen Zwecke ebenso wie die

Links: Land-Rover 88
Hardtop, Modell 1982.

Oben: Land-Rover 109
mit festem Kabinen-
aufbau und Ladepritsche,
ein recht vielseitiges
Nutzfahrzeug.

Links: Land-Rover V8,
Modell 1982, mit
modifizierter Frontpartie
als Viertürer auf langem
Chassis.

Landwirtschaft als Mädchen für alles. Land-Rover wurde zu einem
Begriff. Zwei klassische Radstand-Versionen stehen seit eh und je zur
Verfügung: 88 und 109 Zoll (entsprechend 2230 und 2770 mm, ab 1983
auch 2794 mm), und beide sind mit vielen Aufbauten kombinierbar.
Offene Ausführungen, Hardtop- und Pritschenwagen, Lieferwagen und
Aufbauten für tausendundeinen Sonderzweck umfaßt das Land-Rover-

Programm. Die 109- und 110-Zoll-Fahrgestelle werden auch mit fünftürigen Stationcar-Karosserien versehen, sechs- bis zwölfsitzig.

1957 erfolgte die Einführung von Dieselmotoren. Seither gab es drei Motor-Alternativen: zwei Benziner von 2286 ccm (70 PS) und 2625 ccm (87 PS), der aber seit 1982 nicht mehr offeriert wird, sowie einen Diesel, der bei gleicher Dimension wie der 2,3 Liter naturgemäß etwas leistungsschwächer (61 PS) ist. Ab 1979 kann man den Typ 109 auch mit einem V8-Diesel bestellen. Das 3532-ccm-Aggregat ist eine modifizierte Range-Rover-Maschine und damit in der Konstruktionsbasis ein wahrer Oldtimer. Daß dieser Leichtmetallmotor sich als solch gelungener Wurf entpuppen würde, hat bei Buick 1961 sicher niemand gedacht, als er dort erstmals probelief . . .

Die im Laufe der Jahre nur wenig modifizierte Karosserie hat sich bestens bewährt. Erst 1971 setzte man die bis dahin neben dem Kühlergrill befindlichen Scheinwerfer in die Frontflächen der Kotflügel, dann erhielt der Grill eine etwas andere Form. Mit Einführung des V8-Diesel-Modells und des 110 füllte sich der Raum zwischen den vorderen Kotflügelenden zu einer glattflächigen Front.

Im Unterschied zum Range Rover ist beim Land-Rover der Vorderradantrieb abschaltbar. Vorhanden sind ein zentrales Ausgleichsgetriebe beim V8 mit 3,54 : 1-Reduktion, bei den anderen Modellen 4,7 : 1, und – auf Wunsch – Overdrive. Alle Land-Rover sind Starrachser – aus gutem Grund. Kompromisse zugunsten besseren Fahrkomforts auf ebener Straße ging man nicht ein. Auch am Volant zeigt sich, daß dieses Fahrzeug von vornherein als ein Arbeitsinstrument konzipiert war (weshalb es auch von Sir Winston Churchill beispielsweise bevorzugt wurde) – für andere Zwecke empfiehlt sich die Anschaffung des 1970 geborenen Schwestermodells Range Rover.

Land-Rover 110 County Station Wagon, 1983.

Spanien-Urlauber kennen Land-Rover-Ausführungen, deren Frontpartie sich vom Originalfahrzeug etwas unterscheidet. Bei diesen Autos

Oben: Land-Rover 109, Modell 1981, mit Trittrasten unter den Seitentüren.
Links: Selten anzutreffen ist der Land-Rover 110 als Frontlenker-Modell, hier mit geräumigem Wohnaufbau von action-mobil.

handelt es sich um den in Spanien seit 1958 produzierten Santana-Rover, eine Lizenzausführung, die es seit 1962 – wie im britischen Mutterland – auch als Frontlenker gibt. Dies ist ein Fahrzeug, das eher schon zur Lastwagenkategorie zählt. Die Land-Rover-Frontlenker-Familie (»forward control«) ist eine Fahrzeuggruppe für sich, schon fast den Lkw's zuzurechnen, und vermag Off-Road-Freunde weniger zu begeistern als die klassischen Haubenfahrzeuge.

MERCEDES-BENZ/PUCH G

Modell	230 GE	280 GE	240 GD	300 GD
Motor				
Zylinder	4 Reihe	6 Reihe	4 Reihe	5 Reihe
Bohr. x Hub, ccm	95,5 x 80,25/2299	86 x 78,8/2746	90,9 x 92,4/2399	90,9 x 92,4/2998
Verdichtung	9:1	8:1	21:1	21:1
Leistung	92 kW (125 PS) 5000	114,5 kW (156 PS) 5200	53 kW (72 PS) 4400	64,5 kW (88 PS) 4400
Drehmoment	192 Nm 4000/min	226 Nm 4250/min	137 Nm 2400/min	172 Nm 2400/min
Steuerung	obenl. Nockenwelle	2 obenl. Nockenwellen	1 obenliegende Nockenwelle	
Gemisch-Zuf.	Einspritzanlage			
Batterie/Lima	12 Volt 66 Ah/55 A		12 Volt 88 Ah/55 A	
Kühlung	Wasser			
Antrieb				
Getriebe	4-Gang oder 4-Gang-Automatik			
Achsunters.	5,33	4,9	5,33	4,9
Antrieb	Hinterachse mit zuschaltbarem Vorderradantrieb			
Unters. Straße	230, 240, 300: I: 4,628 II: 2,462 III: 1,473 IV: 1 R:4,348 280: I: 4,043 II: 2,206 III: 1,381 IV: 1 R: 3,787 Automatik: I: 4,007 II: 2,392 III: 1,463 IV: 1 R: 5,495			
Unters. Gelände	über Reduktion 2,14			
Sperren	vorn und hinten wahlweise			
Fahrgestell				
Bauart	Kastenrahmen			
Aufhängung v	Starrachse, Schraubenfedern			
Aufhängung h	Starrachse, Schraubenfedern			
Bremsen	v Scheiben, h Trommeln, Handbremse auf Hinterräder			
Reifen	205 R 16			
Höchstgeschw.	143 km/h	155 km/h	115 km/h	130 km/h
Radstand	2400 oder 2850 mm			
Spur v/h	1425/1425 mm			
Länge/Breite/Höhe	3945 bzw. 4595/1700/1975 bzw. 1985 mm			
Wendekreis	11,4 bzw. 13 m			
Böschungswinkel v	40°			
Böschungswinkel h	40°			
min. Bodenfreiheit	215 mm			
Kraftstofftank	70 Liter	85 Liter	70 Liter	70 Liter
Leergewicht	1750 bis 1950 kg			

Die langerwartete Vorstellung des von Daimler-Benz und der Steyr-Daimler-Puch AG gemeinsam entwickelten Geländewagens fand im Februar 1979 statt. Da der Wagen in Graz vom Band läuft, wo auch Rahmen und Karosserie gebaut werden, offeriert man ihn in Österreich, in der Schweiz und in einigen anderen Ländern unter der Marke Puch (der Name Steyr bleibt dem Pinzgauer vorbehalten). In allen übrigen

Staaten gilt der Allradwagen als Mercedes-Benz. Die Modellbezeichnung G steht für Geländewagen.

Die Eleganz eines Range Rover hat der G nicht, dafür aber Qualitäten, die ihm einen Spitzenplatz unter allen mehr oder weniger vergleichbaren Fahrzeugen sichern. Zum Viergang-Synchrongetriebe gehört eine Geländeuntersetzung im Zweiwellen-Verteilergetriebe (1 : 2,14); Differentialsperren für Vorder- und Hinterachse muß man allerdings als Extra erwerben. Ansonsten aber ist alles drin, alles dran, was man bei einem teuren Fahrzeug dieser Größenordnung auch erwarten darf. Zum Beispiel ein perfektes Lüftungs- und Heizungssystem, eine mehr als komplette Instrumentierung, Rückfahrscheinwerfer, vordere Scheibenbremsen, Automatikgurte wie überhaupt vieles, was die vergleichbaren Limousinen aus dem Hause Daimler-Benz auch auf den Weg bekommen. Schließlich ist der G kein billiges Auto.

Oben: Mercedes-Benz/ Puch G als fünftüriger Stationwagen mit langem Chassis und einem Fünfzylinder-Dieselmotor.

Links: Volant des G. Hinter dem Getriebe-Schalthebel der Hebel für das zusätzliche Verteilergetriebe; die beiden Zugknöpfe bedienen die Differentialsperren. Im Unterschied zu den Serien-Limousinen hat der G eine konventionelle Hebel-Handbremse.

Draufsicht auf das
Fahrgestell des
Mercedes-Benz/Puch G.
Bei der Konstruktion des
Wagens entschied man
sich für die klassische
Chassis-Bauweise mit
nichtselbsttragender
Karosserie.

Unten: Mercedes-Benz/
Puch 230 G mit kurzem
Fahrgestell bei fotogener,
aber wenig
nachahmenswerter
Sprungübung. Ein
Mercedes/Puch G wurde
1983 Gesamtsieger der
Langstrecken-Rallye
Paris-Dakar mit Jackie
Ickx am Steuer.

Mercedes-Benz/Puch 240 GD Station in Afrika. Auf dem schwarzen Kontinent entwickelte sich der deutsche Allradwagen zu einem harten Konkurrenten zum britischen Land-Rover.

Der Mercedes-Benz/Puch G ist in zwei Fahrgestell-Längen auf dem Markt: 2400 und 2850 mm. Das kurze Chassis kann mit Pickup-, Stationswagen- oder Kastenwagen-Aufbau geliefert werden, die Langversion als viertüriger Station oder zweitüriger Kasten. Sitzanordnung im Fond ist bei beiden Ausführungen individuell zu gestalten. Bis zu 2500 Kilogramm darf der G an den Haken nehmen.

Vier verschiedene Motoren bietet Daimler-Benz an, alle bereits in anderen Serienfahrzeugen bekannt. Bei den Dieselmaschinen kann man zwischen dem 240 (2399 ccm, 72 PS) und dem 300 (2998 ccm, 88 PS) wählen, bei den Benzinern gibt es den 230 E (2307 ccm) als 125-PS-Motor (anfangs, ohne Benzineinspritzung, war die nicht allzu muntere Maschine ein 70-PS-Aggregat; das Nonplusultra aber stellt der Einspritzmotor vom 280er dar, ein Sechszylinder von 2746 ccm (156 PS). Mit diesem Supermotor bestückt, läuft der G auf ebener Straße über 160 km/h, und was man bei eingelegter Geländereduktion im ersten Gang an Drehmoment zur Verfügung hat, übertrifft alle Werte gleichgroßer Geländewagen, nämlich mehr als 240 Nm. Im Verkauf ist indessen der 300 GD mit seinem sparsamen Fünfzylinder-Dieselmotor Trumpf, doch bei seinem Leergewicht von 1950 Kilogramm (langer Station) reichen die 88 PS nicht immer aus, so flott von der Stelle zu kommen, wie man sich's wünscht. Was aber die wenigsten Käufer stört: 60 Prozent aller G-Wagen gehören diesem Typ an.

Eine lange Liste trotz guter Serienausstattung wünschenswerter Zubehörteile und praktischer Extras können aus dem Mercedes-Benz/Puch G ein Idealfahrzeug machen, sofern das Budget da keine Grenzen setzt. Denn ohne großen Aufwand gelangt man in Bereiche zwischen 45 000 und 55 000 Mark. Das fängt an bei der Auswahl zwischen ein- oder zweiteiligen Hecktüren bei den geschlossenen Ausführungen, speziellen Reifen, Seilwinde und Reserverat an schwenkbarer Halterung und hört bei Steinschlagschutzgittern, Differentialsperren oder Servolenkung (nur serienmäßig beim 280 GE) noch lange nicht auf. Es gibt sogar Möglichkeiten, sich in den G einen 6,3-Liter-Motor mit AMG-Tuning einsetzen zu lassen – solche Sonderwünsche erfüllt indessen weder Daimler in Untertürkheim noch das Werk in Graz. Das gibt es nur bei Franco Sbarro in der Schweiz, der für solche Transplantationen einen weltbekannten Namen hat . . .

MITSUBISHI PAJERO · L 300

Modell	2 Liter	2,6 Liter	Turbodiesel	L 300 Country
Motor				
Zylinder	4 Reihe	4 Reihe	4 Reihe	4 Reihe
Bohr. x Hub, ccm	84 x 90/1995	91,1 x 98/2555	91,1 x 90/2346	80,6 x 88/1795
Verdichtung	8,5:1	8,2:1	20:1	8,5:1
Leistung	73,5 kW (100 PS) 5000	76 kW (104 PS) 4500	62 kW (84 PS) 4200	60 kW (82 PS) 5500
Drehmoment	167 Nm 3000/min	209 Nm 3000/min	175 Nm 2200/min	132 Nm 3000/min
Steuerung	obenliegende Nockenwelle			
Gemisch-Zuf.	Fallstrom-Doppelvergaser		Einspritzanlage	Fallstrom-Register
Batterie/Lima	12 Volt 60 Ah/48 A			
Kühlung	Wasser			
Antrieb				
Getriebe	5-Gang			
Achsunters.	4,875			
Antrieb	Hinterachse mit zuschaltbarem Vorderradantrieb			
Unters. Straße	I: 3,740 II: 2,136 III: 1,36 IV:1,00 V: 0,856 R: 3,578 Reduktion: 0,903			
Unters. Gelände	über Reduktion 1,944			
Sperren	nicht serienmäßig			
Fahrgestell				
Bauart	Kastenrahmen mit Traversen			
Aufhängung v	Einzelradaufhängung, Doppelquerlenker			Dreieckquerlenker
Aufhängung h	Starrachse, Blattfedern			
Bremsen	v/h Trommel			v Scheiben
Reifen	6.00-16 oder 7.60-15			195 R 14
Höchstgeschw.	110 km/h	140 km/h	130 km/h	130 km/h
Radstand	2030, 2350 oder 2650 mm			2200 mm
Spur v/h	1300/1300 mm			1390/1365 mm
Länge/Breite/Höhe	2380, 3935, 4100 bzw. 4290/1680 bzw. 1670/1845 bzw. 1940 mm (je nach Aufbauart)			
Wendekreis	11,2–13,4 m			
Böschungswinkel v	44°			
Böschungswinkel h	33°			
min. Bodenfreiheit	210 mm			190 mm
Kraftstofftank	45 Liter	60 Liter	60 Liter	60 Liter
Leergewicht	1150 bis 1650 kg			1480 kg

Miniberockte Japan-Girls dekorierten auf der Automobilausstellung zu Tokio 1979 den Mitsubishi-Stand und wurden besonders gern in der Nähe eines neuen Fahrzeugmodells von MMC fotografiert. Das Auto hieß Pajero (mit einer römischen II – Nummer I war indessen nur ein Experimentier-Fahrzeug).
Der nach Targa-Art mit einem breiten Überrollbügel versehene offene Viersitzer mit seiner glattflächigen Karosserie verbarg unterm attrakti-

ven Kleid ausgefeilte Jeep-Technik. Schließlich ist die Firma Mitsubishi als eine der größten japanischen Konzerntöchter seit 1954 offizieller Lizenzhersteller des US-Jeeps. Eine Reihe mit den amerikanischen Modellen identischer CJ-Typen im klassischen Jeep-Look wird von Mitsubishi auch weiterhin gebaut.

Der Pajero ist mit drei verschiedenen Motoren lieferbar; ein 2- und ein 2,4-Liter sind Benzinaggregate, während ein 2,7-Liter als Diesel offeriert wird – sogar mit Turboaufladung.

In den Dimensionen entspricht der Pajero etwa dem Jeep CJ-6, mit dem er auch den Radstand von 2650 mm (längstes Modell) gemein hat. Ob der Pajero in größeren Stückzahlen nach Europa kommt, bleibt

Oben links: Mitsubishi Pajero, 1982 als Turbodiesel vorgestellt. Rechts daneben die 1983er geschlossene Ausführung; ein solcher Wagen nahm an der Paris-Dakar-Fahrt teil.

Links: Der Pajero, wie er 1979 als „Multi Purpose Vehicle" auf der Automobilausstellung in Tokio gezeigt wurde.

abzuwarten (Stand: Frühjahr 1983). Westeuropäische Mitsubishi-Importeure haben mit der Verbreitung von Informationen über den neuen Geländewagen nicht zurückgehalten. Ob ein weiterer 4 x 4 aus dem Fernen Osten bei uns ein dringendes Marktbedürfnis stillt, bleibt dahingestellt – die Entscheidung über Erfolg oder Mißerfolg eines Automobils hängt indessen oft von Kriterien ab, die mit vordergründig rationalen Argumenten nicht viel zu tun haben müssen . . .

Ein Mitsubishi-Geländewagen mit Vierzylinder-1378-ccm-Benzinmotor wird auf den Philippinen für den südwestasiatischen Raum gebaut. Es handelt sich um einen Pickup, den die Firma Canlubang in Manila – sie übernahm die Einrichtungen der dortigen Chrysler-Tochter – unter der Bezeichnung CM 125 vertreibt. Ein Kleinbus von Mitsubishi (L 300 Country) mit Allradantrieb wurde Anfang 1983 ebenfalls vorgestellt.

MONTEVERDI SAFARI

Modell	Safari
Motor	
Zylinder	V8 (Konstruktion IHC Scout)
Bohr. x Hub, ccm	98,43 x 92,87/5653
Verdichtung	8,3 : 1
Leistung	121,5 kW (165 PS) 3600
Drehmoment	402 Nm 2000/min
Steuerung	zentrale Nockenwelle
Gemisch-Zuf.	Fallstrom-Doppelvergaser
Batterie/Lima	12 Volt 65 Ah/55 A
Kühlung	Wasser
Antrieb	
Getriebe	4-Gang oder 3-Gang-Automatik
Achsunters.	3,07
Antrieb	Hinterachse mit zuschaltbarem Vorderradantrieb
Unters. Gelände	über Reduktion 2,03
Sperren	Differentialbremse auf Hinterachse (automatisch) System Power-Lock
Fahrgestell	
Bauart	Kastenrahmen
Aufhängung v	Starrachse, Blattfedern, Teleskopstoßdämpfer, Kurvenstabilisator
Aufhängung h	Starrachse, Blattfedern, Teleskopstoßdämpfer
Bremsen	v Scheiben, innenbelüftet, h Trommel, Handbr. auf Hinterräder, Servobremse serienmäßig
Reifen	225/235 x 15
Höchstgeschw.	170–190 km/h
Radstand	2540 mm
Spur v/h	1480/1480 mm
Länge/Breite/Höhe	4560/1790/1740 mm
Wendekreis	10,9 m
Böschungswinkel v	30°
Böschungswinkel h	23°
min. Bodenfreiheit	19 cm
Kraftstofftank	82 Liter
Leergewicht	1900 kg

Einer der eigenwilligsten Automobilkonstrukteure der Schweiz ist Peter Monteverdi. Vornehme Unauffälligkeit, ein Höchstmaß an Komfort und technische Perfektion kennzeichnen seine großen Sport- und Reisewagen, die in exklusiver Stückzahl aus Basel-Binningen kommen. Der 1976 in Genf erstmals präsentierte Geländewagen mit Namen Safari machte da keine Ausnahme. Mit großvolumigen, amerikanischen V8-Motoren von 5,7 bis 7,2 Liter Hubraum, Servolenkung, Klimaanlage, Getriebeautomatik und anderen Annehmlichkeiten brillierten die eleganten Allrad-Stationwagen kontrastreich zu allem, was es an 4 x 4-Au-

Oben links: Monteverdi Safari auf Spritztour im Schweizer Jura. Rechts daneben: Das inzwischen aus dem Programm genommene Modell Sahara, im Grunde ein verfeinerter International Scout. Links: Monteverdi Safari, Ausführung 1981.

tos bislang gab. Der Vorderradantrieb war zuschaltbar, hinten gab es eine Differentialsperre, das Tempo – Spitze: fast 200 km/h – war per Tempostat für lange Autobahnfahrt regulierbar. Und wer es nötig hatte, bestellte sich das Auto in kugelsicherer Safety-Ausführung.

In schroffem Gelände imponierte der Safari auf Anhieb durch bullige Kraft. Nur die Böschungswinkel erfuhren Kritik, vor allem am Heck – durch weit herausragende Auspuffrohre. Auch zeigte sich oft genug, daß ein Leichtgewicht dort noch weiterkommt, wo einem Safari Grenzen gesetzt sind, der immerhin schon leer an die 1900 kg wiegt.

Wenn der Safari auch kein Geländewagen für Extremfälle ist, so kann man ihm seine Qualitäten nicht absprechen, und daß er noch heute kaum verändert – serienmäßig mit dem 5,7-Liter-V8-Motor – im Programm ist, veranschaulicht seine Bewährtheit.

Von 1978 bis 1980 gab es auch einen Monteverdi Sahara, einen zweitü- rigen Station etwas weniger aufwendiger Bauart und wie der Safari ebenfalls auf der technischen Basis des International Scout. Als das Ausgangsmodell bei IHC aus dem Programm gestrichen wurde, ver- schwand auch der Sahara aus dem Monteverdi-Katalog. An seiner Stelle entstand im Frühjahr 1981 eine andere 4 x 4-Besonderheit – ein viertüriger, im Karosseriedesign wie im Interieur stark modifizierter Range-Rover, der indessen nur eine Styling-Studie blieb.

NISSAN PATROL

Modell	Benzin 2,8 Liter	Diesel	Benzin 4 Liter
Motor			
Zylinder	6 Reihe	6 Reihe	6 Reihe
Bohr. x Hub, ccm	86 x 79/2734	83 x 100/3224	85,7 x 114,3/3956
Verdichtung	8,6 : 1	20,8 : 1	7,6 : 1
Leistung	88,5 kW (120 PS) 4800	70 kW (95 PS) 3600	101 kW (137 PS) 3600
Drehmoment	201 Nm 3200/min	220 Nm 3600/min	294 Nm 2000/min
Steuerung	seitliche Nockenwelle		
Gemisch-Zuf.	Fallstromvergaser	Einspritzanlage	Fallstromvergaser
Batterie/Lima	12 Volt 60 Ah/35/50 A	12 Volt 80 Ah/60 A	12 Volt 60 Ah/60 A
Kühlung	Wasser		
Antrieb			
Getriebe	4-Gang		
Achsunters.	kurzer Radst. 4,375 langer Radst. 4,625	4,111 4,625	
Antrieb	Hinterachse mit zuschaltbarem Vorderradantrieb		
Unters. Straße	kurzer Radstand: I: 3,519 II: 2,157 III: 1,449 IV: 1 R:4,02 langer Radstand: I: 3,519 II: 2,157 III: 1,463 IV: 1 R: 4,02		
Unters. Gelände	kurzer Radstand: 2,2 langer Radstand: 2,074		
Sperren	für Hinterachse		
Fahrgestell			
Bauart	Chassis mit Längsholmen und Traversen		
Aufhängung v	Starrachse, Blattfedern		
Aufhängung h	Starrachse, Blattfedern		
Bremsen	v Scheiben innenbelüftet, h Trommel, mech. Handbremse auf Kardanwelle		
Reifen	6.50-16, 7.00-16 6 Ply, 205 R-16 8 Ply		
Höchstgeschw.	140 km/h	130 km/h	145 km/h
Radstand	2350 oder 2970 mm		
Spur v/h	1405/1405 mm		
Länge/Breite/Höhe	4070 bzw. 4690/1690/1835 mm		
Wendekreis	12 bzw. 14,2 m		
Böschungswinkel v	40°		
Böschungswinkel h	23°		
min. Bodenfreiheit	221–241 mm		
Kraftstofftank	82 Liter		
Leergewicht	1540 bzw. 1675 kg	1760 bzw. 1980 kg	1570 bzw. 1700 kg

Schon 1951 erschien unter der Marke Nissan ein Allradfahrzeug, dem amerikanischen Jeep nicht ganz unähnlich, allerdings von Anfang mit einem großen Sechszylindermotor versehen. 1959 prägte der Nissan Patrol sein eigenes Erscheinungsbild, baute sich in Afrika, Australien und in den Vereinigten Staaten seine Positionen aus und ist seit 1980 auch in der Bundesrepublik lieferbar. Das Fahrzeug verkauft sich bei

Nissan Patrol 1982. Auch die Version mit kurzem Chassis hat man im Karosseriedesign jetzt der langen Ausführung angeglichen.

uns sehr gut. Allein im Jahre 1982 wurden 2600 Exemplare in Deutschland abgesetzt. Im Angebot sind zwei Karosserievarianten und zwei Motoren. Das Hardtop-Modell hat einen kurzen Radstand (2350 mm), der Station einen langen (2970 mm). Beide kann man entweder mit einer 2734-ccm-Benzinmaschine oder mit einem 3224-ccm-Diesel haben, wobei die Leistungsdifferenz 25 PS ausmacht. Das Drehmoment

So sah der Patrol 1976 aus. Es gab das Fahrzeug in offener und geschlossener Form.

Volant des 1983er Nissan Hardtop/Station: Übersichtlich und funktionell die Anordnung aller Instrumente und Bedienungsorgane.

Rechts: Die ältere Hardtop-Ausführung des Patrol. Die Marken-bezeichnung Nissan und Datsun ist je nach Absatzmarkt wechselnd; ab 1984 sollen alle Wagen den Namen Nissan tragen.

Unten: Der 1983er Patrol als Station mit langem Radstand.

liegt mit 201 Nm beim Benziner und 220 Nm nicht weit auseinander. Als Starrachser (vorn wie hinten) hat sich der Patrol längst bewährt. Der Vorderradantrieb ist zuschaltbar, Differentialsperren mit 45prozentigem Wirkungsgrad hat der Patrol serienmäßig. Freilaufnaben in den Vorderrädern verhindern, daß bei nicht zugeschaltetem Vorderradantrieb Antriebswelle, Differential, Achswellen mitlaufen. Beim leichteren Hardtop-Modell beträgt die Gesamtuntersetzung im Reduziergetriebe 1:2,074, beim Station 1:2,22. Mit 1640 bis 1922 Kilogramm Leergewicht – je nach Wagentyp – liegt der Nissan Patrol im Bereich eines Bronco oder Wagoneer. Die G-Modelle von Daimler-Benz sind im Schnitt etwas leichter. Im Schleppen schwerer Lasten gehört der Japaner zu den Starken: 2800 Kilogramm Anhängelast (gebremst) sind genehmigt, abgenommen werden (im Sonderverfahren) aber auch 5000 Kilo, wenn man sich von der Kategorie Kombiwagen zur Zugmaschine umprogrammieren läßt.

Der 1983er Patrol-Jahrgang wartet mit Annehmlichkeiten auf, zu denen automatische Freilaufnaben gehören. Die hinteren Trommelbremsen stellen sich selbsttätig nach, auch erhielt das Fahrzeug bessere Stoßdämpfer und – beim Diesel – ein neues Vorglühsystem, das den Selbstzünder in fünf Sekunden anspringen läßt. Serienmäßig haben alle Nissan-Patrol-Wagen Servolenkung.

Vierradgetriebene Allzweck-Vehikel von Nissan, auch unter der Marke Datsun vertrieben, gibt es in den USA, in Südafrika, in Australien auch in anderen Ausführungen, meist in Pickup-Bauart, mit Vierzylinder-Benzinmotoren von 1,6 und 1,8-Liter Hubraum, auch als 2,2 Liter Diesel. Der Datsun 4WD mit nur 1100 bis 1400 Kilogramm Eigengewicht und viel Bodenfreiheit wurde in den USA zu einem beliebten Off-Road-Allrounder, auch in Geländewettbewerben, bei denen die Behendigkeit eines Wiesels oft mehr zählt als die Kraft eines Elefanten.

2800 kg Anhängelast (gebremst) darf man dem Nissan Patrol zumuten! Einen 2,2-Liter-Pickup als Benziner oder Diesel bietet man in den USA als Datsun GL an.

PEUGEOT 504 DANGEL

Modell	504 Benzin	504 Diesel
Motor		
Zylinder	4 Reihe	4 Reihe
Bohr. x Hub, ccm	88 x 81/1971	94 x 83/2304
Verdichtung	8,8 : 1	22,2 : 1
Leistung	69 kW (96 PS) 5200	50,5 kW (70 PS) 4500
Drehmoment	150 Nm 3000/min	128 Nm 2000/min
Steuerung	seitliche Nockenwelle	
Gemisch-Zuf.	Fallstromvergaser	Einspritzanlage
Batterie/Lima	12 Volt 44 Ah/500 W	
Kühlung	Wasser	
Antrieb		
Getriebe	4-Gang	
Achsunters.	4,87	
Antrieb	Allrad	
Unters. Straße	I: 3,59 II: 2,10 III: 1,37 IV: 1,0 R: 3,63	
Unters. Gelände	über Reduktion 1,94	
Fahrgestell		
Bauart	selbsttragende Karosserie, montiert auf zwei Chassis-Längsträgern	
Aufhängung v	Einzelradaufhängung an Doppel-Dreieckslenkern System Dangel mit Schraubenfedern, Torsionsstäbe	
Aufhängung h	Starrachse mit Schraubenfedern (Pickup: Blattfedern)	
Bremsen	v Scheiben, h Trommel, Handbremse auf Hinterräder	
Reifen	195 SR-16	
Höchstgeschw.	147 km/h	120 km/h
Radstand	3017 mm	
Spur v/h	1500/1440 mm	
Länge/Breite/Höhe	4758/1770/1740 mm	
Wendekreis	11,9 m	
Böschungswinkel v	45°	
Böschungswinkel h	30°	
min. Bodenfreiheit	215 mm	
Kraftstofftank	60 Liter	
Leergewicht	1405 kg	1485 kg

Auf der berühmten Off-Road-Fernfahrt von Paris nach Dakar, längst Prüfstein aller Gesellschafter der Wilde-Reiter-GmbH, machte 1982 ein Peugeot 504 von sich reden, den bislang nur Baustellen-Profis oder ein paar Gebirgsautomobilisten im französischen Jura kannten. Der Wagen war ein von Henri Dangel im elsässischen Sentheim gebauter Pickup. Den altbewährten 504, schon fast ein Oldtimer, zum Allradfahrzeug umzufunktionieren, war eine Idee Dangels, die ihm Mitte 1979 kam. Im Juni 1980 stellte er sein Werk vor – und das so überzeugend, daß die Firma Peugeot sich sogar bereiterklärte, den Dangel-4 x 4 in ihr offizielles Verkaufsprogramm zu übernehmen. Inzwischen kann man den Allrad-504 auch als Break (Kombi) mit 1971-ccm-Benzin- oder mit 2304-ccm-Dieselmotor bekommen. Der permanente Vierradantrieb funktioniert über ein von Dangel konstruiertes Zwischengetriebe/Zentraldifferential mit zuschaltbarer 1,95-Untersetzung.

Mit einem Böschungswinkel von 45 Grad vorn und 30 Grad hinten sowie einer Bodenfreiheit von 215 Millimeter unter der Hinterachse hat der hochgelegte Dangel-Peugeot das Zeug zum Gelände-Allesfresser. Dabei muß man schließlich keineswegs auf den gewohnten französischen Automobil-Komfort verzichten: Der 504 Break ist ein ausgesprochen wohnliches Fahrzeug. Geringfügig verbreiterte Vorderkotflügel – die Vorderachse ist eine umgedrehte Hinterachse des Typs 604 und baut mithin etwas breiter, auch ist der Dangel-4 x 4 mit größeren Rädern bestückt – sowie die angehobene (im übrigen selbsttragende) Karosserie sind die äußerlich sofort erkennbaren Unterscheidungsmerkmale zum Großserien-504.

An Sparsamkeit und Leistung steht der Dangel dem Serienwagen nicht nach. Selbst bei hartem Geländeritt ermittelten französische Tester keinen höheren Verbrauch als 15,6 Liter Normalbenzin auf 100 Kilometer, bei Tempo 100 auf der Landstraße kommt man mit 10 Liter aus. Der Diesel ist noch anspruchsloser, wenn auch von geringerem Temperament, ganz klar. Immerhin macht der Benziner ohne Mühen seine 147 km/h Spitze. Inzwischen hat Peugeot eine eigene 4 x 4-Entwicklung realisiert. Kein Arbeitspferd, sondern einen Rallyewagen, den 205 Turbo mit 320 PS, vorgestellt im Frühjahr 1983.

Gegenüberliegende Seite:
Das Zwischengetriebe des allradgetriebenen Peugeot 504 ist eine Eigenkonstruktion Henri Dangels, der den Wagen als Pickup oder Kombi (Break) liefern kann.

Unten: Der Pickup ist mit Sahara-Pneus bestückt; der Break ist Dangels Versuchswagen mit Zusatztank und einigen weiteren Extras.

RANGE ROVER

Modell	3,5 Liter
Motor	
Zylinder	V8
Bohr. x Hub, ccm	88,9 x 71,12/3532
Verdichtung	9,35:1
Leistung	92,5 kW (126 PS) 4000
Drehmoment	258 Nm 2500/min
Steuerung	zentrale Nockenwelle
Gemisch-Zuf.	2 Halb-Fallstromvergaser Zenith-Stromberg
Batterie/Lima	12 Volt 60 Ah/34 oder 45 A
Kühlung	Wasser
Antrieb	
Getriebe	4-Gang (ab 1983 wahlweise mit 3-Gang-Automatik)
Achsunters.	3,54
Antrieb	Allrad
Unters. Straße	I: 4,07 II: 2,45 III: 1,5 IV: 1 R: 3,66 Reduktion: 0,996 (bei Automatik: Wandler 2,2)
Unters. Gelände	über Reduktion 3,32
Sperren	für Zentraldifferential
Fahrgestell	
Bauart	Kastenrahmen mit Traversen
Aufhängung v	Starrachse, Längslenker, Schraubenfedern
Aufhängung h	Starrachse, Längslenker, zentrale obere Dreieckslenker, Schraubenfedern
Bremsen	v/h Scheiben, mech. Handbremse auf Hinterräder, auf Wunsch Servobremsen
Reifen	205-16
Höchstgeschw.	155 km/h (Automatik-Modell: 152 km/h)
Radstand	2540 mm
Spur v/h	1490/1490 mm
Länge/Breite/Höhe	4470/1780/1780 mm
Wendekreis	11,3 m
Böschungswinkel v	45°
Böschungswinkel h	33°
min. Bodenfreiheit	190 mm
Kraftstofftank	82 Liter
Leergewicht	1830 kg

Der seit 1970 gebaute Range Rover gehört zu den wenigen Fahrzeugen dieser Kategorie, die einen permanent eingeschalteten Vierradantrieb aufweisen. Man sieht in Solihull keine Notwendigkeit, die Vorteile des Allradantriebs, für den das Fahrzeug nun einmal konzipiert wurde, für Teilfahrbereiche nicht zu nutzen. Angesichts der Tatsache, daß der Rollwiderstand eines angetriebenen Rades geringer ist als der eines Rades, das nur »mit«-dreht, entschieden sich die Rover-Konstrukteure bei ihrem 4 x 4-Topmodell für dieses System.

Die Kraftmaschine des Range Rover war seit Anbeginn ein 3,5-Liter-V8-Motor, auch im Rover-Pkw-Programm wiederzufinden und der aus den USA, nämlich von General Motors, stammt. Installiert in ein äußerst stabiles Längsträger-Chassis nach Land-Rover-Art ergab sich hier die Basis für ein Auto, das 1970 kein Vorbild hatte. Ein autobahnfester Geländewagen mit allen Attributen einer luxuriösen Limousine britischer Provenienz, ein Nutzfahrzeug für den mittelamerikanischen Dschungel und zugleich ein Nobelwagen, um damit vors Opernportal zu rollen: Es gehörte Mut dazu, eine solche Kombination auf die Räder zu stellen. Die Fahrzeugkonzeption überzeugte indessen schnell.

Der Range Rover wurde weltweit ein Verkaufserfolg. Sein Fahrkomfort – Federung und Radführung sind voneinander getrennt – stellt auch anspruchsvolle Limousinenlenker zufrieden, dennoch ist der Wagen ein Starrachser. Differentialsperren an den Achsen gibt es indessen nicht, nur eine zentrale Sperre im Gelände-Reduziergetriebe. Angenehm,

Oben links: 1978er Range Rover im Gelände. Rechts daneben ein 1982er Paris-Dakar-Modell mit Schutznetzen in den Türen.

Unten: Werksfoto von 1970. Zehn Jahre lang blieb der Range Rover nahezu unverändert.

weil drehzahlmindernd bei schneller Fahrt, sind der (als Extra erhältliche) Overdrive und die Servolenkung. Daß man mit dem Overdrive bis
zu 15 Prozent Kraftstoff sparen kann, ist kein Geheimnis, und bei den
heutigen Spritpreisen macht sich der Mehrpreis schnell bezahlt.

Das elegante Styling des Range Rover basiert nicht allein auf ästheti-
schen oder aerodynamischen Erkenntnissen (einen besonders guten
cw-Wert hat der Wagen gar nicht einmal), sondern auf praktischen
Erfahrungen, die man bereits mit dem auch recht glattflächigen Land-
Rover machte. Je weniger hervorstehende Teile, desto weniger kann
sich darin verhaken: Echte Off-Road-Philosophie. Die Briten müssen
es wissen. Mit ihren Fahrzeugen haben sie mehr und längere Urwald-
und Buschstrecken zurückgelegt als wohl jeder andere Geländewagen-
konkurrent.

Den Range Rover noch zu verbessern, haben sich immer wieder einige
Spezialisten bemüht, aber es fiel ihnen gewiß nicht leicht. Peter Monteverdi baute 1980 einen Viertürer – ein solches Modell ist seit 1982
endlich auch im offiziellen Leyland-Programm. Die Firma Carmichael in
Worcester bietet Zwei- wie Viertürer sogar mit sechs Rädern an, als
6 x 6 oder 6 x 4. Die ersten Sixwheeler dieser Art tauchten 1974 auf,
ihren Radstand hatte man von 2540 auf 3450 mm verlängert, die Gesamtlänge des Wagens auf fünfeinhalb Meter gebracht. 160 km/h laufen
auch diese Monstren.

Crayford und Wood & Pickett trat ebenfalls mit Range-Rover-Besonder-
heiten an die Öffentlichkeit, etwa mit Cabriolets, wie sie auch die bekannte Firma Rapport herstellt. Luxus- oder auch Panzerblech-Ausfüh-
rungen sind immer wieder Ausstellungs-Highlights.

1982 wurde die viertürige Version des Range Rover vorgestellt, auf die viele Kunden schon lange gewartet hatten.

Konservative Off-Roader geben sich indessen mit den serienmäßigen
Versionen zufrieden, die schließlich auch schon zum Besten zählen und
selbst mit nur vier Rädern, ohne Freiluft-Karosse oder Leopardenfellsit-
zen in der oberen Preisklasse angesiedelt sind.

Auf zahlreichen Expeditionen wurde der Beweis erbracht, daß der

Range Rover nicht etwa nur ein Boulevard-Automobil ist. Aufsehenerregende Touren durch bislang als unpassierbar bezeichnete Sumpfstrecken Mittelamerikas unternahm ein Elite-Team britischer Marineinfanteristen, und die mit viel Publicity-Aufwand durchgeführte Sumatra-Rallye um die Camel Trophy wurde ebenfalls mit Range-Rover-Fahrzeugen durchgeführt. Anfang 1983 präsentierte die Leyland-eigene Rover Company überarbeitete Motoren, die bis zu 20 Prozent sparsamer sind.

Range Rover als Viertürer, Modell 1983, im Fahrversuch.

Unten ein Fahrzeug, das 1975 an der großen transamerikanischen Expedition von Alaska nach Feuerland teilnahm.

RENAULT 18 BREAK 4x4

Modell	18 Break GTL	18 Break GTD Diesel
Motor		
Zylinder	4 Reihe	4 Reihe
Bohr. x Hub, ccm	79 x 84/1647	86 x 89/2068
Verdichtung	9,3:1	21,5:1
Leistung	52 kW (71 PS) 5000	49 kW (66 PS) 4500
Drehmoment	130 Nm 3000/min	127 Nm 2250/min
Steuerung	seitliche Nockenwelle	obenliegende Nockenwelle
Gemisch-Zuf.	Fallstrom-Doppelvergaser	Einspritzpumpe
Batterie/Lima	12 Volt 36 Ah/50 A	
Kühlung	Wasser	
Antrieb		
Getriebe	5-Gang	
Achsunters.	3,778 vorn und hinten	
Antrieb	vorn, Hinterachsantrieb zuschaltbar	
Unters. Straße	I: 4,091, II: 2,176, III: 1,409, IV: 0,97, V: 0,78, R: 3,545	
Sperren	nicht serienmäßig	
Fahrgestell		
Bauart	Selbsttragende Karosserie	
Aufhängung v	Dreieckquerlenker unten, Querlenker mit Zugstreben oben, Schraubenfedern	
Aufhängung h	Starrachse mit Längslenkern und Schraubenfedern (System Renault Trafic)	
Bremsen	v Scheiben, h Trommeln, Feststellbremse auf Hinterräder	
Reifen	165 SR 13	
Höchstgeschw.	150 km/h	148 km/h
Radstand	2430 mm	
Spur v/h	1420/1355 mm	
Länge/Breite/Höhe	4485/1680/1400 mm	
Wendekreis	10,9 m (beide Modelle auf Wunsch mit Servolenkung)	
min. Bodenfreiheit	165 mm	
Kraftstofftank	57 Liter	
Leergewicht	1100 kg	1190 kg

Nachdem schon ein Renault als eine Art »Versuchsballon« als 4 x 4 an der Paris-Dakar-Fernfahrt 1982 teilgenommen hatte, ließ eine Serienfertigung nicht lange auf sich warten. Im Frühjahr 1983 stellten die Franzosen den R 18 Break mit Allradantrieb vor. Normalerweise ist dieses Auto ein Fronttriebler, der Hinterachsantrieb läßt sich (auch während der Fahrt) zuschalten. Über ein Zentraldifferential oder Sperren verfügt der Wagen nicht, wohl aber kann man gegen Aufpreis eine Servolenkung erhalten. Den letzten Serien-Allradwagen von Renault gab es 1952 – das war das Modell Prairie, basierend auf dem Frégate. Der Wagen wurde vor allem in Afrika eingesetzt und ist inzwischen zu einer automobilen Rarität geworden . . .

*Links: Neu im Modelljahr
1983 ist der Renault R 18
Break in einer Allrad-
ausführung.
Unten: Aufnahme der
ersten Wintertests mit
dem neuen Modell
1982/83. Renault ist ab
1983 offizieller Jeep-Im-
porteur.*

RENAULT R4 4 x 4

Modell	Baja

Motor

Zylinder	4 Reihe
Bohr. x Hub, ccm	70 x 72/1108 (Renault 4 GTL)
Verdichtung	9,5 : 1
Leistung	24,5 kW (34 PS) 4000
Drehmoment	74 Nm 2500/min
Steuerung	seitliche Nockenwelle
Gemisch-Zuf.	Fallstromvergaser
Batterie/Lima	12 Volt 28 Ah/35 A
Kühlung	Wasser

Antrieb

Getriebe	4-Gang
Achsunters.	3,1
Antrieb	Vorderräder mit zuschaltbarem Heckantrieb (bis September 1982 nur mit Vorderradantrieb)
Unters. Straße	I: 3,83 II: 2,24 III: 1,46 IV: 1,03 R: 3,55
Unters. Gelände	2
Sperren	keine

Fahrgestell

Bauart	Plattformrahmen des Renault 4 GTL, Kunststoff-Aufbau mit Überrollbügel
Aufhängung v	Einzelradaufhängung
Aufhängung h	Einzelradaufhängung
Bremsen	v Scheiben, h Trommel
Reifen	165/70-13
Höchstgeschw.	120 km/h
Radstand	2280 mm
Spur v/h	140 mm
Länge/Breite/Höhe	3380/1560/1520
Wendekreis	9,40 m
Böschungswinkel v	
Böschungswinkel h	
min. Bodenfreiheit	230 mm
Kraftstofftank	36 Liter
Leergewicht	635 kg

Unter der Flagge der RVI-Gruppe (Renault Véhicules Industriels), zu der die traditionellen Lastwagen-Fabrikate Saviem und Berliet gehören, fährt auch die für ihre ausgefallenen Off-Road-Fahrzeuge bekannte Firma Sinpar in Colombes bei Paris. Schon vor Jahren bot sie einen auf Allradantrieb umgebauten Renault R 4 an. Auch andere Renault-Modelle waren zeitweilig in 4 x 4-Version von Sinpar erhältlich.
Inzwischen haben sich auch andere Umrüster des populären Renault R 4 als Basis für diverse Allrad-Mobile angenommen, etwa Car Système

in Redon. Einer der verschiedenen Ausführungen hat man den Namen Baja gegeben, in Anspielung auf den Baja-California-Wettbewerb – auf dem nordamerikanischen Kontinent eine der härtesten Geländeprüfungen schlechthin. Der Renault Baja sieht aber eher wie ein Strandmobil aus, wenn auch in 4 x 4-Ausführung, wobei seine roadsterartige Karosserieverfremdung mit breitem Targa-Bügel sehr sympathisch anmutet. Der Aufbau ist indessen kein zurechtgeschneidertes Blechkleid aus Originalteilen, sondern eine Spezialanfertigung aus glasfaserverstärktem Polyester. Mit 3380 mm Gesamtlänge ist das Auto 300 mm kürzer als der Serienwagen vom Typ R 4 GTL, dessen 1108-ccm-Motor Car Système unverändert übernommen hat – beim Sinpar 4 x 4 hatte man es bei der serienmäßigen Viertürer-Karosserie belassen (allerdings gab es zeitweilig auch eine etwas kastenförmige, offene Ausführung mit Stoffverdeck, ähnlich Renault 6 Rodeo 4 x 2). Bei entsprechend verkürztem Radstand und einer Bodenfreiheit von 230 mm ist der Baja aber auch im Gelände gut dran – sogar Differentialsperren sind zu haben für Renault-Freunde, die dem kleinen Wagen ebenso viel zutrauen wie ihrer Fahrkunst. Indessen, den Renault Baja kann man auch als reinen Fronttriebler, wie er seit mehr als 20 Jahren geboren wird, kaufen, und damit ist er noch immer ein Allzweck-Freizeit-Automobil von großem Reiz.

Dem Baja recht ähnliche Allrad-R 4-Autos laufen in Frankreich unter den Bezeichnungen Dallas, JP 4 oder sogar Jeepie – die letztgenannten haben tatsächlich eine dem US-Jeep nachempfundene Baukasten-Karosserie. Sinpar arbeitet derweil an Allrad-Versionen des Renault R 18, und auch der Trafic-Kastenwagen ist als 4 x 4 in Vorbereitung, als Gegenstück zum deutschen VW-Transporter und Ford Transit 4 x 4.

Daß Renault ins Allrad-Autogeschäft einzusteigen beabsichtigte, ging nicht nur aus dem 1982 eingefädelten Import (bzw. Lizenzbau) amerikanischer Jeeps hervor, sondern auch aus der Tatsache, daß sich Renault wiederholt mit zu Allradvehikeln umgerüsteten Serienlimousinen an der Afrika-Wettfahrt Paris-Dakar beteiligte. 1982 errangen hier die Brüder Marreau den Sieg mit einem Renault 20 mit Turbomotor. Ein Renault 18 Break (Kombi) ging 1983 auf die strapaziöse Reise – als Versuchsmodell für eine Serie, deren Realisierung in Billancourt beschlossene Sache ist.

Oben links: Kein Jeep, sondern ein auf Basis des Renault R 4 gebauter Allradwagen namens Dallas. Rechts daneben der Baja 4 x 4 mit etwas verkürztem Radstand. Der Aufbau ist aus Kunststoff und kann als durchaus attraktiv bezeichnet werden.

SUBARU 4WD LEONE

Modell	4 WD Leone 1800	4 WD Leone 1600
Motor		
Zylinder	4 Boxer	
Bohr. x Hub, ccm	92 x 60/1595	92 x 60/1595
Verdichtung	9,2:1	9,0:1
Leistung	60,5 kW (82 PS) 5200	52 kW (71 PS) 5200
Drehmoment	134 Nm 2400/min	113 Nm 2400/min
Steuerung	zentrale Nockenwelle	
Gemisch-Zuf.	Fallstrom-Registervergaser	
Batterie/Lima	12 Volt 35/45 Ah/50 A	12 V 35 Ah/50 A
Kühlung	Wasser	
Antrieb		
Getriebe	4-Gang, ab Modelljahrgang 3-Gang-Automatik für Coupé und Station wahlweise	
Achsunters.	v 3,889 h 3,9	3,9
Antrieb	Vorderräder, Hinterradantrieb zuschaltbar	
Unters. Straße	I: 3,636 II: 2,157 III: 1,266 IV: 0,885 R: 3,583 Automatik: I: 2,6 II: 1,505 III: 1 R: 2,167	I: 4,09 II: 2,157 III: 1,397 IV: 0,971 R: 4,10
Unters. Gelände	nur für Super Station ohne Getriebeautomatik: 1,462	
Sperren	nicht serienmäßig	
Fahrgestell		
Bauart	Selbsttragende Karosserie	
Aufhängung v	Einzelrad, Querlenker, Schraubenfedern und Kurvenstabilisator	
Aufhängung h	Einzelrad, Längslenker, Schraubenfedern und Torsionsfederstab	
Bremsen	v Scheiben, h Trommel, mech. Handbremse auf Vorderräder. Auf Wunsch Servobremsen	
Reifen	6.15-13 145 SR 13	
Höchstgeschw.	145 km/h	
Radstand	Coupé 2370 mm, Lim. und Station 2450 mm	
Spur v/h	Lim. und Coupé 1315/1340 mm, Station 1310/1340 mm	
Länge/Breite/Höhe	Coupé 3980/1620/1415 mm, Lim. 4250/1620/1410 mm, Station 4285/1620/1445 mm	
Wendekreis	Coupé 9,4 m, Lim. und Station 9,6 m	
min. Bodenfreiheit	175 mm	178 mm
Kraftstofftank	45 Liter	
Leergewicht	Coupé 915 kg, Lim. 980 kg, Station 1020 kg, Lim. 970 kg	

Mit allradgetriebenen Kraftfahrzeugen in Personenwagen-Größenordnung befaßte man sich bei der japanischen Firma Subaru schon in den frühen siebziger Jahren. Der in manchen Ländern auch als Modell Leone bezeichnete Kombiwagen mit fünf Türen war ursprünglich ein Frontantriebswagen – und aus ihm machte man einen 4 x 4 durch zuschaltbaren Hinterradantrieb.

Fuji Heavy Industries, Hersteller von Flugzeugen wie von Kleinstautomobilen, bietet seit 1981 die 4WD-Modellpalette auch in Deutschland

Links: Subaru
Sedan 4WD – äußerlich
eine fast »normale«
viertrige Limousine, die
trotz Vierradantrieb nicht
sehr hochbeinig ist.

Links: Kombiversion
(Station) als Fünftürer.
Der Hinterradantrieb ist
zuschaltbar. Mit seinem
Leichtmetall-Boxermotor
und Einzelradaufhängung
ist der Subaru 4WD ein
interessantes Fahrzeug.

an. Im Programm sind nach wie vor der ursprüngliche Fünftüren-Station, ein zweitüriges Coupé mit großer Heckklappe und eine Stufenheck-Limousine. Und allen dreien ist äußerlich kaum anzusehen, daß sie Allradfahrzeuge sind. Weder geben sich die Subaru-Autos besonders hochbeinig, noch tragen sie andere 4 x 4-Attribute zur Schau. Die Qualitäten des kompakten Japaners lernt man indessen schnell auf der Straße kennen, vor allem bei schlechtem und erst recht bei winterlichem Wetter. Es ging den Subaru-Ingenieuren nicht um den Bau eines Konkurrenten zum Toyota Landcruiser, sondern um eine Alternative zum herkömmlichen Personenwagen. Wobei das Fahren mit Frontantrieb im Falle Subaru nicht ganz ohne Nachteile ist: Das Auto hat starke Tendenz zum Untersteuern.

Die wassergekühlte Vierzylindermaschine weist 1595 ccm Hubraum und eine Leistung von gut 80 PS auf. In der Konstruktion ein Boxer, verfügt er über eine zentral gelegene Nockenwelle. Bei Bedarf kann man den Hinterradantrieb zuschalten. Das platzsparend hinter dem Motor angeflanschte Getriebe ist mit einer Reduktion gekoppelt, mit dem sich für die Bewältigung schwieriger Passagen die Zahl der Gangstufen verdoppeln läßt. Die Vorderräder werden über ein zwischen dem längs eingebauten Leichtmetallmotor und dem Getriebe angeordnetes Achsdifferential und über Halbwellen angetrieben. Zur Hinterachse führt eine Gelenkwelle, die in einem zweiten Achsdifferential mündet. Vom Hinterachsdifferential führen ebenfalls Halbwellen zu den einzeln aufgehängten Rädern.

Rechts: Subaru Station Modell 1983 mit Rammschutz vor dem Kühler bei einer Testfahrt in der Schweiz.

Rechts: Das Pickup-Coupé, genannt Brat, das vereinzelt auch in Österreich und in der Schweiz, aber noch nicht in Deutschland zu sehen ist.

Gegenüberliegende Seite: Subaru Station in Off-Road-Aktion.

Beim Subaru wurde ein guter Kompromiß zwischen Bodenfreiheit und Schwerpunktlage erzielt: Der tief im Wagenbug angeordnete Motor und das nahezu flach mit dem Wagenboden abschließende Hinterachsdifferential sorgen für niedrigen Schwerpunkt und gute Achslastverteilung. Einzelradaufhängung an allen vier Rädern, verlängerte Federbeine vorn und entsprechend eingestellte Torsionsfedern hinten garantieren, daß der Subaru nicht am ersten Hindernis mit dem Bauch aufsetzt. Motor-Prallschutz und Unterboden-Schutzplatte machen den Subaru voll geländetauglich.

Die Subaru-Karosserien sind selbsttragend. Ab 1983 bietet man serienmäßig sogar Servolenkung an, dazu eine verstärkte Kupplung, Transistorzündung, elektrische Scheibenheber. Auf Wunsch erhält man Getriebeautomatik (Dreigang).

Der in den USA angebotene Pickup mit Namen Brat ist bei uns bislang nur auf einigen Sonderausstellungen zu sehen gewesen. Mit geschlossenen Fahrzeugen kommt man in Europa besser an. Vor allem, wenn solche Fahrzeuge auch noch verhältnismäßig preiswert sind, und zu dieser Kategorie darf sich der Subaru durchaus zählen.

Oben: Urahn aller Geländewagen – der amerikanische Willys Jeep der vierziger Jahre. Originalgetreue Exemplare der Kriegsjahre sind heute gesuchte Raritäten.

Links: Englischer Humber 1943, dessen Technik auf dem Super Snipe (6 Zylinder, 4,1 Liter) basierte.

Rechts: VW 166, der von Ferdinand Porsche konstruierte Amphibien-Geländewagen – heute ebenfalls ein seltener Veteran.

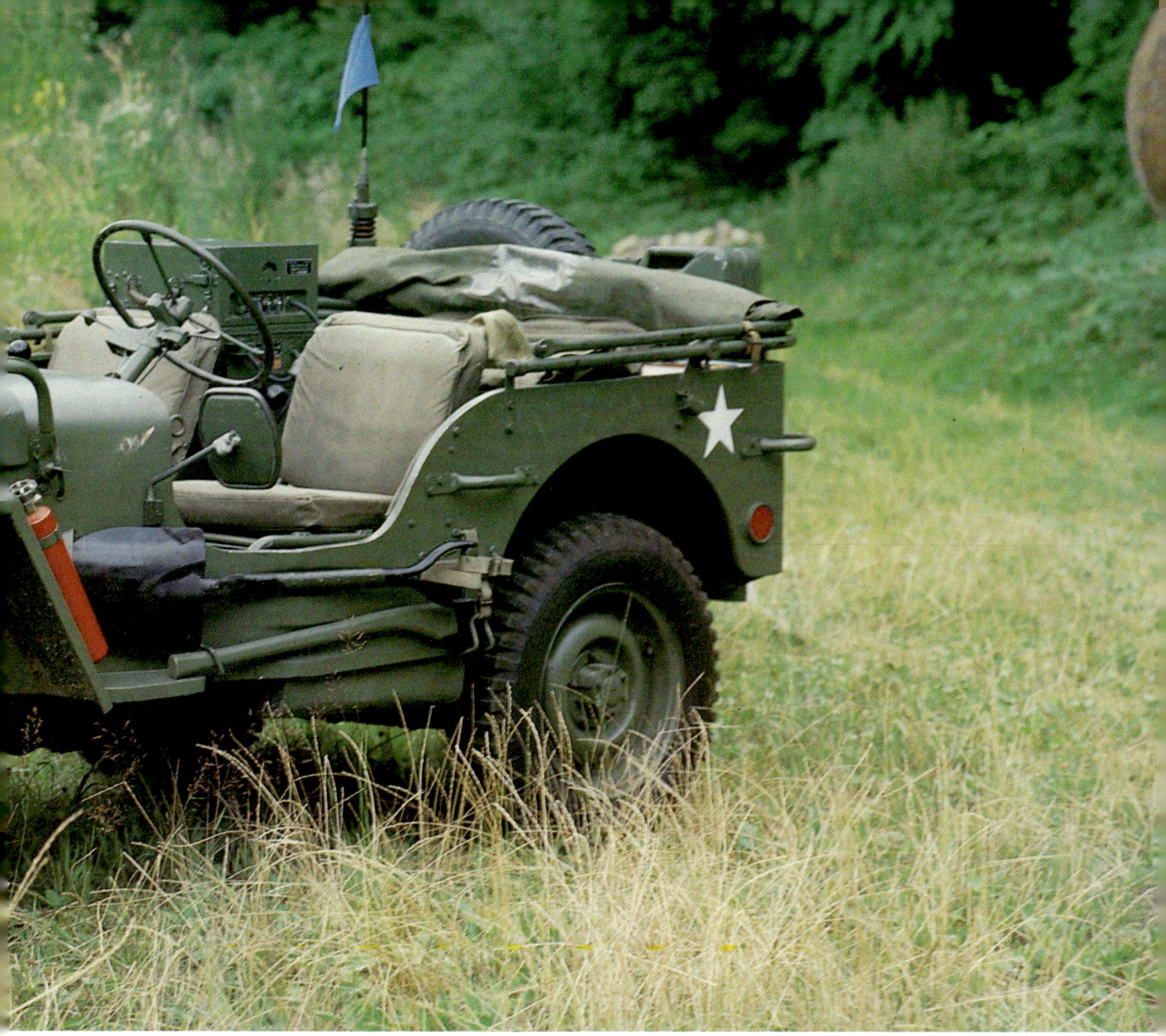

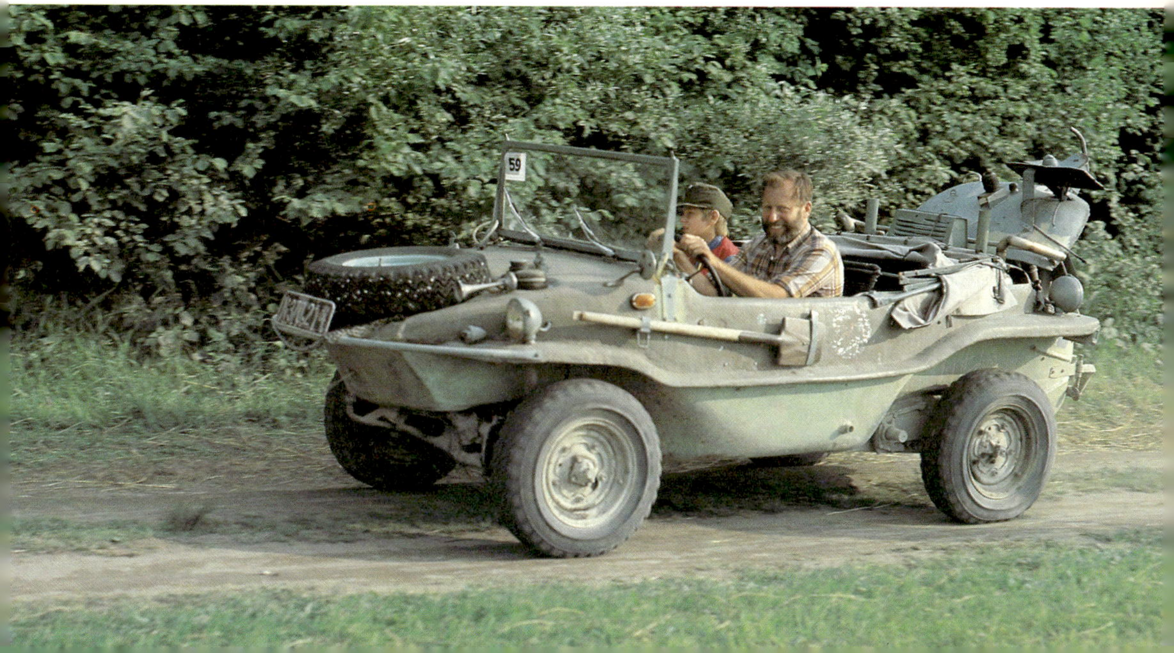
59

Oben: DKW Munga,
mit dem Detlef Hecker
1956 eine ausgedehnte
Anden-Expedition
unternahm.

Links: Porsche 597,
Baujahr 1955.
Von diesem Allradwagen
wurden nur wenige
Exemplare hergestellt.

Rechts: Munga 1958,
eingesetzt bei der
Westberliner Polizei.

Oben: Mit dem Chevrolet
Blazer durch Kleinasien.
Den Wohnaufbau
verkraftet das stabile
Fahrzeug problemlos.

Rechts: Aufnahme von
der Geländefahrt um die
Camel Trophy 1982.
Behutsam wird der Range
Rover über die primitive
Brücke manövriert . . .
alles nur Nervensache!

Ganz oben: Ein Lada Niva
bei der Durchquerung
eines Schlammbettes.
Jetzt nicht
stehenbleiben . . .!
Wasserdurchfahrten
brauchen Erfahrung.

Oben: Französischer
Cournil, Baujahr 1980.
Dieses Geländefahrzeug
war bis Mitte 1982 so gut
wie identisch mit dem in
Portugal gebauten
UMM Dakary.

Jeep Laredo 1982. Bei
diesem Fahrzeug handelt
es sich um eines der
ersten, die in Frankreich
durch Renault ausgeliefert
wurden. Der Motor ist der
des R 18 Diesel.

Links: Auch den Citroën
Méhari gibt es mit
Vierradantrieb. Der kleine
Motor produziert ein
erstaunlich gutes
Drehmoment.

Oben: Nissan Patrol
1982. Ein äußerst
leistungsfähiger Wagen,
in allen Erdteilen erprobt
und bewährt.

Unten: Klassischer
Geländewagen für rauhe
Gegenden – der
Land-Rover. Die
Aufnahme entstand 1980
in Nordafrika.

Oben: Mercedes-Benz/
Puch G mit langem
Fahrgestell und
fünftürigem Aufbau.

Unten: Komfort für hohe
Ansprüche bietet der
Monteverdi Safari.
Konstruktiv basiert dieses
schnelle und starke
Fahrzeug auf dem
International Scout.

Rechts: Hardtop-
Mercedes-Benz/Puch G
mit kurzem Fahrgestell,
Modell 280 GE.
Alufelgen, Breitreifen und
Kotflügel-Auswölbungen
sind Extras.

Oben: Zu den Klassikern unter den Geländewagen zählt auch der Landcruiser von Toyota. Den bulligen Japaner gibt es in diversen Ausführungen; das Foto zeigt ein Softtop vom Modelljahr 1981/82.

Unten: Ein von A.C.A. (Franco Sbarro) gebauter Windhound. Dieses Allradfahrzeug ist eines der teuersten Europas. Sbarro baut auf Kundenwunsch amerikanische oder deutsche Motoren ein.

Rechts: Audi Quattro, Modell 1981, weniger Gelände- als vierradgetriebener Straßensportwagen. Unter seinem schlichten Kleid verbirgt sich aufwendige Technik der achtziger Jahre.

SUZUKI SJ · LJ

Modell	SJ 410	LJ 80
Motor		
Zylinder	4 Reihe	4 Reihe
Bohr. x Hub, ccm	65,5 x 72/970	62 x 66/797 (539-ccm-Version in Europa nicht mehr lieferbar)
Verdichtung	8,7 : 1	8,7 : 1
Leistung	33 kW (45 PS) 5500	28,5 kW (39 PS) 5750
Drehmoment	74 Nm 3000/min	60 Nm 3500/min
Steuerung	obenliegende Nockenwelle	obenliegende Nockenwelle
Gemisch-Zuf.	Fallstromvergaser	Horizontalvergaser
Batterie/Lima	12 Volt 30/42 Ah/35 A	12 Volt 42 Ah/175 W
Kühlung	Wasser	Wasser
Antrieb		
Getriebe	4-Gang	4-Gang
Achsunters.	4,11	4,56
Antrieb	Hinterachse, Vorderradantrieb zuschaltbar	
Unters. Straße	I: 3,163 II: 1,945 III: 1,421 IV: 1 R: 3,163 Reduktion: 1,59	I: 3,84 II: 2,36 III: 1,54 IV: 1 R: 4,03
Unters. Gelände	über Reduktion 2,716	
Fahrgestell		
Bauart	Kastenrahmen mit Traversen	Kastenrahmen mit Traversen
Aufhängung v	Starrachse, Blattfedern	Starrachse, Blattfedern
Aufhängung h	Starrachse, Blattfedern	Starrachse, Blattfedern
Bremsen	v/h Trommel, Handbremse auf Hinterräder, auf Wunsch vorn Scheibenbremsen	v/h Trommel, Feststellbremse auf Kardanwelle mit Parksperre im Differential hinten. Auf Wunsch vorn Scheibenbremsen
Reifen	F 78-15, 195 SR 15	6.00-16, 195 SR 15
Höchstgeschw.	115 km/h	105 km/h
Radstand	2030 mm	1930 mm
Spur v/h	1210/1220 mm	1125/1180 mm
Länge/Breite/Höhe	3430/1460/1690 mm	3195/1395/1690 mm
Wendekreis	10,4 m	9,8 m
Böschungswinkel v	40°	40°
Böschungswinkel h	40°	40°
min. Bodenfreiheit	230 mm	240 mm
Kraftstofftank	40 Liter	40 Liter
Leergewicht	840 kg	820 kg

Links: Suzuki LJ 80 – Allrad-Sportinstrument mit hohem Popularitätsgrad. 1982/83 einer der meistverkauften Geländewagen in Deutschland.

Suzie, wie der Off-Road-Winzling der japanischen Suzuki Motor Company oft liebevoll genannt wird, erblickte im November 1972 auf der Tokio Motor Show als »Jimny« das Licht der Öffentlichkeit. Auf der anderen Seite des Globus' ignorierte man das kleine Auto mit dem Dreizylindermotor lange genug. Mit 539 ccm Hubraum und spärlichen 28 PS konnte man aber auch außerhalb Japans nicht viel Staat machen

– meinten die Kritiker. Inzwischen bewies ihnen ein Citroën Méhari 4 x 4, daß Allradwagen solch kleinen Kalibers durchaus clever sind.

Als Suzuki LJ 55 hat der kleine 4 x 4 noch immer jenen 539-ccm-Motor, aber er hat inzwischen größere Brüder erhalten. Etwa den LJ 80, der 1979 als »Jipsy« präsentiert wurde. American Motors klang dieser Name zu sehr nach »Jeep« und erhob Einspruch – seither muß Suzie-Fans das Kürzel LJ (auch: Eljot) 80 genügen.

War der LJ 55 ein Zweitakter (für den Suzuki schließlich berühmt ist, zum Beispiel auf dem Motorradsektor), so kann der LJ-80-Motor mit einem Zylinder mehr und viertaktender Arbeitsweise aufwarten. Aus 797 ccm Hubraum kommen 40 gesunde PS, und da alle Suzuki-Motoren unerhört drehfreudig sind, kann man die Suzie als ein temperamentfreudiges Mädchen bezeichnen.

Den Vorderradantrieb kann man ausschalten, und ab Werk verfügt der Eljot über eine hundertprozentige Differentialsperre, die anfangs eine Schwachstelle darstellte, wenn man sie überforderte – ein Manko, das sicher auch auf Bedienungsfehler zurückzuführen war, aber durch eine Verstärkung entsprechender Bauteile inzwischen behoben ist. Gedacht war die Sperre in erster Linie als Unterstützung der Handbremse, die auf die hintere Kardanwelle wirkt. Ein gesondertes Zwischendifferential und Geländereduktion kann Suzie auch vorweisen – alles wie bei den Großen!

Auf der Frankfurter IAA 1981 gab dann der SJ 410 sein Debüt. Gegenüber den 1930 mm Radstand des Eljot hatte man jenen hier auf 2030 mm verlängert, ansonsten war das Starrachs-Kastenrahmen-Chassis mit dem des kleineren Suzuki identisch. Doch brilliert der SJ 410 mit einem 970-ccm-Motor, ein ohc-Aggregat mit 45 PS Leistung. das ist kein allzu großer Unterschied zum LJ 80, dennoch wartet

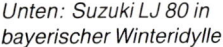

Unten: Suzuki LJ 80 in bayerischer Winteridylle

Suzuki SJ 410 im Gelände. Im Hintergrund ein amerikanischer Militär-Jeep M38.

der SJ 410 mit besserer Beschleunigung und größerer Elastizität auf. Das Drehmoment beträgt immer 74 statt 60 Nm – und das macht den Hauptunterschied.

Die größeren Abmessungen des SJ-Modells ergeben mehr Platz im Inneren, vor allem hinten. Das Verdeck läßt sich leichter bedienen, serienmäßig sind ein Zweistufen-Scheibenwischer mit Intervallschaltung und andere Komfort-Pluspunkte zu vermerken. Das offene Grundmodell kann man – wie übrigens auch den Eljot – mit Hardtop-Aufsatz bekommen oder gleich als geschlossenen Stationswagen.

LJ 80 wie SJ 410 – das kleinste Modell wird in der Bundesrepublik nicht geführt – zeichnen sich durch ihre Preiswürdigkeit aus. Gewiß, beide sind nun einmal Kleinwagen, haben auch ihre entsprechenden Vor- und Nachteile. Aufwerten kann man jeden Suzuki durch etliches Zubehör, das vom Importeur wie von zahlreichen Geländewagen-Händlern angeboten wird, wobei sich das Grundmodell ohne Dach und Türen versteht – Dinge, die man als erstes »Sonderzubehör« zu erwerben bestrebt sein wird . . .

Immerhin: Die Leser der Zeitschrift *Off Road* kürten den Suzuki LJ 80 noch vor dem Nissan Patrol zum Geländewagen des Jahres 1982. Ein besseres Zeichen seiner Popularität könnten sich die Japaner und der deutsche Suzuki-Importeur kaum wünschen.

Links: Der kleine Suzuki mit Überrollbügel und zusätzlichen Stützstangen. Bei herausgenommenen Türen lassen sich Ketten vor die Öffnungen hängen.

TOYOTA LANDCRUISER

Modell	4,3 l Benzin	3,5 l Diesel	4 l Diesel	3 l Diesel
Motor				
Zylinder	6 Reihe	4 Reihe	6 Reihe	6 Reihe
Bohr. x Hub, ccm	94 x 101,6/4228	102 x 105/3432	91 x 102/3980	95 x 105/2977
Verdichtung	7,8:1	21:1	19:1	21:1
Leistung	88,5 kW (120 PS) 3600	66 kW (90 PS) 3500	76 kW (103 PS) 3500	59 kW (80 PS) 3600
Drehmoment	275 Nm 1600/min	216 Nm 2200/min	240 Nm 2000/min	191 Nm 2200/min
Steuerung	seitliche Nockenwelle			
Gemisch-Zuf.	Fallstromregisterv.	Einspritzanlage		
Batterie/Lima	12 V 50/70 Ah/600 W	2 x 12 Volt 70 Ah/600 W		
Kühlung	Wasser			
Antrieb				
Getriebe	3-Gang oder 4-Gang			
Achsunters.	3-Gang: 3,7 4-Gang: 3,7 oder 4,11			
Antrieb	Hinterachse, Vorderradantrieb zuschaltbar			
Unters. Straße	3-Gang: I: 2,76 II: 1,7 III: 1 R: 3,67 4-Gang: I: 4,925 II: 2,643 III: 1,519 IV: 1 R: 4,925 4-Gang: I: 4,834 II: 2,618 III: 1,516 IV: 1 R: 4,834			
Unters. Gelände	über Reduktion 3-Gang 2,31, 4-Gang 2,31 bzw. 1,96			
Sperren				
Fahrgestell				
Bauart	Kastenrahmen mit Traversen			
Aufhängung v	Starrachse, Blattfedern			
Aufhängung h	Starrachse, Blattfedern			
Bremsen	v/h Trommel, Handbremse auf Kardanwelle			
Reifen	7.00/7.60-15 7.00-16			
Höchstgeschw.	135 km/h	120 km/h	125 km/h	
	Hardtop 3türig	Vinyltop	Hardtop lang	Station
Radstand	2285 mm	2430 mm	2950 mm	2730 mm
Spur v/h	1415/1400 mm			1465/1460 mm
Länge/Breite/Höhe	3915/1665/1940 mm	4275/1665/1970 mm	4955/1665/1995 mm	4750/1800/1815 mm
Wendekreis	11,5 m	12 m	13 m	13,4 m
Böschungswinkel v	35°			32°
Böschungswinkel h	31°			19°
min. Bodenfreiheit	210 mm			200 mm
Kraftstofftank	85 Liter	85 Liter	85 Liter	90 Liter
Leergewicht	1760 kg	1740 kg	1925 kg	1940 kg

Mit Jeep und Land-Rover teilt sich der von Toyota seit 1958 gebaute Landcruiser die Ehre, zu den meistproduzierten Geländewagen zu gehören. Noch heute sieht das Auto in seiner Kurzversion ein bißchen nach der guten, alten Zeit aus – den modernen Station-Wagon-Look verpaßte man ausschließlich dem geschlossenen Lang-Chassis-Crui-

Hi-Lux Diesel	
4 Reihe	
90 x 86/2188	
21,5 : 1	
49 kW (66 PS) 4200	
132 Nm 2400/min	
obenliegende Nockenwelle	
12 Volt 80 Ah/480 W	
5-Gang	
4,875	
I: 3,932 II: 2,333 III: 1,452	
IV: 1,00 V: 0,851 R: 4,722	
2,277	
Profilstahlrahmen	
v Scheiben, h Trommel	
205 SR 16	
125 km/h	
2800 mm	
1420/1400 mm	
4725/1690/1775 mm	
14,1 m	
45°	
34°	
235 mm	
61 Liter	
1415 kg	

Oben: Landcruiser als geschlossener Zweitürer mit kurzem Fahrgestell.

Links: Landcruiser mit langem Chassis (Hardtop lang) und Schlafkabine auf dem Dach.

Vierliter-Diesel Station, ein geräumiger Fünftürer.

ser, und zwar schon im Jahre 1967. Aber auch den Nostalgie-Typ kann man noch immer mit langem Radstand haben.
Überhaupt ist das Angebot an unterschiedlichen Toyota-Modellen fast so groß wie beim Land-Rover. Offene und geschlossene Versionen, Pickups, Lieferwagen, Fahrgestelle für Sonderaufbauten werden gelie-

Arbeitspferd in Nordafrika: Landcruiser Pickup mit Turbodiesel- motor, Breitreifen und Winde. Besonderheiten: Zusätzliche Stoßdämpfer und große, verstellbare Luftklappen auf der Motorhaube.

fert, halbe und ganze Lastwagen, je nach Einsatzzweck und Kunden- wunsch. Aber nicht alle Varianten sind in allen Exportländern erhältlich. In der Bundesrepublik stellt der klassische Landcruiser (auch in zwei Worten geschrieben) auf kurzem Chassis – Radstand: 2285 mm – jenen geschlossenen Dreitürer dar, der am Heck durch seine gewölbten Eckfenster so reizvoll ist. Als offener Wagen mit Stoffverdeck oder Hardtop-Aufsatz hat er das Handicap, komplizierte Bedienung zu erfor- dern, wenn man sich an's Umrüsten macht. Nur offen oder nur ge- schlossen, ist dann die Devise.

Mit langem Radstand sind gleich drei verschiedene Ausführungen im Toyota-Katalog aufgelistet: 2430 mm (FJ 43, BJ 43, BJ 46 Faltverdeck), 2730 mm (FJ, BJ, HJ 60 Landcruiser Station Kombi), 2950 mm (FJ, BJ 45, HJ 47 als Hardtop, Faltverdeck, Pickup). Es gibt auch ein 2800-mm- Fahrgestell, das aber ausschließlich mit Pickup-Aufbau geliefert wird. Das ist der vor allem in Amerika so beliebte (auch in Europa erhält- liche) Hi-Lux mit 2,2-Liter-Daihatsu-Diesel- oder 2-Liter-Benzinmotor. Als Landcruiser-Kunde hat man die Wahl zwischen Benzin- und Diesel- motor. Den heute weit verbreiteten 4228-ccm-Benziner führte man 1975 ein; der Sechszylinder war früher etwas kleiner (3878 ccm). Dem 120-PS-ohv-Aggregat macht der Diesel heftig Konkurrenz, zumal es ihn in fünf Größen gibt. In einigen Ländern, zum Beispiel Österreich, wird überhaupt nur noch der Diesel-Toyota verkauft. Die 3168-ccm- Version (vier Zylinder, 93 PS), die 3576-ccm-Version (sechs Zylinder, 95 PS), und die größte Ausführung mit 3980 ccm (sechs Zylinder, 103 PS) wird bei uns offiziell nicht angeboten. In der Bundesrepublik ist der Landcruiser nur noch mit einem 3432-ccm-Motor-Vierzylinder-Die- sel zu haben. Der Vorderradantrieb ist beim Landcruiser zuschaltbar, es werden Drei- und Vierganggetriebe mit Geländereduktion angeboten, Freilaufnaben – ab 1982 sogar Sperrdifferentiale für die angetriebenen Achsen.

Seit 1958 gibt es auch einen brasilianischen Landcruiser, dort Bandeirante genannt. Sein Antriebsaggregat ist indessen nicht japanischer Herkunft, sondern ein Mercedes-Benz-Diesel Typ OM 314 mit 3,8 Liter Hubraum, 85 PS stark. In seinen äußeren Abmessungen und Karosserieformen entspricht der Bandeirante dem japanischen Original in Kurzversion.

Daihatsu, zur Toyota-Gruppe gehörend und ebenfalls mit einem 4 x 4 auf dem Markt, mußte der Konzernmutter Reverenz erweisen und ihr für deren Programm einen Taft-Geländewagen mit 2189-ccm-Dieselmotor überlassen. Im März 1980 erschien dieser Typ als eine Art Spar-Toyota in einem etwas abgewandelten Kleid des Landcruiser, allerdings mit dem Radstand des Daihatsu: 2025 mm. Den Motor dieses als Modell Blizzard bezeichneten 4 x 4 findet man übrigens auch in der Diesel-Version des Hi-Lux. Der starrachsige Blizzard wird allerdings nicht in allen Exportländern vertrieben, mit Rücksicht auf die konzerneigene Marke Daihatsu, die in einigen Gegenden schließlich ebenfalls eine ausgezeichnete Marktposition hat.

Das 1980er Landcruiser-Modell wies noch einen abgerundeten Scheinwerfer-Einsatz auf sowie obenliegende Scheibenwischer.

Unten links: Landcruiser Station mit langem Radstand, Jahrgang 1975. Rechts daneben ein Softtop 1981.

TOYOTA TERCEL 4WD

Modell	Tercel 4WD
Motor	
Zylinder	4 Reihe
Bohr. x Hub, ccm	77,5 x 77/1453
Verdichtung	9 : 1
Leistung	52 kW (71 PS) 3800
Drehmoment	108 Nm 3800/min
Steuerung	obenliegende Nockenwelle
Gemisch-Zuf.	Registervergaser
Batterie/Lima	12 Volt 60 Ah/50 A
Kühlung	Wasser
Antrieb	
Getriebe	5-Gang
Achsunters.	3,727 vorn und hinten
Antrieb	Vorderachse, zuschaltbarer Hinterradantrieb
Unters. Straße	I: 3,667 II: 2,071 III: 1,377 IV: 1,00 V: 0,825 R: 3,149
Unters. Gelände	4,714 : 1
Sperren	nicht serienmäßig
Fahrgestell	
Bauart	selbsttragende Karosserie
Aufhängung v	Einzelradaufhängung an Querlenkern und Zugstreben mit Schraubenfedern
Aufhängung h	Starrachse an Doppellängslenkern mit Schraubenfedern und Teleskopdämpfern
Bremsen	v Scheiben, h Trommel, serienmäßig mit Servo
Reifen	175/70 SR 13
Höchstgeschw.	155 km/h
Radstand	2430 mm
Spur v/h	1380/1350 mm
Länge/Breite/Höhe	4310/1615/1510 mm
Wendekreis	10,4 m
min. Bodenfreiheit	170 mm
Kraftstofftank	65 Liter
Leergewicht	1005 kg

Das Angebot allradgetriebener Limousinen ohne das typische Aussehen eines Geländewagens landläufiger Kontur wurde 1982 um eine weitere Variante bereichert. Sie erschien in Gestalt des Toyota Tercel 4WD, der in Japan Sprinter Carib heißt. Auffällig ist das Design des Kombiwagen-Hecks mit der etwas heruntergezogenen Seitenscheibe. Entwickelt wurde der Wagen aus den Pkw-Basismodellen Tercel und Corolla, beides Frontantriebsmodelle.

Der Tercel 4WD gehört zu jenen Autos, bei denen man also den Hinterradantrieb zuschalten kann. Dem serienmäßig vorhandenen Fünfganggetriebe ist bei Bedarf ein sechster Gang zuzuschalten.

Das Auto ist mit 4,31 Meter Gesamtlänge schon gehobene Mittelklasse, bietet schließlich auch fünf Erwachsenen Platz, dennoch begnügt es sich mit einem 1452-ccm-Motor von weniger als 80 PS Leistung. Auch der Tercel 4WD kann nicht den Anspruch erheben, ein Geländefahrzeug zu sein. Vielmehr muß man ihn jener Kategorie von Personenwagen zuordnen, die für normalen Straßenbetrieb konzipiert wurden – aber mit all den Vorteilen, die der Allradantrieb nun einmal erwiesenermaßen mit sich bringt, vor allem bei ungünstigen Wetterverhältnissen, im Schnee, an Steigungen, als Zugfahrzeug bei Trailerbetrieb. Man weiß um derlei Annehmlichkeiten nicht erst seit Auftauchen des Audi Quattro, auch wenn es in der Ingolstädter Werbung eine Zeit lang so aussah . . .

Wie der frontgetriebene Tercel hat die Variante mit zuschaltbarem Heckantrieb vorn einzeln aufgehängte Räder, die über Doppelgelenk-Halbwellen und ein Vorderachsdifferential mit dem Getriebe in Verbindung stehen. Die Hinterräder sind an einer Starrachse mit zentralem Differential aufgehängt und werden über eine normale Kardanwelle angetrieben. Der interessante Vielzweckwagen hat vorn Scheiben-, hinten Trommelbremsen, eine Kombikarosserie in selbsttragender Bauweise und ein reichhaltig ausgestattetes Interieur. Servolenkung hat der Tercel 4WD wie sein Allrad-Konkurrent Subaru 4WD leider nicht serienmäßig.

Oben: Interieur und Heckansicht des Toyota Tercel Modell 1982/83. Der Hinterradantrieb ist bei diesem Fahrzeug zuschaltbar.

Den Tercel 4WD gibt es nur in Kombiversion; eine Limousine oder ein Pickup sind nicht im Programm.

UMM DAKARY / COURNIL

Modell	2 l Benzin	2,1 l Diesel	2,3 l Diesel
Motor			
Zylinder	4 Reihe		
Bohr. x Hub, ccm	88 x 82/1995	90 x 83/2112	94 x 83/2304
Verdichtung	8 : 1	22,8 : 1	22,2 : 1
Leistung	58 kW (79 PS) 5000	45,5 kW (62 PS) 4500	49,5 kW (67 PS) 4500
Drehmoment	149 Nm 2200/min	118 Nm 2500/min	134 Nm 2000/min
Steuerung	obenliegende Nockenwelle	seitliche Nockenwelle	
Gemisch-Zuf.	Vergaser	Einspritzanlage	
Batterie/Lima	12 Volt 95 Ah/500 W		
Kühlung	Wasser		
Antrieb			
Getriebe	4-Gang		
Achsunters.	5,375		
Antrieb	Hinterachse mit zuschaltbarem Vorderradantrieb		
Unters. Straße	I: 4,583 II: 2,55 III: 1,343 IV: 1 R: 6,01		
Unters. Gelände	über Reduktion 2,026		
Sperren	nicht serienmäßig		
Fahrgestell			
Bauart	Kastenrahmen mit 4 Traversen		
Aufhängung v	Starrachse, Blattfedern		
Aufhängung h	Starrachse, Blattfedern		
Bremsen	v/h Trommel		
Reifen	5.50-16 oder 7.00-16/205 R 16		
Höchstgeschw.	115 km/h	100 km/h	105 km/h
Radstand	2040 bzw. 2540 mm (ab 1983: 2200 bzw. 2750 mm)		
Spur v/h	1340/1270 mm		
Länge/Breite/Höhe	3380/1480/1970 bzw. 3865/1660/1970 mm (Länge 1983: 3640 bzw. 4290 mm)		
Wendekreis	10,5 m		
Böschungswinkel v	40°		
Böschungswinkel h	32°		
min. Bodenfreiheit	230 mm		
Kraftstofftank	67 Liter		
Leergewicht	1400 kg		

Der von dem Franzosen Bernard Cournil 1965 als Militärfahrzeug entwickelte Allrad-Mehrzweckwagen mit Peugeot-Benzin- oder Dieselmotor zählt selbst in Frankreich zu den Raritäten. Man bekommt ihn dort auch noch zu kaufen, er wird von der zum Belin-Konzern gehörenden Firma SIMI gebaut. In größeren Stückzahlen wird dieses Fahrzeug, in vieler Hinsicht inzwischen modernisiert, jedoch bei einer portugiesischen Firma gefertigt. Zu einer Kooperation mit der Uniao Metalo Mecanica (abgekürzt UMM) und Cournil kam es 1978. Die UMM importiert und assembliert in Portugal Peugeot-Automobile, daher lag es auch nahe, dem Wagen in seiner portugiesischen Ausführung Peugeot-Motoren zu verpassen. Wahlweise sind der Vierzylinder des 504 (1971 ccm 96 PS) oder zwei Dieselaggregate (2112 ccm 67 PS, 2304 ccm, 67 PS) zu haben. Der Vorderradantrieb ist ausschaltbar. In der SIMI-Ausführung kann man den Wagen auch mit einem 2-Liter-Motor von Renault erhalten oder mit einem Turbodiesel von Peugeot.

Als Geländewagen von echten Schrot und Korn wartet der UMM – dessen Beiname einmal mit Dakary, einmal mit Entrepreneur angegeben wird, auch UMM-Cournil ist im Umlauf – vorn und hinten mit Starrachsen auf. Die offene Karosserie bietet vier oder sechs Personen Platz; fahrbereit wiegt das Auto 1500 Kilogramm. Und 1,2 Tonnen kann man dem kräftigen Chassis zuladen. Der UMM steht auf stabilen Pneus der Dimension 7.00-16.

UMM Dakary Modell 1982. Der in Portugal gebaute Allradwagen, Konstruktion Cournil, kann derzeit in Mitteleuropa nur über einen Importeur in der Schweiz erworben werden.

Wie die meisten Geländefahrzeuge dieser Art, wird auch der UMM in zwei Fahrgestell-Dimensionen offeriert: Radstand 2040 mm mit einer Gesamt-Fahrzeuglänge von 3380 mm und Radstand 2525 mm bei einer Länge über alles von 3865 mm. Die kürzere Ausführung ist um rund 100 Kilogramm leichter. Auf Scheibenbremsen oder Differentialsperre muß der UMM-Pilot verzichten.

Die spartanische Ausführung und die eigenwillige Form mit den schräg nach vorn abfallenden Kotflügeln übernahm der UMM vom Cournil. Mit Sicherheit wird man in absehbarer Zeit dieses Fahrzeug auch in der Bundesrepublik sehen; der Import in die Schweiz lief Anfang 1982 an. Die eingeführten Exemplare hatten ausschließlich Dieselmotoren, die eine Höchstgeschwindigkeit von 115 km/h versprachen. Erstes Sonderzubehör für mitteleuropäische UMM-Käufer: Ein aufsetzbares Hardtop aus Polyester.

VOLKSWAGEN ILTIS

Modell	Lkw 0,5 t tmtl gl
Motor	
Zylinder	4 Reihe
Bohr. x Hub, ccm	79,5 x 86,4/1716
Verdichtung	8,2 : 1
Leistung	55 kW (75 PS) 5500
Drehmoment	135 Nm 2800/min
Steuerung	obenliegende Nockenwelle
Gemisch-Zuf.	Geländefallstromvergaser
Batterie/Lima	2 x 12 Volt 45 Ah/55 A
Kühlung	Wasser
Antrieb	
Getriebe	5-Gang
Achsunters.	5,286
Antrieb	Hinterachse, Vorderradantrieb zuschaltbar
Unters. Straße	I: 7,603 II: 3,909 III: 2,277 IV: 1,458 V: 1,086 R: 7,318
Sperren	Vorder- und Hinterachse wahlweise
Fahrgestell	
Bauart	selbsttragende Karosserie
Aufhängung v	Doppelquerlenker mit oberer Querblattfeder, Teleskopdämpfer
Aufhängung h	Doppelquerlenker mit oberer Querblattfeder, Teleskopdämpfer
Bremsen	v/h Trommel, mech. Handbremse auf Hinterräder, serienmäßig mit Servo
Reifen	6,50 R 16 M oder 9-15
Höchstgeschw.	130 km/h
Radstand	2015 mm
Spur v/h	1230/1260 mm
Länge/Breite/Höhe	3885/1520/1835 mm
Wendekreis	10,1 m
Böschungswinkel v	41°
Böschungswinkel h	32°
min. Bodenfreiheit	225 mm
Kraftstofftank	85 Liter
Leergewicht	1300 kg

Unter der Kürzelbezeichnung Lkw 0,5 t tmil gl erhielt ein neues Geländefahrzeug als Nachfolger des DKW Munga im November 1978 den amtlichen Segen der deutschen Bundeswehr. Und auf dem Brüsseler Salon des Jahres 1979 durften auch Zivilisten den VW Iltis genauer in Augenschein nehmen, sogar Bestellungen aufgeben.

tmil – das heißt: teilmilitarisiert. Der Iltis ist aber zur Gänze eine rein militärisch ausgerichtete Konstruktion, als Truppen-Kommunikationsfahrzeug, Kabelleger, Waffenträger et cetera gedacht. Die »Beschaffung« des Iltis war bereits 1976 angeordnet worden; bis zur Ausliefe-

rung der ersten Serienwagen an die deutsche Bundeswehr vergingen die branchenüblichen zwei Jahre.

Ganz entfernte Ähnlichkeit mit dem Munga ist dem Iltis nicht abzusprechen. Seine Wannenform mit heruntergezogenem Einstieg zu den Vorder- und Hintersitzen gleicht dem Layout des alten Zweitakt-Autos aus Ingolstadt. Im Fahrzeugbug klopft indessen ein kräftiges Viertakt-Herz (nein, kein Diesel) mit 1714 ccm Hubraum, gut für 75 PS – eine Weiterentwicklung der Passat-Maschine.

Der Iltis ist zwar ein Leichtgewicht, was seiner Autobahngeschwindigkeit von gut 136 km/h zugute kommt, nimmt es an Robustheit aber mit jedem schwereren Kaliber auf. Und seine Geländeeigenschaften, auf welchem Terrain auch immer, sind großartig. Schließlich ist der Wagen vorn und hinten serienmäßig mit Differentialsperren ausgerüstet, dagegen verfügt der Iltis über kein spezielles Gelände-Vorgelege, sondern nur über ein »normales« Fünfgang-Getriebe. Der erste Gang ist als

Unten: Volant des Zivil-Iltis. Links daneben der Allrad-VW in Bundeswehr-Trimm mit ausgehängten Türen.

Geländeuntersetzung außerordentlich hoch mit 7,603 : 1 untersetzt. Neben der reinen Militärversion gab es auch eine etwas weniger spartanisch ausgestattete Variante für Nicht-Uniformträger; mit modisch verformter Frontpartie, Kotflügelverbreiterungen, Breitreifen und einem recht gut aussehenden Hardtop verpaßte man dem Wagen einen Hauch von Laredo-Look. Was ihn nicht gerade billiger macht – aber der Iltis ist ohnehin kein Automobil für den Massen-Geländesport: Er kostet schon in seiner Grundausführung fast so viel wie ein Mercedes-Allradwagen der G-Reihe – wenn man ihn überhaupt zu kaufen gekommt.

Spezialfahrzeuge, Außenseiter und Exoten

**Sonderausführ-
rungen nach
Kundenwunsch**

Der Reiz, sich mit einem Fahrzeug ins Gelände zu begeben, das nicht »von der Stange« kommt, ist für manchen 4 x 4-Fan außerordentlich groß. So vielfältig das Angebot serienmäßig hergestellter Geländewagen auch sein mag – den Individualisten interessiert das ausgefallene, seinen ganz persönlichen Wünschen und Vorstellungen gemäß beschaffene Fahrzeug. Das muß nichts mit Angeberei zu tun haben oder mit der Sucht, stets anders als die anderen sein zu müssen. Oft sind es ganz zweckorientierte Überlegungen, die zur Anschaffung eines »Special« führen können.

Ausgefallenen Wünschen kommen Firmen entgegen, die auf Basis bekannter Serienfahrzeuge spezielle Aufbauten liefern. Die Firmen Crayford und Rapport zum Beispiel offerieren Range-Rover-Cabriolets; andere bauen im Kundenauftrag Einzelstücke, die man auf den großen

Oben: Ein von der Firma ATW Auto-Montan in der Republik Irland hergestellter Allzweckwagen (4 x 2) namens Chico. Rechts daneben der von Rapport, England, gebaute Range Rover als Cabriolet.

Automobil-Salons in Genf, Turin, London oder Paris bewundern kann – Franco Sbarro in Grandson am Neuenburger See gehört zu dieser Gilde. Der von ihm konstruierte und gebaute Windhound wird je nach Wunsch eines (meist recht vermögenden) Kunden mit Chevrolet- oder Mercedes-Benz-V8-Motor bestückt, und hinsichtlich Ausstattung, Komfort und technischer Gags bleibt ein großer Spielraum, den Vorstellungen einer anspruchsvollen Klientel entgegenzukommen. So gleicht kein Windhound dem anderen (etwa fünf bis sechs sind bis jetzt auf die Räder gestellt worden). Superlative stellen eine Paris-Dakar-Ausführung mit 3-Liter-BMW-Motor – von Schnitzer getunt – und hochgezogenen Auspuffrohren dar sowie eine sechsrädrige Geländekalesche für einen orientalischen Auftraggeber. Der Limousinenaufbau dieses 6 x 6-Giganten ist mit einem Schiebedach über die ganze Wagenlänge versehen.

Franco Sbarro baut auch Allradwagen, denen man's auf den ersten Blick gar nicht ansieht – etwa einen Mercedes-Benz 350 SLC, den er mit einem 6,9-Liter-Turbo-Motor bestückt und – so ganz nebenbei – mit Flügeltüren à la 300 SL. Solche Autos sind die Spezialität des Italo-Schweizers, über dessen Genialität schon viel gesprochen und geschrieben wurde. Sbarro ist in der Tat außerordentlich begabt.

Ein anderer Südländer machte ebenfalls durch ungewöhnliche Geländefahrzeuge von sich reden: Ferrucio Lamborghini. Unter diesem berühmten Namen gab es drei Prototypen eines gewaltigen Allradfahrzeugs, dessen letzte Version im Sommer 1982 zu sehen war. Der zunächst mit der Bezeichnung Cheetah vorgestellte Bolide läuft inzwischen unter der Bezeichnung LMA in Bolognese bei Modena – nun, nicht gerade vom Band, aber doch in Serienfertigung, wenngleich die Zahl der Exemplare auch gering bleiben wird. Schon aus dem einfachen Grunde, weil das Auto mit 150 000 Mark doch reichlich teuer ist – aber ein 330 PS starkes 12-Zylinder-Aggregat ist auch nicht jedermanns Sache in einem 4 x 4. Die ersten Fahrzeuge gingen in den Orient, wie man sich denken kann.

Oben: Lamborghini Cheetah Modell 1982. Dieses Super-Geländemobil hat vor allem das Interesse einiger Kunden im Nahen Osten erregt.

Links: Auch der französische Cournil ist 1982 wieder auferstanden. Im Unterschied zu seinem portugiesischen Stiefbruder UMM weist er eine neu konzipierte Karosserie auf. Sein Motor ist ein Peugeot-Turbodiesel oder ein 2-Liter-Benziner von Renault. Zwei Radstände stehen zur Wahl.

Ein luxuriöses Allradfahrzeug, vergleichbar mit den von Peter Monteverdi angebotenen Modellen, stellt der ebenfalls in der Schweiz von der Firma Felber gebaute Oasis dar. 1979 in Genf mit 5,6-Liter-V8-Motor vorgestellt, basiert dieses Auto — auch hier eine Parallele zum Monteverdi! — auf dem International Scout. Auf Wunsch bekommt man den Felber Oasis auch mit Rolls-Royce-Motor . . .

Aufsehen erregte auch ein skurril konstruiertes Fahrzeug, das 1979 von dem exzentrischen Designer Luigi Colani vorgestellt wurde, der »Sea Ranger«. Der Clou: Das Colani-Auto war mit zuschaltbarem Vorderradantrieb, separaten Differentialsperren vorn und hinten, sechs Vorwärts- und zwei Rückwärtsgängen sowie gewaltigen Niederdruckreifen nicht nur voll geländetauglich, sondern dank wasserdichter Kunststoffkarosserie auch seetüchtig. Exotisch wie das Äußere war auch der Preis: 300 000 Mark. Der »Sea Ranger« ging nie in Serie.

Zu den Exoten, zumindest aus mitteleuropäischer Sicht, gehören etliche in Osteuropa gebaute Geländewagen. ARO und Lada Niva werden auch im westlichen Ausland vertrieben, fast ausschließlich nur im Ostblock aber sieht man beispielsweise einen LUAZ, der in der Sowjetunion mit dem V4-Motor (1,2 Liter Hubraum, 39 PS) des Zaz 968, hergestellt im Werk Zaporoshje/Ukraine, läuft. Normalerweise fährt der LUAZ mit Hinterradantrieb, der Vorderradantrieb ist im Gelände zuschaltbar. Aus Ulianowsk kommt der Tundra, ein 2,5-Liter-Benziner, ebenfalls mit zuschaltbarem Vorderradantrieb. Der Tundra ist in etlichen osteuropäischen Ländern verbreitet, wo man ihn unter der Bezeichnung UAZ 469 A kennt, wurde 1977–1979 auch offiziell in der Bundesrepublik verkauft — für rund 16 000 Mark.

Der rumänische ARO, näher vorgestellt auf Seite 40, ist die Ausgangsbasis für ein in Portugal fabriziertes Geländefahrzeug, das dort unter dem Namen Portaro bekannt ist. Das von der Soc. Electro-Mecanica de Automoveis gebaute Modell Pampas 260 hat unter der ARO-Haube einen 2,6-Liter-Vierzylinder-Dieselmotor von Daihatsu — das gleiche

Bei uns so gut wie nie zu sehen: UAZ Tundra, gebaut in der Sowjetunion. Dieser Wagen hat den 2,4-Liter-Motor des Wolga-Personenwagens.

Aggregat wie im Daihatsu 4 x 4 Typ F 50. Das kräftige Arbeitspferd, wenig komfortabel, aber auf Robustheit ausgelegt, wird seit 1976 gebaut und auch exportiert.

Ein weiterer Portugiese, der UMM 4 x 4 (alias Cournil), wird auf Seite 126 beschrieben, denn er ist schon kein Außenseiter mehr – in Frankreich und in der Schweiz kann man ihn sozusagen von der Stange kaufen. Exoten stellen aber die südamerikanischen Vettern der Ibero-Vehikel dar. Etwa der in Brasilien gebaute Jeg. Dieser Wagen, ursprünglich so etwas wie ein VW-Buggy mit 1,6-Liter-Boxermotor, avancierte 1981 zum 4 x 4 und stellt somit eine interessante Alternative zum VW 181 (4 x 2) dar. Den Jeg, der auch in der Schweiz vertrieben wird, kann man auch mit Zweiradantrieb fahren. Eine Menge Extras, einschließlich Freilauf, machen den Wagen reizvoll, zumal er umgerechnet 20 000 Mark kostet.

Die kastenförmige Karosse eines Jeg mag nicht jedem gefallen, aber sie hat nicht nur herstellungstechnisch ihre Vorteile. Ähnlich geometrisch geformt sind die Aufbau-Varianten aus Kunststoff des in der Bundesrepublik entwickelten, jedoch in Buncrana, Republik Irland, gebauten Chico. Dieses recht interessante Vielzweckfahrzeug mit einem luftgekühlten Deutz-Dieselmotor (1684 ccm Hubraum, 35 PS) hat zwar »nur« Heckantrieb, ist aber extrem geländegängig dank zweistufigem Vorgelege, 16-Zoll-Bereifung (7,60-16), Differentialsperre und einer Wattiefe von 80 Zentimetern. Bei einer Achsverschränkung von je 30 Grad, 40 Grad Böschungs- und Rampenwinkel sowie 40 Zentimeter Bodenfreiheit sind dem Chico nur wenig Geländegrenzen gesetzt. Besonderer Gag: Das Fahrzeug hat in der Mitte ein Rollgelenk, das es erlaubt, das vordere gegen das hintere Wagenteil bis zu 60 Grad zu verdrehen. Das bei Messerschmitt-Bölkow-Blohm (MBB) entwickelte Fahrzeug kostet rund 24 000 Mark.

Eine wesentlich simplere »Kiste« ist der in Griechenland vom dortigen Citroën-Importeur hergestellte Pony, basierend auf dem Méhari, aber

Sbarro Windhound, luxuriöses Allrad-Fahrzeug aus der Schweiz. Der Wagen gab auf dem Pariser Automobilsalon 1978 sein Debüt.

mit Blechkarosse. Sein Debüt gab dieser 4 x 2 im Jahre 1975. Eine andere Citroën-Kreation ist der FAF (»facile à fabriquer« = leicht herzustellen). Dieser 4 x 2 mit Gelände-Vorgelege – der vereinzelt auch als 4 x 4 gebaut wird – basiert auf der Dyane und wurde 1978 auf der Internationalen Messe von Dakar vorgestellt. Der FAF ist beinahe ein Baukasten-Auto: Montagebetriebe sollen ihn unter Verwendung nur weniger Importteile (Motor, Antrieb) selbst in Serie bauen. Ein handwerksintensives Produkt, gedacht zur Schaffung von Arbeitsplätzen in der Dritten Welt und zum Ausgleich so mancher Zahlungsbilanz.

Längst ist auch Peugeot im 4 x 4-Club. In Zusammenarbeit mit der Daimler-Benz AG und Steyr-Daimler-Puch, Österreich, entstand eine Versuchsreihe von Geländewagen, die allerdings nicht für den Verkauf an Privatpersonen vorgesehen sind. Der Peugeot P 4 soll zunächst ausschließlich der Armee Frankreichs zur Verfügung stehen. Abgesehen von diesem Modell wäre natürlich der von der Firma Dangel zum 4 x 4 umgebaute 504 zu erwähnen sowie der Rallye - 205.

Militärische Interessen spielten auch bei der – heute zu Daimler-Benz gehörenden – Firma Saurer, Arbon, eine Rolle, als dort die Typen 232 M, 260 M und 288 M konstruiert wurden. 1980/81 entstanden diese Fahrzeuge in einer kleinen Versuchsserie – mit Volvo-Motoren und -Getrieben (2316 ccm Hubraum, 90 PS). Die unterschiedlichen Bezeichnungen der drei Saurer – die nach Aufgabe des Projekts übrigens an Zivilpersonen verkauft wurden – geben den Radstand in Zentimetern an. In ihrer Konzeption kamen die Saurer 4 x 4 den G-Typen von Mercedes-Benz/Puch recht nahe; Grund genug für die neuen Partner, bei den Schweizern die Einstellung des Projektes durchzusetzen.

Mit dem Militär ins Geschäft zu kommen, war schon immer eine verlockende Aussicht für kleine wie größere Automobilhersteller. Eine amerikanische Firma ist jetzt wieder mit einem Super-Fahrzeug namens Hummer am Zuge – eine Art »Über-Jeep« mit Achtzylinder-Dieselaggregat (6 Liter Hubraum!) und 1200 Kilogramm Nutzlast soll die US Army erhalten. Den jetzt im Gebrauch befindlichen Mutt wird der dicke Hummer aber so schnell nicht ersetzen. Als Nachfolger des M38 wurde 1960 offiziell der von Ford gebaute M151 Mutt (»Military Utility Tactical Truck«) als Vierteltonner 4 x 4 eingeführt – und im Unterschied zu seinem Vorgänger geben die amerikanischen Militärbehörden ausgediente Mutt-Exemplare nicht so ohne weiteres an zivile Interessenten ab. Solche Fahrzeuge werden regelrecht zerschnitten, also schrottreif gemacht. Wer sich einen Secondhand-Mutt zulegen möchte, muß ihn im Ausland suchen – die skandinavischen Armeen sind beispielsweise nicht so eigen, was die Abgabe verschlissener M151 betrifft. Mit seiner Einzelradaufhängung und einer leichtgängigeren (allerdings zu hoch übersetzten) Lenkung fährt sich der Mutt ein bißchen weniger »roadster-like« als ein M38, aber sein 70 PS starker 2,3-Liter-Benzinmotor ist für nicht minder großen Durst im Vergleich zum alten Jeep-Aggregat bekannt. Größter Unterschied zum Vorgänger: Der Mutt verfügt über eine selbsttragende Karosserie.

Der klassische Jeep ist derweil aber nicht totzukriegen. Daß er sich in aller Welt in Form eines CJ-5 oder CJ-7 nach wie vor großer Beliebtheit erfreut, ist kein Geheimnis. Die Mahindra Ltd. in Indien baut alle CJ-Modelle in Lizenz nach, sogar den alten Kaiser-Jeep mit seinem Chrom-Stäbe-Grill kann man dort als fabrikneu bekommen. Der Mitsubishi

Pajero ist ein ebenso waschechter Jeep, auch wenn man es seiner modischen Karosserie nicht ansieht, in Argentinien fabriziert man den CJ mit Renault-Maschine, und in Brasilien gibt es einen CJ-5 unter der Marke Ford – dieser 4 x 4 wird von jener Firma hergestellt, die einst Willys-Overland do Brasil hieß, seit einigen Jahren aber Detroiter Hausherren hat. Ford installiert in dieses Auto den 2,3-Liter-Motor des heute in den USA nicht mehr produzierten Maverick.

Einen Perkins-Diesel, den man auch im US-Jeep bekommen kann, findet man im spanischen Ebro-Jeep, made in Barcelona. Der 1,8- bzw. 2,7-Liter ist zwar nicht mit dem US-Diesel identisch, bewährt sich bei den Spaniern aber offenbar gut. Die Modelle Bravo, Military und Comando haben zuschaltbaren Vorderradantrieb, Gelände-Vorgelege und die obligate 16-Zoll-Bereifung.

Zu den Geländefahrzeugen gehören auch jene Krabbeltiere wie der von Faun gebaute Kraka, der für Arbeiten im Forst gedacht ist oder jene Sumpf- und Schilf-Vehikel, die als Solo, Croco (mit Wankelmotor), Hustler, Buffalo, Bazoo oder Poncin durchs Gelände robben können.

Ganz links: Der von Ebro gebaute spanische Lizenz-Jeep. Rechts daneben ein Saurer 232 M, von dem nur zehn Stück gefertigt wurden.

Links: Toyota Hi-Lux als Doppelkabine mit einer Wohnzelle von Comasco, Schweiz, auf der Pritsche, Modell 1982.

Beim Solo 750 überträgt ein luftgekühlter Zweizylinder-Zweitaktmotor (430 Kubik, 20 PS) seine Leistung zunächst auf ein stufenloses Keilriemengetriebe, das drehzahl- und lastabhängig arbeitet. An der Getriebeabtriebswelle sitzt ein Ritzel, über das eine Spezialkette zur mittleren der drei Fahrzeugachsen läuft. Von der mittleren Achse wird die Kraft ebenfalls über Ritzel und Ketten an die übrigen beiden Achsen weitergegeben.

Gekuppelt, gebremst und gelenkt wird über einen Lenkhebel, der mit einem Spezial-Planetengetriebe in Verbindung steht. Sechs schlauchlose Niederdruckreifen bringen die Kraft auf den Boden. Der Steuermechanismus funktioniert wie bei Kettenfahrzeugen: Beim Durchfahren

*Oben: Ford Transit 4 x 4,
Modell 1979. Rechts
daneben ein
Land-Rover 110 c.o.e.
(cab-over-engine), ein
Frontlenker, den man nur
selten sieht.*

von Linkskurven wird die linke Radreihe abgebremst, beziehungsweise blockiert, in Rechtskurven werden die Räder auf der rechten Seite verzögert. Die Achsen sind starr mit dem Fahrgestell verbunden, eine Federung gibt es nicht. Das eigentümliche Allradfahrzeug sieht aus wie eine Badewanne mit Rädern und hat in etwa die gleichen Abmessungen wie ein Kabinenroller aus den 50er Jahren. Dem Solo zum Verwechseln ähnlich sind der englische Crayford Cargocat und die anderen, eingangs erwähnten Modelle. Je nach Wunsch werden einige dieser kompakten Amphibienfahrzeuge mit sechs oder acht angetriebenen Rädern geliefert.

Kraftmaschinen, die vor allem in den USA große Popularität genießen und im Off-Road-Einsatz dort auch viel brauchbarer sind als in der Alten Welt, sind die Ein- bis Zweitonner-Pickups, von denen wir uns nur andeutungsweise ein Bild machen können, wenn wir einen Toyota Hi-Lux sehen, wie er etwa in der Schweiz und in Österreich auf dem Markt ist. Den Übergang zum Lkw stellt bei uns allenfalls der Pinzgauer von Steyr-Daimler-Puch dar, jener mit luftgekühltem 2,5-Liter-Benzinmotor als 4 x 4 oder 6 x 4 gebauter Vielzweckwagen, den in der Hauptsache jedoch alpine Militäreinheiten interessieren (seinem kleineren Bruder, dem Haflinger, begegnet man vor allem in Hochgebirgsgegenden oft). Besondere Merkmale dieses modernen Frontlenkers: Vollsynchronisiertes Fünfganggetriebe, manuell zuschaltbares Reduziergetriebe (also Gangstufenerweiterung von fünf auf zehn), hydraulisch während der Fahrt sperrbare Differentiale an allen Achsen, permanenter Antrieb an den beiden Hinterachsen, zuschaltbarer Vorderradantrieb, als Portalachsen ausgelegte, gelenklose Pendelachsen, separate Vorgelege an den einzeln aufgehängten Rädern. Das technisch aufwendig gebaute und extrem kletterfreudige Fahrzeug kostet circa 80 000 Mark. Wenn schon von den Giganten die Rede ist, erwarten Nostalgiker die Erwähnung des Dodge WC bzw. CC oder GMC-6 x 4-Lastwagen, von denen etliche aus amerikanischen Heeresbeständen in die Hände weltreisender Zivilisten übergingen und als Super-Wohnmobile ihr Dasein fristen. Glücklicher werden indessen viele Anhänger der großen Gelände-Nutzfahrzeuge mit einem Unimog. Hinsichtlich seiner universellen Verwendungsfähigkeit ist dieses Fahrzeug seit Jahrzehnten in der Land-, Forst- oder Bauwirtschaft ebenso unübertrefflich wie als Expeditions-Vehikel in den entlegendsten Winkeln der Welt.

Über die großkalibrigen Allrad-Nutzfahrzeuge könnte man dicke Bücher schreiben. Den Übergang – deshalb ihre Erwähnung an dieser Stelle – könnte man in jenen Pickups sehen, die in den USA so sehr beliebt

Oben links: Auch von der Jeep Corporation gibt es ein Frontlenker-Modell. Rechts daneben ein 4 x 4 aus China, Modell Peking 1980.

sind; hier werden viele Personenwagen-Charakteristika mit den Eigenschaften und Baukomponenten harter Geländewagen kombiniert. In Europa haben derlei Fahrzeuge zumindest außerhalb reiner Nutzfahrzeugbereiche noch nicht Fuß gefaßt.

Dafür aber sind Allrad-Vans im Kommen. VW experimentierte schon vor Jahren mit einem vierradgetriebenen »Bulli«. Der umgebaute VW-Bus wies neben seinem normalen Heckantrieb einen zuschaltbaren Frontantrieb auf. Die Kraft wurde über ein modifiziertes Viergang-Schaltgetriebe und zwei Achsdifferentiale mit automatischen Sperren übertragen. In Serie ging dieses Fahrzeug nicht.

Aber schon kein Versuchsobjekt mehr war ein vierradgetriebener VW der LT-Klasse, der 1981/82 seine ersten Geländemärsche absolvierte. Seine Serienproduktion ist in Wolfsburg beschlossen. Das Antriebssystem stammt von der Augsburger Firma Sülzer und ähnelt jenem von Rau, das in einem Ford Transit 4 x 4 zu finden ist: Fünfganggetriebe, Zwischengetriebe, Kardanwellen, Starrachsen mit zentralen Achsdifferentialen vorn und hinten.

Den Allrad-Ford gibt es auch als »Jagdwagen« mit vergitterten Scheinwerfern, Schmutzfängern, Standheizung und herausnehmbarer Kühlbox. Preis des kompletten Transit 4 x 4: Rund 60 000 Mark. Bestellen kann man den Rau-Transit bei jedem Ford-Händler.

Zu den Nutzfahrzeugen muß man auch die wenig bekannten Frontlenker-Ausführungen des Land-Rover rechnen, die es seit 1966 mit 110-Zoll-Radstand-Fahrgestell (2794 mm) gibt, ab 1981 auch lieferbar mit dem 3,5-Liter-V8-Motor des Range Rover. Ebenso selten sieht man bei uns den Frontlenker-Jeep. Zu den ausgefallensten Raritäten Mitteleuropas darf man auch die französischen ALM zählen. Einst in Meaux, später in Saint-Nazaire gebaut, stellten die Typen TF und TPK robuste Arbeitsfahrzeuge dar. Heute bauen die Ateliers Legueu nur Spezialfahrzeuge für die Armee.

Wer's ganz exotisch mag und sich einen 4 x 4 wünscht, den garantiert niemand im ganzen Land hat, muß sich einen Corini oder Embo aus Italien besorgen (Basis Fiat) oder einen Greppi Savanna (Basis Ford Transit). Nächste Stufe: Der Interstate Trax, ein seit 1978 in Südafrika gebauter und bislang nicht exportierter Allradwagen mit Mercedes-, Peugeot- oder Chevrolet-Motor. Letzte Steigerung: Ein Chinese. Wobei die Auswahl – sofern man in Peking oder Shanghai ein solches Fahrzeug auf dem freien Markt überhaupt bekommt – recht groß ist: Man muß sich zwischen einem Peking, Tianjin, Zheyiang, Nanjing, Wuhan, Guangshou oder Liaoning entscheiden . . .

Geländewagen aus zweiter Hand

**Wenn ein
Neuwagen zu
teuer ist**

Wer sich heute für die Anschaffung eines ladenneuen Geländewagens entschließt, erfährt sehr bald, daß ein solches Fahrzeug in den meisten Fällen – Ausnahmen bestätigen natürlich auch hier die Regel – mehr kostet als ein normaler, zweiradgetriebener Personenwagen vergleichbarer Größenordnung. Schon bei einem flüchtigen Studium des heutigen Angebots gibt es in dieser Beziehung keine Illusionen mehr: Ein solider 4 x 4 kostet zwischen 20 000 und 45 000 Mark. Für den, der sich's erlauben kann, darf's auch etwas mehr sein.

Nicht jeder Geländewagen-Enthusiast ist in der Lage, solche Beträge für ein Automobil aufzuwenden, das meist nur ein Zweitfahrzeug dar-

Oben: Versteigerung ausgedienter Armee-Fahrzeuge in Thun, Schweiz. Manchmal eine günstige Chance für Off-Road-Fans, an ein preisgünstiges Fahrzeug heranzukommen.

stellt, ein durchaus nicht alle Tage benutzbares Liebhaber-Vehikel. Der 4 x 4 ist nun einmal ein besonderes Fahrzeug, eine Art Steckenpferd, das auch im Unterhalt viel Geld kostet. Der Gedanke liegt deshalb nahe, zumindest für den Einstieg es mit einem Gebrauchtwagen zu versuchen. In Fachzeitschriften und im Kleinanzeigenteil der Tagespresse nimmt das Angebot an Geländewagen aus zweiter (auch dritter und vierter) Hand ständig zu. Ältere, besonders preiswerte Modelle vom

Schlage eines Land-Rover 88 oder Munga bieten zusätzlich ein gewisses nostalgisches Moment, und das hat für manchen Allrad-Enthusiasten auch seinen Stellenwert.

Welches Fahrzeug soll man wo und wie kaufen?

Grob eingeteilt, gibt es drei verschiedene Möglichkeiten, an einen Allradwagen aus zweiter Hand heranzukommen. Sie haben alle ihre Vor- und Nachteile. Einmal kann man einen Gebrauchtwagen natürlich aus Privathand erwerben, wie jedes andere Auto auch. Ebenso gibt es den gewerblichen Gebrauchtwagenhandel, wobei sich hier einige Spezialisten für 4×4-Fahrzeuge etabliert haben, und schließlich hat man die Möglichkeit, ein ehemaliges Behördenfahrzeug über die bundeseigene Verwertungsgesellschaft für ausgemustertes Militärmaterial (Vebeg)

Unten: Ein Scout von IHC. Daß dieses Auto nicht mehr gebaut wird, bedauern viele Allrad-Freunde.

Rechts: Citroën 2 CV als Typ Sahara, 1958 als Allrad-Fahrzeug (zwei Motoren!) der Öffentlichkeit vorgestellt. Auf Basis des Modells Dyane hat das Auto als Méhari einen Nachfolger.

oder auf einer Auktion, wie sie Kommunal- und Länderbehörden regelmäßig veranstalten, zu erwerben.

Sich einen Exoten oder Allrad-Oldtimer aus dem Ausland zu holen, sei es auf eigene Faust oder durch einen professionellen Importeur, wird zunehmend populär. Wer Zoll-, TÜV- oder Zulassungsschwierigkeiten nicht scheut oder besser sich mit allen Hürden vorsorglich vertraut macht, um an ihnen nicht zu scheitern, vermag sich seine Wünsche nach Ausgefallenem auf mannigfache Weise zu erfüllen. Ein chinesischer 4 x 4 aus Holland (wo solche Fahrzeuge offiziell im Handel sind), ein Austin Champ aus Großbritannien, ein Volvo TPV »Radio-Bil« aus Schweden – warum nicht?

Gebrauchtfahrzeuge aus privater Hand

Ein reger Markt gebrauchter Allradfahrzeuge hat sich in den letzten Jahren entwickelt. Das Angebot aus Privathand ist groß. Es gibt viele Gründe, warum jemand sein Geländefahrzeug wieder abgeben will – und nicht selten gehört ein Verkäufer zu jener Gruppe, die zunächst voller Euphorie einen 4 x 4 kauften, um dann festzustellen, daß sie eigentlich nur zwei- oder viermal im Jahr Gelegenheit haben, damit überhaupt ins Gelände zu gehen. Anbieter solcher Wagen haben mit ihnen deshalb meist nur sehr wenige Kilometer zurückgelegt. Bemerkenswerterweise heißt es im Anzeigentext oft: »Nicht im Gelände eingesetzt«. Das mag viele Gründe haben – in jedem Fall kann man solche Fahrzeuge mitunter zu günstigen Bedingungen erwerben.

Durstige Benziner fingen an, preiswert angeboten zu werden, als 1981/82 eine neue Generation sparsamer Diesel-4 x 4 nachwuchs. Geländewagen-Händler nahmen manch gutes Fahrzeug in Zahlung, um im Neuwagen-Geschäft zu bleiben. Einsteiger vermochten deshalb hier gute Okkasionen zu ergattern, die unter ihrem Marktwert weitergegeben wurden.

Ein Tip, der sich noch nicht allzu weit herumgesprochen hat: Fragen Sie einmal bei einigen Bankinstituten an, wie es mit dem Angebot solcher Fahrzeuge steht. Zwangsläufig sind viele Banken zu Gebrauchtwagenfirmen geworden, denn die Insolvenz eines Kunden hat mitunter zur Folge, daß sich die Bank zu dem während der Finanzierung bei ihr deponierten Kraftfahrzeugbrief auch das betreffende Auto ins Haus holt. Erfahrungsgemäß ist aber eine Bank recht froh, wenn sie aus dem Verkauf solcher nur ungern in Verwahrung genommenen, großvolumigen »dinglichen Sicherheiten« gerade so viel erlösen kann, wie zum Ausgleich bestimmter Defizitposten erforderlich ist.

Einen Geländewagen aus privater Hand, sei es vom Vorbesitzer direkt oder über eine Autohaus-Vermittlung (probates Mittel: geben Sie eine Suchanzeige in der einschlägigen Fachpresse auf!) gibt Ihnen die Möglichkeit, sich über die Vergangenheit des Wagens eingehend zu informieren; man wird Ihnen gewiß etwas über Geländefahrten oder Reisen mit dem betreffenden Auto erzählen, über Erfahrungen und Besonderheiten. Ein seriöser Anbieter hat sicher auch nichts gegen eine gemeinsame Ausfahrt abseits der Straße. Lehnt sie der Verkäufer aus wenig einleuchtenden Gründen ab, sollten auch Sie Ihre Zeit nicht weiter verschwenden – der Wagen könnte Defekte haben, die im Gelände zutage treten würden. Ist das Auto indessen preiswert genug, daß ein paar Mängel einfach in Kauf genommen werden müssen, wird Ihnen das der Verkäufer wohl auch kaum verheimlichen. In solchem Fall gehört das Fahrzeug aber ohnehin erst einmal in die Werkstatt.

Gebrauchtfahrzeuge vom Fachhandel

Autohäuser, die im Kundenauftrag Geländewagen verkaufen, werden – gleichgültig, ob es sich um ein fremdes oder von ihnen vertretenes Fabrikat handelt – nur absolut einwandfreies Material anbieten. Wie bei jedem Gebrauchtwagen überhaupt, den man bei einem Autohaus kauft, kann dieser Handel für spätere Geschäftsbeziehungen nicht unwichtig sein – der Händler möchte seine Kunden schließlich einmal wiedersehen; es könnte über kurz oder lang schließlich auch ein Neuwagenkauf zur Diskussion stehen . . .

Dem neuen Kunden eine »Krücke« anzudrehen, heißt, daß jener mit Sicherheit nicht mehr wiederkommt, von anderen Folgen ganz abgesehen. Jedes gebrauchte Auto, erst recht ein Geländewagen, kann im Falle ernster technischer Mängel, die man dem Käufer verheimlicht, ein fatales Sicherheitsrisiko bedeuten. Käufer und Verkäufer sollten sich dessen gleichermaßen bewußt sein.

In den letzten Jahren haben sich eine Anzahl renommierter Autohäuser auf Geländefahrzeuge geradezu spezialisiert. Bei ihnen einen gebrauchten 4 x 4 zu kaufen, stellt das geringste Risiko dar. Der kleine Preisunterschied zu einem Wagen aus Privathand, der vermutlich immer da ist, dürfte meist voll gerechtfertigt sein – ein Gebraucht-Allradwagen wird bei einer Spezialfirma schließlich einem Check auf Herz und Nieren unterzogen, ehe man ihn weitergibt, und man darf von der Voraussetzung ausgehen, daß auch kleinste Mängel im Zuge der Durchsicht behoben werden.

Ehemalige Militärfahrzeuge

Da Geländefahrzeuge ihrer Verwendung gemäß großenteils für militärische Einsatzzwecke entwickelt werden, sind die Armeen in Ost und West nach wie vor Hauptabnehmer allradgetriebener Automobile. Und da modern ausgerüstete Streitkräfte nicht mit Oldtimer-Fahrzeugen ins Manöver (oder gar in härtere Auseinandersetzungen) zu ziehen pflegen, erneuern sie ihren Wagenpark mit einer gewissen Regelmäßigkeit. Auch werden defekte Fahrzeuge mitunter eher ausrangiert als repariert, wenn sie ein gewisses Alter erreicht haben.

Nach dem Zweiten Weltkrieg, auch nach dem Korea-Krieg, gab es in den USA ein Überangebot an gebrauchten, oft genug arg zerschlissenen und mürbegerittenen Jeeps. In den USA konnte man für 99 Dollar einen aus Europa oder Asien heimgekehrten Kriegsveteranen bekommen, der manchmal aber ein kaum wiederherstellbarer Invalide war.

Was die Ausmusterung älterer Geländewagen betrifft, so machen die Armeen anderer Länder da keine Ausnahme. Die deutsche Bundeswehr, die Heere Österreichs oder der Schweiz stoßen ihr Altmaterial in mehr oder weniger regelmäßigen Abständen ab. Jedes Jahr werden in der ersten Woche des April in Thun, wo sich der helvetische Armee-Fahrzeugpark befindet, Fahrzeuge und Ausrüstungsgegenstände aller Art öffentlich versteigert. Vom geländegängigen Condor-Motorrad Typ

A 580 bis zum Zehntonner kann man dort zu günstigen Bedingungen an ein ehemaliges Dienstfahrzeug der Schweizer Armee kommen. Bei geländegängigen Personenwagen gibt es meist amerikanische Jeeps, seltener Land-Rover. Von 1500 bis 8000 Schweizerfranken rangieren die Gebote, wobei es aber Großeinkäufer gibt, die gleich an bloc zuschlagen . . .

In amerikanischen Geländewagen-Zeitschriften inserieren noch immer Firmen, die preiswerte »Surplus Stock 4 x 4 Jeeps ex US Army« anbieten. Bei uns in der Bundesrepublik wird das in weniger auffälliger Form abgewickelt. Wer einen ausgedienten Militär-Munga oder einen alten Land-Rover aus Bundesgrenzschutz-Beständen sucht, muß zunächst mit der bundeseigenen Verwertungsgesellschaft Vebeg in Verbindung treten, die ausgedientes Bundeswehr-Material (nicht nur Autos!) in einem Ausschreibungsblatt auflistet, das man über den Bundesausschreibungsblatt-Verlag GmbH, Postfach 20 01 80, 4000 Düsseldorf 1, erhalten kann. Das kostet 39 Mark im Sechs-Monats-Abonnement. Hat man sich für das eine oder andere Fahrzeug entschieden, muß man ein Gebot hierfür abgeben, denn die Liste enthält keine Preise. Gebotsscheine aber erhält man nur von der Vebeg: Günderrodestraße 21, 6000 Frankfurt/Main 1. Man kann unter Angabe der Losnummer, die jedem Fahrzeug zugeordnet ist, den Standort in Erfahrung bringen und auch eine Besichtigung vereinbaren. Mit etwas Glück ist man mit 500 oder 700 Mark dabei; wahrscheinlich aber sind Zuschläge bei Geboten von 1500 bis 2000 Mark für ein gut erhaltenes Vehikel. Die unteren Limits haben in letzter Zeit stark angezogen. Landes- oder Kommunalbehörden, soweit auch sie Geländefahrzeuge im Fuhrpark haben (Polizei, Straßenmeistereien), pflegen auszumusternde Allradfahrzeuge – wie natürlich auch anderes Material – auf »richtigen« Auktionen ein- bis zweimal im Jahr abzustoßen. Näheres über Termine und Gepflogenheiten erfährt man zum Beispiel auf Landratsämtern.

Ehemalige Militärfahrzeuge aus Beständen der Bundeswehr sind einerseits nicht allzu heftig zerschunden worden, denn es finden bei uns ja nicht tagtäglich Manöver im Gelände statt; andererseits ist man beim Barras nicht zimperlich und nimmt beim Gebrauch von Gerätschaften aller Art kaum Rücksicht auf spätere Liebhaber. Aus ehemaligen Bundesbeständen übernommene Fahrzeuge haben in jedem Fall eine gründliche Überholung nötig.

Worauf beim Kauf unbedingt zu achten ist

Probefahrt

Auch wenn das Ihnen von privat angebotene Gebrauchtfahrzeug angeblich absolut einwandfrei ist: Bestehen Sie auf einer Probefahrt. Nicht nur auf Asphalt. Nehmen Sie sich, wenn Sie über nur wenig 4 x 4-Erfahrung verfügen, einen Fachmann mit. Im Zweifel sollte auch ein Werkstatt-Check durchgeführt werden – dann wissen Käufer und Verkäufer genau, woran sie sind.

Fahrzeugpapiere

Jedes in der Bundesrepublik bereits einmal zugelassene Fahrzeug ist in Flensburg beim Zentral-Kraftfahrbundesamt registriert. Selbst, wenn der zum Fahrzeug gehörende Kfz-Brief verlorengegangen sein sollte, ist unter Angabe der Fahrgestellnummer die Herkunft des Wagens aufzuspüren. Achtung: Ist ein Wagen mehr als ein Jahr abgemeldet worden, verliert der Kfz-Brief seine Gültigkeit. Unter Absolvierung eines TÜV-Vollgutachtens nach § 21 StVZO muß ein neuer Brief ausgefertigt werden. Das ist nicht problematisch, kostet aber Geld und Zeit.

Links: Land-Rover 88, Modell 1966. Links daneben ein 1959er Austin Gipsy. Dieses Fahrzeug gab es mit 2,2-Liter-Benzin- oder Dieselmotor.

Import auf eigene Faust

Wer sich einen Wagen im Ausland kauft, muß ihn bei der Einfuhr verzollen. Innerhalb der Länder der Europäischen Gemeinschaft entspricht der Zollsatz dem Nulltarif – man muß indessen die Mehrwertsteuer auf den Kaufpreis (Rechnungsbetrag plus Fracht oder Überführung an den Bestimmungsort, was aus dem Kaufvertrag hervorgehen sollte) berappen.

Zu den Nicht-EG-Staaten zählen beispielsweise die USA. Der Zollsatz für aus diesen Ländern eingeführte Autos beträgt so viel wie die ebenfalls zu zahlende Mehrwertsteuer: zur Zeit (Frühjahr 1983) 13 Prozent. Die Abgaben für ein aus Amerika heimgeholtes Fahrzeug machen somit bereits mehr als ein Viertel des Kaufpreises aus. Vergessen Sie bei Ihrer Kalkulation auch Transport und Versicherung nicht, Be- und Entladegebühren, das Handling durch eine Spedition (die das für Sie einschließlich Papierkrieg ohnehin am routiniertesten abwickelt). So manche Idee eines »günstigen« grauen Imports erwies sich schon beim genauen Durchrechnen all dieser Belastungen als nicht ganz so gut . . .

Haben Sie dennoch einen Import realisiert, braucht Ihr Fahrzeug letztlich deutsche Papiere. Auch hier muß wieder Flensburg eingeschaltet werden. Das Bundesamt muß Ihnen bestätigen – und wenn's noch so klar erscheint – daß Ihr eingeführtes Auto zuvor noch nicht in Deutschland registriert war (Modell, Baujahr, Fahrgestellnummer angeben!). Mit dieser Bestätigung, dem Kaufvertrag, der Zoll-Freigabebescheinigung und der Zollquittung können Sie bei Ihrer Zulassungsstelle einen Kfz-Brief beantragen. Parallel hierzu machen Sie einen Termin beim TÜV aus. Hoffentlich haben Sie sich zuvor genau erkundigt, in welchen Details der offiziell beim Händler angebotene Vergleichstyp serienmäßig auf deutsche TÜV-Vorschriften umgerüstet wurde – genauso müssen Sie's nämlich auch tun. Sonst laufen Sie wegen vorn nicht weit genug herunterreichender Kotflügelenden, unzulässiger Scheinwerfergläser, aus den Karosserieumrissen herausragender Pneus oder nicht vorhandener Diebstahlsicherung auf Grundeis. Bei einem importierten Oldtimer ist das allerdings etwas anderes. Hier gilt hin und wieder Gnade vor Recht, und wenn Sie einen verständnisvollen Sachverständigen erwischen, wird sein technisches Interesse an einem tadellos restaurierten Jeep M38, Baujahr 1943, über Abgasvorschriften und ihre enge Auslegung hinweghelfen.

Bei aus dem Ausland eingeführten Wagen sollte das Datum der Erstzulassung aus den Papieren hervorgehen. Ältere Semester haben – siehe oben – nämlich einige Toleranz zu erwarten. Fahrzeuge, die beispielsweise vor dem 1. Januar 1974 erstmals – ob im In- oder Ausland, ist nicht entscheidend – zugelassen wurden, sind von der Montage allfälliger Sicherheitsgurte befreit. Sofern sie hierfür werksseitig nicht bereits Verankerungspunkte aufweisen! Geht aus den Papieren, die Sie haben, das Datum der Erstzulassung nicht eindeutig hervor, pflegen die Zulassungsstellen den 1. Juli des betreffenden Baujahrs – über das allerdings keine Zweifel herrschen sollten – in die Papiere einzutragen.

Dokumentation

Versuchen Sie, vom Vorbesitzer Ihres gebraucht erworbenen Geländewagens möglichst viele Dokumente zu erhalten: Werkstattrechnungen, Quittungen (sofern entbehrlich), vielleicht auch das eine oder andere

Rechts: Von Wenger, Basel, karossierter Jeep mit langem Radstand, 1964. Rechts daneben der österreichische Steyr Haflinger, Modell 1970.

Der Jeep Commando war der Vorgänger des Cherokee. Es gab ihn als Station, Pickup oder offenen Tourer.

Foto. Ein Geländewagen ist immer ein Liebhaber-Fahrzeug, eine automobile Besonderheit – für die meisten von uns zumindest. Sicher, wer einen 4 x 4 gewerblich einsetzt, ausschließlich geschäftlich nutzt, also weniger aus Enthusiasmus denn aus rein zweckdienlichen Überlegungen diesen Wagen fährt – für den ist das Verhältnis zu seinem Arbeitspferd manchmal weniger herzlich. Der Off-Road-Fan sportlicher Prägung aber sollte sich eine Mappe zulegen, in die alle Belege wandern, die mit seinem Wagen zusammenhängen. Man muß nicht gerade Tagebuch führen, aber so manches fotografisch festgehaltene Erlebnis oder etwas anderes, das eine Episode mit dem 4 x 4 wiedergibt, formt letztendlich eine Dokumentation, die den Lebenslauf des Autos darstellt. Solange Sie den Wagen besitzen, erfreuen Sie sich selbst daran, und wenn Sie ihn eines Tages weiterverkaufen, kann eine lückenlose Dokumentation durchaus dazu beitragen, den Wiederverkaufswert zu erhöhen. Wer's auf die Spitze treiben möchte, notiert auch Sprit- und Ölverbrauch – und sei es zur eigenen Kostenrechnung, auch ohne Gedanken an spätere Nostalgie-Aspekte solcher Aufzeichnungen.

Geländewagen-Nostalgie

Automobilveteranen haben sich im Herzen vieler Off-Road-Freunde schon lange einen festen Platz erobert. Es gibt Clubs, die sich bevorzugt der Allrad-Oldtimerei widmen und sich darum kümmern, daß immer mehr historisch interessante Wagen ans Tageslicht kommen und wieder fahrbereit gemacht werden oder einen verdienten Platz in einem Museum (z. B. in Sinsheim) erhalten.

Eines der beliebtesten Modelle, von Sammlern gesucht und von denen, die es besitzen, liebevoll betreut, ist der VW-Schwimmwagen, der in

den Kriegsjahren als Typ 166 an vielen europäischen und afrikanischen Fronten seine Fähigkeiten unter Beweis zu stellen hatte. Der allradgetriebene 166 war ein türenloses Amphibienfahrzeug mit einer schwenkbaren Schraube, die bei Landfahrt aufs Wagenheck geklappt wurde. Der klassische VW-Kübel vom Typ 82 hingegen wies keinen Allradantrieb auf, sondern Hinterradantrieb wie der ihm konstruktiv eng verwandte VW-Käfer. Aber auch der 82 war ein sehr geländetaugliches Auto, eine Tatsache, die überzeugte 4 x 4-Anhänger auch heute noch immer wieder überrascht.

Einen VW 166 oder 82 kann man, wenn man Geduld hat und sich Mühe gibt, in Oldtimer-Kreisen noch auftreiben. Einen Geländewagen der Zeit vor 1939 ausfindig zu machen, ist schon weitaus schwieriger. Solche Fahrzeuge stehen meist in Museen oder befinden sich in wohlgehüteten Privatkollektionen. Das Auto + Technik Museum in Sinsheim beispielsweise verfügt über eine Sammlung solcher 4 x 4-Veteranen.

Da gab es beispielsweise Allrad-Versionen des Mercedes 170 und Mercedes 200, sogar mit Allradlenkung; auch von Horch, Stoewer und

Off-Road-Veteranen: VW 166 Schwimmer (ganz links), Steyr 1500 A (oben) und Willys Jeep M38 (darunter).

BMW existierten Vorkriegs-Geländewagen, meist schwere, unhandliche Kaliber, die sich beim Militär – Reichswehr und Wehrmacht waren schließlich Auftraggeber solcher Konstruktionen – lange nicht so universell einsetzen ließen wie der (nur zweiradgetriebene) VW 82.

Ältester heute noch erhältlicher Veteran ist neben dem VW-Kübelwagen der Militär-Jeep von Willys-Overland beziehungsweise Ford. Für alle Modelle zurück bis Baujahr 1942 sind heute sogar wieder Ersatzteile erhältlich, dank Initiative einiger europäischer und amerikanischer Clubs, die den Ur-Jeep nicht sterben lassen wollen. Aber es sind auch viele M38 auf moderne – sprich: sparsamere – Motoren umgerüstet worden, zum Beispiel mit dem Aggregat des Mercedes 180 D oder Opel Rekord.

Jeep-ähnliche Fahrzeuge, teils mit Lizenz der Amerikaner, teils ohne, sind zu allen Zeiten in aller Welt produziert worden. Mitsubishi baute lange Zeit einen solchen Wagen, die Russen wurden im Kriege in diesen Aktivitäten von den Amerikanern sogar materiell wie ideell unterstützt, bei der Automobilfabrik Hotchkiss in Frankreich baute man den Jeep ab 1954 ebenfalls.

Was den Amerikanern der Jeep, ist den Briten der Land-Rover. Nur ist dieses Fahrzeug kein Kind des Krieges. Es entstand erst 1947 und war ursprünglich für Land- und Forstwirtschaft gedacht. Ein Land-Rover-Veteran der fünfziger Jahre ist in England noch allenthalben zu bekommen – sogar auch bei uns, denn die Tempo-Werke in Hamburg-Harburg stellten dieses Fahrzeug eine zeitlang in Lizenz für den Bundesgrenzschutz her. Der Land-Rover in seinen unterschiedlichen Radstand- und Aufbauformen hat sich in den zurückliegenden Jahrzehnten außerordentlich gut bewährt; die Beschaffung von Ersatzteilen selbst zu ältesten Typen ist (in England) nicht allzu problematisch.

Austin präsentierte 1952 ein Gegenstück zum Land-Rover (damals war man noch nicht unter dem Leyland-Dach vereint, sondern konkurrierte auf vielen Ebenen). Der Austin Champ mit seinem Vierzylinder-ohv-Rolls-Royce-Motor von 2,9 Liter Hubraum ist heute noch öfter zu se-

Unten: So sah der erste Land-Rover von 1947 aus. Bis zur Serienausführung wurde noch viel geändert! Rechts daneben ein Dodge CC von 1944.

hen; es gab ihn bis 1966. Von 1957 bis 1968 produzierte Austin auch einen etwas kleineren, leichteren 4 x 4, den Gipsy. Und 1949/50 gab es ein paar Wolseley-Geländewagen unter der Bezeichnung Mudlark.

Der von der Auto Union anfänglich in Düsseldorf, später in Ingolstadt hergestellte DKW Munga (als VZ 1000 geboren, erhielt er diesen Na-

men indes erst 1962) ist eigentlich noch gar kein Veteran. Liebhaber-Status hat dieses 1956 als offizielles Dienstvehikel bei der damals noch jungen neuen Bundeswehr eingeführte Zweitakt-Fahrzeug jedoch allemal schon. Den Dreizylinder-Motor des Munga – identisch mit dem zeitgenössischen DKW-Personenwagen – haben später viele Bastler, mitunter auch Profis, gegen Viertaktmotoren, zum Beispiel von Opel, Ford oder Mercedes, ausgewechselt.

Bevor man sich seitens der Bundeswehr für den Munga entschied, gab es zwei weitere Konkurrenten in engerer Wahl: zunächst den Goliath, 1955/56 ebenfalls mit Zweitakt-, 1957 bis 1960 mit Viertakt-Motor versehen. In nur 95 Exemplaren wurde der Goliath-4×4 von der Firma Borgward gebaut, rund 15 Stück sind als noch existent bekannt. Gewisse äußerliche Ähnlichkeiten mit dem Munga sind nicht zu übersehen.

Ganz anders der Konkurrent Nummer 2. Er kam aus dem Hause Porsche, hatte konsequenterweise einen Heckmotor mit Luftkühlung und hieß Typ 597. Im Unterschied zum Goliath ließ sich der Antrieb zu einer Achse abschalten (der Munga wies diese Einrichtung anfänglich ebenfalls auf), auch gab es ein selbstsperrendes Hinterachs-Differential. Doch weder der Stuttgarter noch der Bremer vermochten den Munga zu schlagen, und so blieben sie in kleiner Stückzahl gefertigte Versuchsfahrzeuge, die von Liebhabern heute sehr gesucht sind.

Die Italiener kamen 1950 aufs Allrad-Terrain mit ihrem Fiat Campagnola. Ältere Exemplare sind nur sehr schwer aufzutreiben. Ebenso selten sind die wenigen von Alfa Romeo gebauten Allradfahrzeuge auf Basis des 1900, 1950/51 als Typ Folle vorgestellt und dann, bis 1955, durch den 1900 Matta ersetzt. Ein etwas größeres Fahrzeug ist der italienische OM Leoncino NC Diesel, 1965 eingeführt. An Popularität hat der Campagnola sie alle weit übertroffen.

Die Franzosen hatten schon 1929/30 ihren Berliet 4×4 Typ VURB 2, dann diverse Latil, Delahaye und Peugeot mit Allradantrieb. Sie erreichten alle keine hohen Stückzahlen. Abgesehen von reinen Spezialfahrzeugen für die Armee, gab es keine auch auf dem zivilen Markt angebotenen Geländewagen – bis Citroën 1959 mit der Sahara-Ente kam. Diese Ausführung des 2 CV wies vorn und hinten je einen Motor auf, ein Prinzip, das eigentlich gar nicht so neu war und auch später immer

Oben links: Porsche Allradwagen Baujahr 1957. Dieses Auto ging zugunsten des DKW Munga seinerzeit nicht in Serie. Rechts daneben ein Austin Champ, dessen Vierzylindermotor von Rolls-Royce hergestellt wurde.

wieder praktiziert wurde. Einen Sahara-2 CV kann man in Frankreich durchaus noch ausfindig machen.

Zu den Außenseitern, die man nur mit viel detektivischem Spürsinn bei Automobil-Antiquaren findet, gehören die älteren DAF-Geländewagen, Tatra oder Steyr aus den vierziger Jahren, allradgetriebene Moskwitsch 411, Minerva M20 aus Belgien (Basis Land-Rover) oder Humber FWD 4 x 4 »The Box«, Englands einziges allradgetriebenes Personenfahrzeug der kleineren Kategorie während des zweiten Weltkriegs.

Größere und schwere Allrad-Fahrzeuge eignen sich dann auch weniger zum Off-Road-Vergnügen à la Suzuki SJ oder Toyota Landcruiser. Viel mehr sind Boliden von der Größenordnung eines Borgward 2000, Dodge WC oder Allrad-Opel-Blitz eher für den Umbau in Expeditions-Wohnmobile geeignet, Arbeiten, vor denen nostalgisch orientierte Weltenbummler durchaus nicht zurückschrecken. Verhältnismäßig preisgünstig sind die Allradfahrzeuge der Lkw-Größenordnung meist zu haben, schon weil der Interessentenkreis hierfür recht klein ist und Anbieter sich schwertun, die massiven Vehikel mit ihren konsumfreudigen, volumigen Motoren an den Mann zu bringen. Das große Abenteuer unter fernen Breitengraden an Bord eines bulligen Sauriers zu erleben, der alles niederwalzt, was sich ihm vor die grobstolligen Reifen stellt, dem kein Terrain zu schwer, kein Klima zu extrem, kein Zuladegewicht zu groß ist – dafür lohnt sich so manche hohe Spritrechnung, argumentieren die Liebhaber des Superlativ-Off-Road-Sports. Gegen einen 1982er Chevi Blazer würden sie ihren 30 bis 35 Jahre alten Dodge T 214 Weapon Carrier nie im Leben vertauschen wollen . . .

Rauhbeiner mit Zweiradantrieb

Ein 4 x 2 kann auch geländegängig sein

Nicht alles, was nach Jeep aussieht, muß auch Vierradantrieb haben. In den fünfziger und sechziger Jahren wurden von der Willys Motors Inc. eine Reihe von Jeeps mit Zweiradantrieb auf den Markt gebracht, zu denen auch der beliebte Jeepster zählt, jener von Brooks Stevens entworfene Freizeitwagen, den es als Tourer und Kombi gab.

Daß der legendäre VW-Kübelwagen der Weltkrieg-II-Ära ebenfalls ein 4 x 2 war, überraschte vor allem immer wieder Skeptiker, die seine Geländetauglichkeit in Zweifel zogen, und auch sein Nachfolger, der ab 1969 angebotene VW 181, hatte als 4 x 2-Hecktriebler allenfalls – auf Sonderwunsch – ein Sperrdifferential. Bis zum Spätsommer 1970 stattete Wolfsburg den 181 mit dem 1493-ccm-Motor des VW 1500 aus, dann erhielt er den 1584-ccm-Motor des 1600ers. Mit 48 statt 44 PS Leistung wartete das Aggregat ab März 1973 auf. Diese Version kam aber schon aus Mexiko zu uns herüber, wo der VW 181 seit dem Sommer 1972 ausschließlich fabriziert wird.

Geländewagenmäßig gibt sich auch der in Brasilien hergestellte Gurgel-Volkswagen (eine Ausführung, das Modell X 12, lieferte Gurgel indessen auch als 4 x 4), und die Reihe solcher von Serien-Limousinen abgeleiteten Off-Road-Verschnitt-Automobilen läßt sich beliebig fortsetzen. Vom Renault R4 gibt es beispielsweise nicht nur eine Allrad-, sondern auch eine Art Kübelwagen-Version, 1969 auf serienmäßiger Frontantricbs-Basis vorgestellt; 1976 kam der R4, drei Jahre zuvor schon der R6 als Typ Rodeo heraus – Transport- wie Spaß-Mobile mit Faltverdeck nach Citroën-Méhari-Art (den es inzwischen ja auch als 4 x 4 gibt). Den 4 x 2-Méhari mit verfremdeter – in Deutschland sogar zugelassener – »Sherpa« – Karosse von Fiberfab darf man dem selben Club zuordnen. Die Rodeo-Autos erhält man auf Wunsch auch mit festem Dachaufsatz, der in seiner Form an den Matra Rancho von Talbot erinnert. Auf dem Citroën 2 CV basiert auch der in Griechenland herge

Citroën Méhari, ein praktisches Allround-Fahrzeug, 1968 vorgestellt. Anfänglich hatte der Wagen nur Vorderradantrieb. Der deutsche TÜV mag das Auto leider wegen seiner Kunststoff-Karosserie nicht.

Ganz oben:
Mercedes-Benz 230 SV
von 1935 auf einer der
damals üblichen
Geländetouren. Ein 4 x 2
ist auch der
VW-Kübelwagen Typ 82
rechts daneben. Das
große Foto zeigt einen
Mercedes-Benz-Kübel
Typ 290 von 1938,
dessen Einstiege mit
Segeltuchklappen
verschlossen werden
konnten.

stellte Namco Pony, ein attraktiver 4 x 2, der sogar als Bausatz zu haben ist und in der Schweiz für 7000 Franken (nur Aufbau) angeboten wird. Derlei frontgetriebene Freizeitautos nennt man in Frankreich nicht Tout Terrain, ein Begriff, der den 4 x 4 zukommt, sondern Tous Chemins. Italienische Hersteller und Karosseriefirmen bieten sie auch an, etwa in Gestalt des Fiat 127 oder Panda von Moretti oder Coriasco. Sie sind Allzweck-Automobile, aber keine ausgesprochenen Geländewagen, sollen es auch kaum sein. Ihr Frontantrieb kann auf normalen Straßen, vor allem bei Schnee oder Nässe, von großem Vorteil sein; am Geländehang ist man mit einem heckgetriebenen 4 x 2 weit besser dran.

In Manchester, England, versuchte 1979 ein Ford-Konzessionär, einen kleinen 4 x 2 mit Escort-Motor zu vermarkten, ein praktischer Allzweckwagen, der zwar gute Fahrleistungen, auch in rauhem Terrain, bewies, aber – wie alle Fahrzeuge ähnlicher Konzeption – allenfalls ein Sperrdifferential aufwies. Rund 50 Exemplare des Yak, der fälschlicherweise als »Allradfahrzeug« durch die deutsche Presse geisterte, wurden in Manchester gebaut und für je 10 000 Mark auch verkauft.

Kübelwagen fürs Militär waren auch nicht immer vierradgetrieben. Gerade in den dreißiger Jahren gab es fast von jedem gängigen Personenwagenmodell eine Militärversion als Kübelsitzer, meist ohne Türen, und

die abenteuerlichen Autos mit ihrer Tarnbemalung hatten, um im Gelände nicht gleich steckenzubleiben, allenfalls einen höhergelegten Aufbau. In vielen Geländesport-Wettbewerben, wie sie im Dritten Reich an der Tagesordnung waren, absolvierten Kübelwagen der Marken Adler, Wanderer, Mercedes-Benz, Stoewer, Hanomag, Opel oder Audi harte Prüfungen. Es handelte sich ausnahmslos um 4 x 2-Fahrzeuge, und ihre Besatzungen mußten viel Muskelkraft, Schweiß und Kunststücke aus der Trickkiste aufbringen, um in den knappen Sollzeiten quer durch Ostpreußen, durch die Mark Brandenburg oder den Harz zu gelangen. Off-Road-Abenteuer im Sportzweisitzer, ohne Vierradantrieb, ohne Sperrdifferential, allenfalls mit grobstolligen Reifen und einem Beifahrer, der über eine gute akrobatische Grundausbildung verfügte – das war ein Sport für harte Männer. Daß man einem VW 82 nicht unbedingt Allradantrieb auf den Weg geben mußte, leuchtet heute durchaus ein, wenn man sich von den Leistungen damaliger 4 x 2-Wagen im Gelände ein Bild macht. Aber auch von denen, die diese Fahrzeuge pilotierten. Athletische Kraftakte ersetzten oft genug die zweite Triebachse. Und das mutete das Pentagon in Washington seinen G.I.s schon nicht mehr zu, als es 1940 jenen Wettbewerb zu einem geländegängigen Personenwagen ausschrieb, der unbedingt ein 4 x 4 zu sein hatte . . .

Ganz oben: Renault Rodeo 1300 von 1980 mit Renault-R-6-Mechanik; die Karosserie ist wie beim Méhari aus Kunststoff. Links darunter der heute in Mexiko produzierte VW 181, von dem auch viele bei der Bundeswehr laufen; rechts daneben der ebenfalls auf dem VW basierende Jeg, gebaut in Brasilien. Dieser Wagen ist allerdings auch mit Vierradantrieb lieferbar.

Fahren im Gelände

Sonntag, 1. Juni 1980, mitten in der Sahara. Drei Chevrolet-Blazer-Geländewagen mit massigen Wohnmobilaufbauten auf der berüchtigten Hirhafok-Piste Richtung Hoggar-Massiv. Otfried Reitz, Anführer des Konvois, beschreibt in seinem Tagebuch Straßenzustand und Stimmung: »Anfänglich ist die Piste recht gut ausgebaut, doch an einer steilen Stelle verwandelt sie sich plötzlich in eine von tiefen Gräben durchzogene Schotterrinne, die zu allem Übel stark nach rechts abfällt. Es gilt, die Ideallinie zu finden und die tiefsten Längsgräben möglichst mitten zwischen die Räder zu nehmen. Im Schrittempo arbeiten wir uns hinunter, die fast drei Meter hohen Aufbauten schwanken verdächtig. Hier zahlt es sich aus, daß unsere Fahrzeuge mit verstärkten Federn ausgerüstet sind. Ein Wagen nach dem anderen besteht diese Bewährungsprobe, Mut und Stimmung steigen. Über uns kreisen majestätisch zwei Adler, die, deutlich von unten sichtbar, in den steilen Felstürmen ihre Horste gebaut haben. Wir sind froh, daß es keine Geier sind – das wäre ein schlechtes Omen gewesen.«

Daß die abenteuerlustige Gesellschaft bei ihrem gewagten Trip durch die Steinwüste des Hoggar-Gebirges von den Geiern verschont blieb, war nicht zuletzt der Umsicht zu verdanken, mit der die schweren Geländefahrzeuge bei jeder Rast durchgecheckt wurden. Nicht nur Wüstenfahrer freilich tun gut daran, in regelmäßigen Abständen eine Sicherheitskontrolle durchzuführen, auch beim täglichen Einsatz in heimatlichen Gefilden empfiehlt es sich, vor dem Start nach dem Rechten zu sehen.

Jedem Geländewagenfahrer sollte es in Fleisch und Blut übergehen, vor jedem größeren Ausflug die Reifen auf Einschnitte und Beschädigungen aller Art zu untersuchen. Begibt man sich achtlos mit derartigen Schäden auf die Straße, kann es passieren, daß der Wagen bei hoher Geschwindigkeit durch einen Reifenplatzer jäh aus der Bahn geworfen wird. Davor schützt auch der eingeschaltete Allradantrieb nicht. Auch müssen die Radmuttern viel öfter als bei einem Pkw auf festen Sitz überprüft werden – die Beanspruchung von Rädern und Radaufhängung ist im Gelände ja ungleich höher als auf der Straße. Nicht vergessen darf man, den Luftdruck den jeweiligen Bodenverhältnissen anzupassen.

Wer nicht von Motor-, Getriebe-, Achs- oder Bremsenschäden überrascht werden will, sieht vor dem Start nach, ob sich unter dem Wagen Lachen von Kraftstoff, Öl, Wasser oder Bremsflüssigkeit gebildet haben. Treibstoff- und Bremsleitungen können im Gelände leicht beschädigt werden – wer das nicht bedenkt, erlebt früher oder später eine böse Überraschung. Handtellergroße Ölpfützen unter den Achsdifferentialen deuten meist auf ernsthafte Beschädigungen hin: Haarrisse, Bruchstellen, zerstörte Dichtungen. Wenn bei Fahrzeugen mit Klimaanlage Wasser abtropft, ist das meist nicht tragisch: Es handelt sich nur um harmloses Kondenswasser. Tritt dagegen Kühlflüssigkeit aus, muß man der Sache unverzüglich auf den Grund gehen. Ansonsten drohen durch Überhitzung kapitale Motorschäden. Alle Kühlwasserschläuche müssen regelmäßig auf Risse, scharfe Knicke, brüchige Stellen und lockere

Befestigungsschellen überprüft werden. Es schadet auch nichts, wenn man sich gelegentlich davon überzeugt, ob die Vorderseite des Wasserkühlers nicht mit Gras, Blättern, Schmutz oder Insekten verklebt ist. Nur ein sauberer Kühler kann seine Aufgabe ordentlich erfüllen. Bei Fahrzeugen mit Servolenkung und Automatikgetriebe nicht vergessen, hin und wieder nach dem Flüssigkeitsstand der Servoanlage und nach dem Ölstand im Getriebegehäuse zu sehen! Den Motorölstand zu kontrollieren hat nur Sinn, wenn der Wagen auf einem absolut ebenen Platz steht. Eine Ölstandskontrolle im Gelände führt meist zu völlig falschen Ergebnissen.

Ein defekter Keilriemen hat schon oft zu unangenehmen Pannen geführt. Regelmäßige Kontrolle ist daher unerläßlich: Die Riemen dürfen nicht zu locker, nicht zu sehr abgenutzt und auch nicht mit Öl verschmiert sein. Eine gepflegte Batterie mit vorschriftsmäßigem Säurestand und korrosionsfreien Polen ist die beste Garantie dafür, daß es beim Anlassen des Motors keine Schwierigkeiten gibt.

Nicht alle 4 x 4-Besitzer bewegen ihr Fahrzeug vorwiegend im Gelände. Deshalb sollte ein Allrad-Automobil auch gute Fahreigenschaften auf der Straße haben.

Fahren auf der Straße

Geländewagen sind fürs Gelände gebaut – doch zumindest in unseren Breiten werden die vierschrötigen Allradkraxler überwiegend auf der Straße bewegt. Marketing-Spezialisten wollen festgestellt haben, daß 80 Prozent der Four-Wheel-Driver mit ihrem Wagen so gut wie nie die asphaltierte Bahn verlassen. Das hat vielfältige Gründe: Zum einen ist nutzbares Gelände überall in Mitteleuropa Mangelware, Feld- und Waldwege sind für Off-Road-Amateure genauso tabu wie Kiesgruben und Wildwasserdurchfahrten. Wer die Verbotsschilder mißachtet, wird fürchterlich zur Kasse gebeten. Zum anderen besteht für die meisten Geländewagenbesitzer ja so gut wie nie tatsächlich die Notwendigkeit, die feste Straße zu verlassen: Die Allradautos werden doch überwiegend als Familienkutsche oder als Zugwagen, als Kombi oder als kompaktes Stadtfahrzeug mit geringem Parkraumbedarf genutzt.

Man sollte sich nichts vormachen – auf Landstraßen und auf Autobahnen ist das Fahrverhalten der meisten Geländeautos unter aller Kritik. Die meist senkrecht hochragenden Aufbauten bieten dem Seitenwind hervorragende Angriffsflächen, bei Fahrzeugen mit kurzem Radstand ist der Geradeauslauf auch bei Windstille oft miserabel, die Lenkpräzision läßt in vielen Fällen arg zu wünschen übrig. Die auf hohe Belastung ausgelegten Federn und Stoßdämpfer sind nicht in der Lage, feine Querrillen und Bodenwellen glattzubügeln, Nick- und Schaukelbewegungen machen längere, mit relativ hoher Geschwindigkeit gefahrene Autobahnpassagen für die Insassen zur Tortur.

Vorsicht geboten ist vor allen Dingen dann, wenn die Straße regennaß, der Vorderradantrieb aber aus Bequemlichkeit oder Sorglosigkeit nicht eingeschaltet ist: Schon bei Kurvengeschwindigkeiten, die von Personenautofahrern gar nicht kritisch empfunden werden, kann es passieren, daß die Fuhre unvermittelt hinten ausbricht, sich querstellt oder gar völlig dreht. Schuld daran sind unter anderem die grobstolligen Vielzweckreifen, die auf ihren harten Profilklötzen stets danach trachten, bei der erstbesten Gelegenheit seitlich wegzuschmieren. Auch wirkt sich der Umstand, daß die Hinterachse bei leerem Fahrzeug meist nur ungenügend belastet ist, negativ auf die Kurvenstabilität aus.

Vorsichtig umgehen sollte man auf nasser und erst recht natürlich auf verschneiter und vereister Straße mit dem Schalthebel: Wer beim Herunterschalten den Motor nötigt, unvermittelt eine wesentlich höhere Drehzahl anzunehmen, riskiert, daß zumindest eines der angetriebenen Räder plötzlich durchdreht und damit seine Seitenführungskraft einbüßt. Besser ist es, vor dem Wechsel in den nächst niedrigen Gang die Fahrt rechtzeitig durch Gaswegnehmen zu verlangsamen, dann behutsam zu schalten und die Kupplung bei niedriger Motordrehzahl langsam wieder greifen zu lassen.

Aber auch bei eingeschaltetem oder permanentem Allradantrieb sollte man sich keineswegs so sicher fühlen wie in Abrahams Schoß: Fahrversuche der Kölner *Auto Zeitung* mit einem Toyota Tercel 4WD haben ergeben, daß auch allradgetriebene Fahrzeuge nicht immun sind gegen die Aquaplaninggefahr. Die Vorderräder schwimmen genauso rasch auf wie bei Autos mit Einachsantrieb, bloß merkt's der Fahrer nicht: Die ebenfalls angetriebenen Hinterräder laufen in der von den Vorderrädern weitgehend entwässerten Spur, haben also relativ guten Bodenkontakt; die starre Kraftverbindung zwischen Hinter- und Vorderachse sorgt dann dafür, daß die Vorderräder auch bei hoher Geschwindigkeit nicht durchdrehen können – obwohl sie längst den Kontakt zur Fahrbahn verloren haben.

Aquaplaning

In krassem Gegensatz dazu stehen die Werbesprüche mancher Hersteller. Toyota preist den Tercel mit den Worten an: »Denken Sie an Aquaplaning bei Tempo 120 – der Allrad-Antrieb gibt mehr Sicherheit.« Und Subaru will den Autofahrern weismachen: »Wasserglätte – hier sind Subaru-Fahrer überlegen.« Sie sind es nicht, genauso wenig wie die Fahrer eines Mercedes G, eines Nissan Patrol, eines Ford Bronco oder Chevrolet Blazer. Ein Trost: Je schwerer das Fahrzeug ist, desto geringer die Gefahr, daß die Vorderräder in wassergefüllten Rinnen oder Pfützen den Kontakt zur Straßenoberfläche verlieren.

Was den Rollwiderstand dagegen betrifft, wirkt sich ein hohes Fahrzeuggewicht eher negativ aus, und zwar nicht nur auf der Straße, sondern auch im Gelände. Je rauher der Untergrund, desto höher der Rollwiderstand, und desto größer natürlich auch der Kraftaufwand, der erforderlich ist, um den Widerstand zu überwinden. Geländewagenbesitzer, die überwiegend auf Asphaltstraßen fahren, werden am hohen Treibstoffverbrauch rasch merken, daß es auch mit dem Luftwiderstandsbeiwert ihres Autos nicht zum besten steht.

Besonders hoch ist der Luftwiderstand bei Fahrzeugen, die offen gefahren werden: Hinter der Windschutzscheibe bilden sich starke Luftwirbel, der Benzinverbrauch schnellt dramatisch in die Höhe. Deshalb ist es ratsam, bei Autobahntouren das Verdeck geschlossen zu halten.

Daß viele Geländewagenproduzenten trotz der drastisch gestiegenen Treibstoffpreise nicht im Traum daran denken, ihren Produkten eine windschlüpfigere Karosserie zu verpassen, hängt wohl in erster Linie mit den Wunschvorstellungen der Kunden zusammen: den meisten Jeep-Käufern ist das nostalgisch-kantige Erscheinungsbild ihres Wagens viel wichtiger als c_w-Wert und Benzinverbrauch.

Ein heikler Punkt bei Geländewagen mit schmalbrüstiger Motorisierung: Überholen auf der Landstraße. Auch mit einem dieselmotorgetriebenen Allradauto kann man dabei schnell ins Gedränge kommen. Wer von einem quicklebendigen Personenwagen auf ein schwerfälliges Geländeauto umsteigt, sollte sich im klaren darüber sein, daß Überholvorgänge im Extremfall doppelt so lange dauern können wie gewohnt. Vorausschauendes Fahren ist deshalb oberstes Gebot, Überholen vor Kuppen und unübersichtlichen Kurven sträflicher Leichtsinn. Nur wenige Geländefahrzeuge sind so stark motorisiert, daß man sie wie einen normalen Pkw bewegen kann.

Viele Modelle sind auch beim Bremsen mit Vorsicht zu genießen, vor allem dann, wenn es sich um Varianten mit kurzem Radstand handelt. Originalton Betriebsanleitung Toyota Landcruiser: »Wenn es zu vermeiden ist, machen Sie keine plötzlichen Notbremsungen aus hohen Geschwindigkeiten. Fahrzeuge mit kurzem Radstand können leicht ausbrechen . . . Machen Sie sich daher bei einer Notbremsung darauf gefaßt, daß Sie schnell reagieren müssen, um die Fahrzeugbeherrschung nicht zu verlieren . . .« Deutlicher kann man es wohl nicht sagen. Auf nasser oder schmieriger Fahrbahn ist die Gefahr besonders groß, daß sich der Wagen beim Bremsen unvermittelt querstellt. Zwar hat die Industrie mittlerweile Systeme entwickelt, die auch bei Gewaltbremsungen auf vereister Straße optimale Spurstabilität garantieren, doch werden derartige Anlagen bislang nirgends für Geländewagen angeboten.

Fahren im Gelände

Der ideale Geländebezwinger ist leicht, beweglich und kräftig motorisiert. Bodenfreiheit, Böschungswinkel und Rampenwinkel sind optimal, die Achsen können sich extrem verwinden, die Räder sind groß. Ein so gebautes Auto würde genauso spielend mit schlüpfrigen Wiesen, zerfurchten Waldwegen, schroffen Schotterhängen und sandigen Wüstenpisten fertig. Doch optimale Geländegängigkeit und dazu noch gute Straßentauglichkeit lassen sich nur schwer unter einen Hut bringen. Zwar werden durch einen kurzen Radstand Wendigkeit und Kletterfähigkeit verbessert, Nickschwingungen ohne Ende auf der Straße aber sind der Preis, der dafür gezahlt werden muß. Ebenso zweischneidig ist es, den Wagen extrem hochbeinig zu machen und damit für eine hervorragende Bodenfreiheit zu sorgen: Im Gelände macht sich das in den meisten Fahrsituationen sehr positiv bemerkbar, auf der Straße aber wird die Fahrsicherheit gravierend beeinträchtigt.

Da es sich bei nahezu allen Geländewagen, die auf dem Markt zu haben sind, um mehr oder weniger gelungene Kompromisse handelt, erfordert der Umgang mit diesen Fahrzeugen eine Menge Einfühlungsvermögen. Besonders dann, wenn man die wohlvertraute Asphaltstraße verläßt, muß man sich mit viel Fingerspitzengefühl und Sachverstand auf die Eigenheiten des rollenden Untersatzes einstellen.

Das Anfahren

Auf schlammiger oder sandiger Piste sind die Verhältnisse völlig anders als auf festem, ebenem Untergrund. Die Probleme beginnen meist schon beim Anfahren. Anfänger machen gern den Fehler, den Motor zunächst auf hohe Drehzahlen zu bringen und dann die Kupplung einzurücken. Unausweichliche Konsequenz: Die Räder drehen durch und wirbeln meterhohe Schlamm-, Sand- oder Staubfontänen in die Luft. Der Wagen aber bewegt sich keinen Zentimeter von der Stelle. Alte Hasen wissen: Es hat keinen Sinn, auf glattem Untergrund mit Vollgas anzufahren. Es genügt ein Minimum an Drehkraft, um die Räder auf der Stelle rotieren zu lassen. Nur wer behutsam Gas gibt, die Kupplung vorsichtig und so früh wie möglich kommen läßt, hat eine Chance. Haben die Reifen erst einmal gepackt, kann man die Geschwindigkeit allmählich steigern. Dabei unbedingt heftige Gasstöße vermeiden – die Räder würden sofort wieder auf der Stelle drehen.

Fahren im Sand

Auf Sand und Staub kann das Fahren genauso schwierig sein wie auf Eis und Schnee. Daß man in der Wüste vor Überraschungen nie sicher sein kann, ist eine Binsenweisheit. Auszug aus dem Tagebuch von Otfried Reitz:
»Noch 70 Kilometer bis zur Arak-Schlucht. Die Landschaft war abwechslungsreich und vielseitig. Reg-Wüsten wechselten mit Felslandschaften, rechts der Piste türmten sich riesige Dünen auf. Die Dünen waren nach unserer Schätzung mehrere hundert Meter hoch – ein riesiges Sandgebirge. Überwältigt von diesem Anblick und leicht geblendet vom sehr tief liegenden Sonnenlicht übersah ich dann eine riesige Querrille, die sicher noch vom Bau der Trans-Sahara-Straße herrührte. Die Rille war gefüllt mit Lockersand, dem von Wüsten-Fahrern gefürchteten ›Fech-Fech‹. Mit Vollgas versuchte ich das gefährliche Hindernis zu umfahren – was auch gelang: Vor dem Verlassen der Hauptstraße hatte ich vorsichtshalber das Reduziergetriebe eingeschaltet. Plötzlich bekamen alle vier Räder wieder festen Untergrund zu fassen, der vier Tonnen schwere Wagen schoß wie eine Rakete aus dem Sandloch. Was ich allerdings zu spät bemerkte: eine zweite Rille sofort hinter der ersten – und die war noch viel tiefer! Nur nicht bremsen, dachte ich, sonst bleiben wir unweigerlich stecken. Folge: An der zweiten Rillenkante schlug der Wagen mit der Vorderachse so hart auf, daß sich das ganze Fahrzeug aus den Federn hob und mit einem gewaltigen Bocksprung über das Hindernis setzte. Ich hing plötzlich unter dem Dach, schlug mit dem Kopf fürchterlich gegen eine Strebe. Zweimal noch federte der Wagen so stark durch, daß man hörte, wie die Gummi-Pralldämpfer gegen den Achskörper schlugen – dann war der Spuk vorbei, wir standen wieder auf festem Untergrund . . .«
Die Lehre, die Otfried Reitz aus diesem Erlebnis zog, sollten sich alle Wüstenfahrer ins Fahrtenbuch schreiben; »Die riesigen, scheinbar hindernislosen Sandfelder sind heimtückisch. Oft erkennt man versandete Stellen und Hindernisse erst im letzten Moment.«
Dabei hatte der Österreicher noch Glück im Unglück: Leicht hätte sich das Fahrzeug nach vorn überschlagen können – diese Gefahr besteht immer, wenn man mit Vollgas in eine sandgefüllte Mulde donnert, der

Wagen dann aber in voller Fahrt durch ein verborgenes Hindernis brutal gestoppt wird. (Das Gleiche kann beim Durchqueren eines Schlammlochs oder einer Schneewehe passieren!) Vorsichtige Piloten halten rechtzeitig an, steigen aus und erkunden zu Fuß, ob sich die kritische Stelle problemlos durchfahren läßt.

Das ist natürlich leichter gesagt als getan: Wer bei einem Wüstentrip über viele tausend Kilometer vor jedem Sandhaufen stehen bleiben wollte, käme langsamer voran als ein Kameltreiber. Man riskiert's einfach und freut sich, wenn man die gefährliche Passage heil hinter sich gebracht hat. Auch noch etwas anderes spricht dagegen, im losen Sand, im Schlamm oder im Schnee allzu betulich Gas zu geben: Wenn die Fuhre zu langsam wird, siegt die Massenträgheit über das Traktionsvermögen, der Wagen bleibt schließlich mit aufheulendem Motor stehen, die Räder wühlen sich in Sekundenschnelle ein. Es gilt vielmehr, sich auf einen gesunden Tempo-Kompromiß einzuschießen: nicht zu schnell, aber auch nicht zu langsam. Bestimmte Streckenabschnitte lassen sich selbst bei eingeschaltetem Reduziergetriebe nur mit einer gehörigen Portion Schwung meistern. Übung und Erfahrung machen hier den Meister. Anfänger sollten sich langsam an die Hemmschwelle herantasten, die überwunden werden muß.

Wer den Luftdruck reduziert (auf 0,5 bis 0,8 bar je nach Beladungszustand), verbessert das Fahrverhalten des Wagens; die Aufstandsfläche wird merklich vergrößert, der weicher gewordene Pneu paßt sich der Oberfläche an. Sobald genügend Luft abgelassen ist, zeigt sich an der Standfläche eine merkliche Ausbuchtung der Reifenflanke. Man muß allerdings wissen, daß die Walkarbeit bei reduziertem Luftdruck viel größer ist als bei Normaldruck. Das Material erwärmt sich sehr stark, der Verschleiß ist wesentlich größer. Vor allem der Reifenunterbau leidet darunter, wenn der Luftdruck niedriger ist als normalerweise vom Reifen- oder Fahrzeughersteller vorgeschrieben. Deshalb den Druck unbedingt wieder auf das gewohnte Maß bringen, wenn der Untergrund wieder fest und griffig ist! Auf der Straße oder auf fester Erde kann es nicht schaden, wenn der Luftdruck um 0,2 bis 0,3 bar höher ist als vorgeschrieben: Der Reifen rollt leichter ab, die Lebensdauer wird größer.

Schwere Reifenschäden sind zu erwarten, wenn mit stark vermindertem Luftdruck über Pisten gefahren wird, die mit scharfkantigem Geröll übersät sind. Zwar läßt sich die Bodenhaftung auch hier durch Luftdruckreduzierung spürbar verbessern, doch besteht die Gefahr, daß die Geröllkanten sich tief in Gummi und Reifenunterbau bohren und dabei zerstörerisch wirken. Besonders groß ist die Zerstörungskraft, wenn die Felge durchschlägt und den Reifen dabei abquetscht.

Erfahrene Wüstenfüchse schwören auf Ballonreifen oder superbreite Rennwagenslicks, Spezialpneus ohne Profil also. Begründung: Ein Reifen mit Profil tendiert auch auf lockerem Untergrund immer dazu, sich einzugraben – ein Slick schwimmt auf der Oberfläche. Und das tut er um so besser, je breiter er ist. Auch hat es sich bewährt, auf Abenteuerreisen stets Schläuche einzuziehen. Aus schlauchlosen Reifen entweicht rasch die Luft, wenn die Felgen auf holperiger Piste eingebeult werden. Auch ist es möglich, mit einem Schlauchreifen noch eine gewisse Strecke weiterzufahren, wenn sich Dornen oder andere spitze Gegenstände in die Karkasse gebohrt haben.

Schläuche in schlauchlose Reifen

Fahren auf Pisten und trockenen Naturwegen

Viele Gelände-Greenhorns halten es für angebracht, unbekanntes Terrain im Rallyestil zu bezwingen. Dabei orientieren sie sich oft an falschen Vorbildern. Doch eine Rallye Paris–Dakar ist für vernünftiges Geländefahren absolut kein Maßstab: Die Teilnehmer werden in erster Linie von ihrem sportlichen Ehrgeiz angetrieben, weniger vom Willen, sicher und wohlbehalten anzukommen. Auf das Material wird genausowenig Rücksicht genommen wie auf die eigene Gesundheit: Von den 300 bis 400 Aktiven, die in Frankreich starten, kommen immer nur ein paar Dutzend ins Ziel. Die meisten Paris-Dakar-Piloten bleiben mit verbogenen Achsen, defekten Getrieben, geborstenen Motoren liegen – oder mit gebrochenen Knochen.

Wer einen längeren Geländetrip heil überstehen will, rast nicht kopflos durch die Gegend, sondern zieht mit Verstand und Überlegung seine Bahn. Vernünftige Off-Road-Fahrer vermeiden es vor allen Dingen, mit dem Wagen spektakulär aussehende Sprünge auszuführen. Vertrauen Sie nicht den Werbeleuten, die uns mit bunten Bildern weismachen wollen, daß ein beherzter Jump das höchste der Gefühle ist: Ein Auto, das wochenlang einer Werbeagentur zu Diensten stand, ist nach beendeter Fotoproduktion meistens schrottreif.

Auch die Reifen werden bei Sprüngen und Hüpfern aller Art extrem stark beansprucht. Im Extremfall wird die Lauffläche beim Aufsetzen bis auf die Felge durchgedrückt. Dabei kann der Reifenunterbau irreparabel beschädigt werden. Fern der Heimat in der Wüste bedeutet das im günstigsten Fall eine Zwangspause mit zeitraubendem Reifenwechsel.

Wer mit zu hohem Tempo über steinige, rauhe Pisten brettert, ruiniert auch so kostbare Details wie Motor- und Getriebeaufhängung. Außerdem rappelt sich am Aufbau alles los, was nicht niet- und nagelfest ist.

Daß das mit der Raserei einhergehende Schütteln und Stampfen des Fahrzeugs für die Passagiere nicht gerade angenehm ist, braucht kaum sonderlich erwähnt zu werden. Vor allem die hinten Sitzenden sind arm dran: Sie springen auf ihren Sitzen wie Pingpongbälle auf und nieder und können sich, wenn sie nicht angeschnallt sind, erheblich verletzen.

Besitzer von Fahrzeugen mit Starrachs-Fahrwerk werden auf rauher Piste schnell merken, daß der Wagen bei hohem Tempo sehr stark dazu neigt, seitlich zu versetzen.

Wenig Vergnügen bereitet es auch, in den Längsrillen zu fahren, die andere Fahrzeuge hinterlassen haben. Selten paßt die Spur, man hängt immer mit zwei Rädern im Loch, die gegenüberliegenden Räder rollen 20, 30 Zentimeter höher über den Boden. Niemand kann auf diese Weise vernünftig vorwärtskommen. Das ist dann auch der Grund dafür, daß manche Pisten in der Sahara eine Breite von vielen hundert Metern haben: Jeder möchte da seine Bahn ziehen, wo noch kein anderer war.

Aber auch dann, wenn die Spurrillen den passenden Abstand voneinander haben, ist die Sache nicht unproblematisch: Weil die Räder gewissermaßen eine Etage zu tief rollen, nimmt die Bodenfreiheit unter dem Fahrzeug und vor allen Dingen unter den exponierten Achsdifferentialen auf ein Minimum ab – es dauert dann meist nicht lange, bis der Wagen vorn oder hinten aufsitzt. Verhindern läßt sich das nur, wenn man sich frühzeitig genug aus den Spurrillen herausmacht. Das aber ist nur möglich, wenn die Vorderräder in einen möglichst spitzen Winkel zur Rillenkante gebracht werden und dann gleichzeitig ordentlich Gas gegeben wird. Bei allen zaghaften Ausbruchversuchen rutscht das Auto immer wieder in die Rille zurück, die Rillenkanten erweisen sich dann als unüberwindliches Hindernis.

Wenn zwei Räder in der Längsrille laufen, die zwei anderen Räder aber ein Stockwerk höher ihre Arbeit verrichten, erweist sich eine Differentialsperre als nützlich. Sie verhindert, daß die Räder unten in der Rille, die durch die Fahrzeugschräglage stark belastet werden, stehen bleiben, die entlasteten Räder auf dem Längskamm dagegen wirkungslos durchdrehen. Man darf bloß nicht vergessen, die Sperre rechtzeitig einzulegen. Wenn man erst einmal festsitzt, ist es zum Handeln oft zu spät.

Besonders tückisch kann das Fahren auf Wegen und Geländeabschnitten sein, die stark mit Vegetation bedeckt sind: Einen Felsbrocken, einen Baumstumpf oder ein Loch wird man meist erst dann gewahr, wenn es zu spät ist. Vor allem in karstigem Gelände ist Vorsicht geboten: Das Regenwasser wäscht im kalkigen Untergrund tiefe Höhlen aus, die darüberliegende Erdoberfläche gibt nach, es bilden sich Gruben und Löcher, die zu alledem an den Rändern oft stark bewachsen und deshalb von weitem nicht auszumachen sind. Wer mit seinem Auto in eine derartige Fallgrube gerät, kann sich auf das Schlimmste gefaßt machen. Ist das Gelände unübersichtlich, bedecken Sträucher und Stauden die Oberfläche, ist es daher angebracht, so langsam wie möglich zu fahren.

Fahren im vegetationsbedeckten Gelände

Zu guter Letzt sollte man den Umweltschutzaspekt nicht außer acht lassen: Verantwortungsbewußte Geländefahrer verlassen Pisten und Wege – auch in der Dritten Welt – nur dann, wenn es unbedingt notwendig ist. Wer ziellos und mutwillig durchs Unterholz prescht, zerstört geschützte Pflanzen, vertreibt und verstört Wildtiere aller Art. Vor allem aus Gründen des Natur- und Umweltschutzes ist es in Mitteleuropa bekanntlich fast überall streng untersagt, öffentliche Wege zu verlassen. Wenn jeder nach Lust und Laune mit seinem Allradvehikel durch Wald und Flur räubern würde, sähe es bald überall aus wie auf einem Truppenübungsplatz.

Links: Fahren in vegetationsreichem Terrain erfordert besondere Vorsicht. Rechts daneben: Das Sumpf-Mobil Poncin VP 2000 hat einen 602-ccm-Motor von Citroën in der Wagenmitte und wiegt nur 680 kg.

Volle Konzentration erfordert das Fahren, wenn die Piste naß geworden ist. Die größten Schwierigkeiten bereiten dann nicht einmal schlammige, furchen- und rillenüberzogene Pfade, sondern die so harmlos erscheinenden Wiesenwege: Gräser, Wurzelballen und Erde verbinden sich unter den Gummireifen zu einer glitschig-schmierigen Schicht, die

Fahren auf nasser Piste

selbst hubraumgewaltige Allradriesen zur Kapitulation zwingen kann. Fahrzeuge mit schmalen Reifen sind hier – wie bereits erwähnt – im Vorteil gegenüber Autos mit Breitreifen: Schmale Räder können besser ins weiche Erdreich eindringen, finden schließlich Halt an einer festen, nicht aufgeweichten Bodenschicht unter der Oberfläche. Das Gaspedal darf mit dem Fuß nur gestreichelt werden – sonst drehen die Räder plötzlich durch, das Fahrzeug bricht seitlich aus und gerät außer Kontrolle. Wer in einem solchen Augenblick bremst, tut genau das Verkehrte: Blockierte Räder lassen sich nicht mehr lenken, man rutscht ins Gebüsch oder in den Graben. Wenn das Auto ausbricht, wenn also die Seitenführungskräfte zusammenbrechen, hilft nur eines: Kupplung treten und mit Gefühl, trotzdem aber entschlossen gegenlenken.

Fahren auf steinigem, felsigem Untergrund

Fürs Fahren über grobe Steine gilt im allgemeinen: Reduziergetriebe einschalten, wenig Gas geben, so langsam rollen wie nur irgend möglich. Wie beim Fahren durch tiefen Sand hat auch hierbei der linke Fuß an der Kupplung nichts zu suchen. Die Kraft muß alleine aus dem Drehmoment des Motors kommen; wer im falschen Augenblick die Kupplung tritt, nimmt dem Fahrzeug den Schwung und riskiert, daß beim Wiederanfahren die Kupplungsbeläge verbrennen.

Fahren im Schlamm

Ob man im Schlamm und im Morast vorwärtskommt, hängt davon ab, wie tief die aufgeweichte Schicht und wie zähflüssig die Masse ist. Eine dünne Lage dünnflüssigen, angetauten Erdreichs über festem Dauerfrostboden zum Beispiel bereitet keine besonderen Schwierigkeiten, besonders dann nicht, wenn der Wagen mit schmalen, seitlich profilierten Reifen ausgerüstet ist. Schwieriger wird's in bodenlosem, zähem Morast: Einerseits wächst der Fahrwiderstand dramatisch an, andererseits läßt die Traktion extrem zu wünschen übrig, weil die Räder keinen festen Halt finden können. Hier sind dann Fahrzeuge mit Breitstreifen im Vorteil oder Autos mit extrem breiten Niederdruckreifen (Solo 750 zum Beispiel). Wie Amphibien können sie das unwirtliche Element dann schwimmend überqueren. Autos mit schmalen Reifen sinken leicht bis an die Achsen ein, sitzen oft schon nach wenigen Metern fest. Begegnen kann man der Gefahr mit überlegter Fahrweise: Reduziergetriebe einschalten, sofern vorhanden, die Schlammpassage so zügig wie möglich im ersten oder zweiten Gang durchqueren. Nur nicht stehenbleiben! Auch schalten ist nicht angebracht: Während des Schaltvorganges ist der Kraftfluß unterbrochen, die Fahrt verlangsamt sich, der unbedingt notwendige Schwung geht verloren; wenn die Kupplung wieder packt, kann es schon zu spät sein, um noch verhindern zu können, daß die Räder durchdrehen.

Gräben und Bodenwellen, Böschungswinkel und Achsverschränkung

Gräben und Bodenwellen pflegen dem Vorwärtsdrang energischen Widerstand entgegenzusetzen. Wer schnurstracks auf diese Hindernisse zuschießt und versucht, sie im Sturmlauf zu nehmen, wird unter Garantie Schiffbruch erleiden. Zunächst einmal ist der sogenannte »Böschungswinkel« maßgebend dafür, ob eine Bodenwelle problemlos überquert werden kann oder nicht. Es handelt sich dabei um den Winkel, der von der Stand- oder Fahrebene und einer gedachten Linie gebildet wird, die vom Reifen zur äußersten Unterkante des Aufbaus führt. In der Regel wird ein Geländewagen vorn und hinten von den

Stoßstangen oder den Chassis-Querträgern begrenzt. Ragen die Aufbau- oder Chassisenden nun weit über die Räder hinaus, sind die Böschungswinkel zwangsläufig klein – der Wagen bohrt sich abseits ziviler Pisten bei der ersten Bodenerhebung mit dem Bug ins Erdreich. Vorzugsweise tut er das, wenn an unvermittelt sich erhebende Steigungen herangefahren wird – die Geländefahrt wird dann schnell auf unrühmliche Weise beendet. Rechtschaffende Geländewagen haben deshalb vorn und hinten möglichst kurze, manchmal sogar absichtlich hochgezogene Überhänge. Folge: Große Böschungswinkel. Weil der Böschungswinkel abhängig vom Ausmaß der Fahrzeugüberhänge ist, wird er auch »Überhangwinkel« genannt. Gemessen wird der Winkel in Grad. Mit einem Böschungswinkel von 30 Grad zum Beispiel kann man problemlos einen 30-Grad-Knick zwischen einer Ebene und einer abrupt beginnenden Steilrampe bewältigen. Zahlreiche Geländeautos haben zumindest vorne einen Böschungswinkel von 40 Grad.

Meist sind vorderer und hinterer Überhangwinkel verschieden groß. Der Ärger beginnt immer dann, wenn's vorne gerade eben gereicht hat, der Wagen hinten dann aber aufgrund eines besonders langen Überhanges aufsetzt. Anhängerkupplungen erweisen sich in der Praxis immer wieder als hinderlich: Sie verlängern den rückwärtigen Übergang und reduzieren damit den Böschungswinkel. Kupplungen mit abnehmbarem Kugelkopf sind aus diesem Grunde zweckmäßiger als starre Zugvorrichtungen. Der Böschungswinkel spielt natürlich nicht nur dann eine Rolle, wenn die Steigung oder Bodenwelle beginnt, sondern auch dann, wenn der Hang mit scharfem Knick wieder in die Ebene übergeht. Auch beim Durchfahren eines Grabens hängt viel davon ab, wie groß die Überhänge sind. Wer einen Graben auf direktem Wege bezwingen will, wird bald die Erfahrung machen, daß dies selbst bei relativ kurzen Fahrzeugüberhängen Schwierigkeiten macht: Man kommt leicht in den Graben hinein, bleibt dann aber in der Talsohle hängen, weil sich das Auto mit der Schnauze in den Gegenhang bohrt und gleichzeitig mit der hinteren Stoßstange auf dem rückwärtigen Grabenhang aufsitzt. Guter Rat ist nun teuer: Meist kann man sich aus einer derartigen Situation nur noch mit der Seilwinde befreien. Erfahrene Off-Road-Piloten wissen, daß man einen engen Graben niemals im rechten Winkel angeht, sondern im richtigen Augenblick von der Direttissima abweicht und die Fahrt schräg zur Fallinie fortsetzt. Die scharfen Ränder an der Grabensohle werden möglichst im spitzen Winkel befahren, das rechte Hinterrad beispielsweise rollt noch bergab, wenn sich das linke Vorderrad

Oben links: Bei solchen Touren kommt es auf die Bauchfreiheit an. Und der schlammige Boden sollte ohne Schaltpausen bewältigt werden! Rechts daneben: AMC Eagle beim Erklimmen einer Böschung. Die Überhänge des Wagens setzen von einem bestimmten (Böschungs-)Winkel an Grenzen . . .

bereits wieder auf dem Weg nach oben befindet. Das kann gefährlich werden.

Ein probates Mittel, um scharfe Kanten an Böschungen zu entschärfen, ist das Unterlegen mit Steinplatten: Der Knick wird soweit mit Steinen aufgefüllt, bis der Wagen mit seinen Überhängen nicht mehr aufsetzen kann. Beim Überwinden von Gräben, die kaum breiter sind als das Fahrzeug, unbedingt die Überhänge beobachten! Sitzt der Wagen erst mal auf, ist guter Rat teuer.

Ob das zum Passieren eines Grabens erforderliche Fahrmanöver gelingt, hängt nicht zuletzt auch davon ab, wie weit sich die Fahrzeugachsen gegeneinander verwinden können. Mit anderen Worten: Die »Achsverschränkung« hat maßgeblichen Einfluß auf die Geländegängigkeit eines Off-Road-Mobils. Je weiter ein Vorderrad von der Standebene angehoben werden kann, ohne daß eines der Hinterräder den Bodenkontakt verliert, desto größer ist das Maß der Achsverschränkung. Starrachsen und langhubige Federn sind der Achsverschränkung besonders förderlich. Es sind also vor allen Dingen die konventionell gebauten Geländewagen, die hier Pluspunkte verbuchen können. Ungünstig wirken sich Einzelradaufhängung, Querstabilisatoren und Zusatzfedern aus, die nicht in Achsmitte angreifen. Je besser die Achsverschränkung ist, desto eher kann man auf Sperrdifferentiale verzichten: Die Gefahr, daß diagonal gegenüberliegende Räder nutzlos durchdrehen, ist relativ gering, wenn sich die Achsen stark gegeneinander verschränken können.

Kuppen und Hügel, Bauchfreiheit und Rampenwinkel

Beim Überwinden von Kuppen kann es leicht zu einer unfreiwilligen Darbietung kommen: Der Wagen sitzt mit dem Bauch auf dem Gipfel fest, die vier Räder zappeln freischwebend in der Luft. Wenn dies nicht geschehen soll, muß die »Bauchfreiheit« entsprechend reichlich bemessen sein. Gemessen wird die Bauchfreiheit, wenn das Fahrzeug auf ebenem Untergrund steht. Maßgebend ist der Abstand zwischen dem Boden und dem Fahrzeugbauch zwischen den Achsen – von der Seite her gesehen. Wölbt sich nun beim Befahren von Kuppen und Hügeln die Fahrbahn entsprechend kräftig, kann sie so weit in den Raum zwischen den Achsen hineinragen, daß der Wagen mit dem Bauch aufsetzt.

Wie groß die Bauchfreiheit ist, hängt von der Gestaltung der Wagenunterseite, von der Größe der Räder und vom Federhub ab. In beladenem Zustand nimmt die Bauchfreiheit beträchtlich ab. Über den Daumen gepeilt sollte dieses Maß nicht kleiner sein als ein Achtel des Abstandes zwischen den Achsen.

Daß es mit einer vorzüglichen Bauchfreiheit noch lange nicht getan ist, wird derjenige feststellen, der die gleiche Kuppe einmal mit einem Auto überquert, das einen kurzen Radstand hat, und einmal mit einem Fahrzeug, das einen langen Radstand aufweist. Bei gleicher Bauchfreiheit wird der Wagen mit dem langen Radstand viel eher aufsetzen als das Auto mit den dicht hintereinanderliegenden Achsen.

Das gleiche Problem tritt natürlich auf, wenn nach dem Befahren einer ebenen Fläche ein gradlinig abfallender Hang ins Auge gefaßt werden muß. An der Abbruchkante besteht wie auf dem Grat einer Kuppe die Gefahr, daß der Wagenboden aufsetzt und dabei übel zugerichtet wird. Ob es möglich ist, ohne Schrammen am Unterboden über die Kante hinwegzukommen, hängt nicht nur von der Bauchfreiheit ab, sondern auch vom »Rampenwinkel«: Das ist die Neigung in Grad, die der Hang aufweisen darf, ohne daß der Wagen aufsitzt. Bei Fahrzeugen mit langem Radstand nun ist der Rampenwinkel aus den oben genannten Gründen ziemlich klein, Autos mit kurzem Radstand haben einen großen Rampenwinkel. Je länger der Radstand ist, desto größer muß die Bauchfreiheit sein, um zu einem vernünftigen Rampenwinkel zu kommen. Der Rampenwinkel wird begreiflicherweise kleiner, wenn das Fahrzeug beladen ist.

Noch eine weitere Größe hat entscheidenden Einfluß auf die Geländegängigkeit eines allradgetriebenen Autos – die »Bodenfreiheit« (nicht zu verwechseln mit der Bauchfreiheit). Die Bodenfreiheit wird durch diejenigen Teile festgelegt, die am tiefsten herabhängen – Achsdifferentiale, Auspuffanlagen. Bei starrachsgetriebenen Fahrzeugen ist die Bodenfreiheit – wie bereits erwähnt – deutlich geringer als bei Autos mit Einzelradaufhängung oder Portalachsen.

Die Bodenfreiheit

Die tief herabhängenden Bauteile sind um so weniger hinderlich, je näher sie an den Rädern liegen. Daher wird die Bodenfreiheit normgerecht durch ein Kreisbogenstück gemessen, das rechnerisch unter den Wagen praktiziert wird. Es beginnt und endet in der Mitte der beiden Radaufstandsflächen und wölbt sich zur Achsmitte dergestalt hin, daß es den am weitesten herabhängenden Punkt tangiert. Die Scheitelhöhe dieses halbmondförmigen Bogens, den man sich unter dem Wagen vorstellen muß, ist exakt gleichzusetzen mit der Bodenfreiheit.

Bevor wir uns näher mit den einzelnen Faktoren befassen, die für die Bergsteigeigenschaften eines Geländewagens maßgebend sind, zunächst ein Wort zu den Steigungsangaben. Es gibt zwei Möglichkeiten auszudrücken, wie steil es den Berg hinauf oder hinunter geht: in Grad oder in Prozent. Gradangaben sind völlig unproblematisch und dementsprechend eindeutig: 0 Grad hat die Ebene, 90 Grad die Senkrechte. Die beiden Extreme begrenzen also einen rechten Winkel. Jeder Grad ist exakt $1/90$ dieses Winkels.

Fahren am Berg

Prozentangaben klingen wesentlich eindrucksvoller – ist doch bei ein- und derselben Steigung die Prozentrate stets höher als die Gradquote. Irrtümlicherweise wird nun oft angenommen, daß eine 100%-Steigung nichts anderes sei als eine senkrechte Wand. Das aber ist vollkommen falsch. Eine Steigung von 100% entspricht nicht der Senkrechten (also 90 Grad), sondern bloß der Hälfte des rechten Winkels – 45 Grad. Nur die Ebene als feste Bezugsgröße wird hier wie da gleich definiert: Null Grad entspricht Null Prozent.

Ein wenig verwirrend ist es, daß eine 100%-Steigung (45 Grad!) nicht einfach in gleiche Abschnitte unterteilt werden kann, wenn man die Angaben für kleinere Steigungsraten erhalten will. Weil Prozent-Angaben sich auf ein Verhältnis zwischen vertikaler und horizontaler Ebene beziehen, werden die einzelnen Werte nicht durch Division, sondern durch Berechnung der Tangensfunktion bestimmt. Steigungsprozente sind nichts anderes als Hundertstel des Tangenswertes. Höhere Mathematik? Halb so schlimm: Jedes zusätzliche Prozent gilt um so weniger, je größer die Steigung bereits ist, auf die es noch draufgepackt wird. 10 Prozent entsprechen 5,71 Grad, 11 Prozent 6,28 Grad; es wurden also 0,57 addiert. Im Bereich von 40% Steigung (21,80 Grad) beispielsweise wird bereits deutlich weniger stark zugelegt: 41% sind nur noch 0,49 Grad mehr als 40%.

In freiem Gelände kann es natürlich ab und an erforderlich sein, Steigungen zu bezwingen, die es weitaus stärker in sich haben. Meist ist es so, daß den Piloten eher der Mut verläßt als den Wagen die Kletterfähigkeit. Steigungen von 50 bis 60%, (27 bis 31 Grad), die von den meisten Geländeautos zumindest bei trockenem Untergrund relativ problemlos bewältigt werden können, erscheinen einem fast wie eine unbezwingbare Wand, wenn man unmittelbar davor steht. An Steigungen von mehr als 70% (35 Grad) verlassen selbst den besten Kletterkünstler in der Regel die Kräfte. Der stärkste Motor und die beste Untersetzung nützen dann nichts mehr, weil die Reifen ihre Haftgrenze erreichen. Man sollte Werbeaussagen, die Käufern vorgaukeln, derartige Haftgrenzen würden überhaupt nicht existieren, äußerst kritisch unter die Lupe nehmen. Wenn ein Auto in der Lage ist, eine Steigung von mehr als 70% zu erklimmen, dann nur, wenn das Leistungsgewicht ungewöhnlich günstig ist (möglichst viele Pferdestärken je Kilo Wagengewicht), wenn eine geschickte Getriebeabstufung es ermöglicht, daß die Motorleistung in den erforderlichen Geschwindigkeitsbereichen auch voll zur Verfügung steht, und wenn die Bereifung den jeweiligen Verhältnissen optimal angepaßt ist.

Die Achslast-verteilung

Im rauhen Querfeldeinbetrieb glänzt nur derjenige Geländewagen durch beeindruckende Fahreigenschaften, dessen Gewicht möglichst gleichmäßig auf Vorder- und Hinterachse verteilt ist. Optimal auf ebener Strecke: eine Achslastverteilung von 50 zu 50%. Die Bodenhaftung ist dann an allen vier Rädern gleich gut. Bei schwer beladenen Geländefahrzeugen verschiebt sich das Verhältnis nach hinten: 60 bis 70% des Gesamtgewichts lasten auf der Hinterachse, die Vorderachse hat nur 30 bis 40% der Last zu tragen.

Ganz abgesehen davon, daß Fahrwerkschäden zu befürchten sind, wenn die zulässigen und vom Fahrzeughersteller stets genau angegebenen Achslasten überschritten werden, kann sich eine ungleichmäßige Lastverteilung am Berg als ernstes Handicap erweisen. Bei der Fahrt bergauf verschiebt sich der Schwerpunkt des Wagens ja ohnehin weit nach hinten, die Hinterachse wird viel stärker belastet als in der Ebene. Folge: Die Vorderräder neigen dazu, durchzudrehen, die Hinterräder müssen nahezu alleine mit der gesamten Last fertig werden. Je größer die Steigung, desto stärker die Belastung der Hinterachse.

Ist das Fahrzeug nun infolge falscher Beladung extrem hecklastig, kann es am Steilhang passieren, daß der Vorderwagen völlig vom Boden abhebt. Ansonsten sind am Berg normalerweise solche Wagen im Vorteil, die in der Ebene frontlastig sind. Vor allem Geländewagen mit schweren Dieselmotoren (bis zu einem Zentner Mehrgewicht gegenüber Benzinern) haben bergauf gute Karten.

Bergab sieht die Sache dann wieder ganz anders aus: Da kann der Vorteil, den man bergauf hatte, zum Nachteil werden - die Fuhre wird bedrohlich kopflastig. Weil Angaben zur Achslastverteilung guten Aufschluß über bestimmte Stärken und Schwächen im Gelände geben, sollte man beim Neuwagenkauf unbedingt nach den entsprechenden Daten fragen.

Solange der Untergrund einigermaßen fest ist, läßt die Traktion am Berg nur bei falscher Achslastverteilung, falscher Bereifung oder allzu schmalbrüstiger Motorisierung zu wünschen übrig. Je trockener und fester der Untergrund, desto besser die Steigfähigkeit. Kritisch werden die Verhältnisse erst, wenn der Untergrund naß und schlüpfrig ist oder aus losem Material besteht: Sand, Staub, Schnee, verwittertes Gestein, Kies. Auf lockerem und glitschigem Boden können die Räder keinen vernünftigen Kraftschluß zum Untergrund herstellen, die Verbindung zwischen Reifen und Fahrbahn ist nicht intensiv genug.

Verbessern läßt sich die Traktion in solchen Fällen durch die Montage besonders kräftig profilierter Reifen, durch das Aufziehen von Ketten und durch das Einschalten von Differentialsperren aller Art. Zentralsperren verhindern am Hang, daß die belastete Hinterachse stehenbleibt, die entlastete Vorderachse aber nutzlos durchdreht. Achsdifferentialsperren sorgen für gleichmäßige Traktionen auf beiden Seiten. Eine Erhöhung der Zuladung bringt – wie gesagt – mehr Nachteile als Vorteile. Die Achslast verschiebt sich nach hinten, Rollwiderstand und Steigungswiderstand wachsen an, dem Motor geht schneller die Puste aus.

Wenn Traktion und Leistung ausreichen, wenn Achslastverteilung und Bereifung stimmen, kann auch am steilsten Berg eigentlich nichts mehr schiefgehen. Die Gefahr, daß sich das Fahrzeug nach hinten überschlägt, ist dann so gering, daß man sie getrost vernachlässigen kann. Voraussetzung ist allerdings, daß man den Hang in der Fallinie befährt. Eher verläßt einen der Mut, eher stirbt der Motor ab, als daß sich der Wagen rückwärts überschlägt.

Bleibt man mitten im Steilhang wider Erwarten hängen, gibt's nur eins: Rückwärtsgang einlegen und unter vorsichtiger Betätigung der Fußbremse (Intervall- oder Stotterbremse) exakt in der gleichen Spur zurückrollen, in der man gekommen ist. Lenkrad dabei locker halten, nicht verkrampft in die Speichen fassen. Auf den letzten Metern kann man die Bremse dann getrost ganz loslassen, der Wagen wird unten sicher zum Stehen kommen. Mit Sicherheit ins Auge geht die Sache, wenn man nach gescheitertem Gipfelsturm am Steilhang versucht, zu wenden: Das Manöver kann unversehens mit einer Rolle seitwärts enden.

Das Gas am Hang so lange stehenlassen, bis die Motordrehzahl bedrohlich absinkt, dann blitzschnell runterschalten und wieder Vollgas geben – so läßt sich auch ein langes Steilstück bezwingen. Wer unten schon den ersten Gang drin hat, hat keine Reserven mehr, wenn der Motor abzusterben droht – ein einziges Mal gekuppelt und vorbei ist's mit der Himmelsstürmerei. Neuerliches Anfahren mit schleifender Kupplung gelingt nur in den seltensten Fällen. Oft geht die Kupplung

Links: Allradgetriebene Fahrzeuge sind in der Regel exzellente Bergsteiger. Der Audi 80 Quattro schafft an die 75 Prozent. Rechts daneben: Ein Suzuki auf steiler Geröllstrecke. Die Beifahrerin schaut skeptisch drein . . .

dabei drauf. Im Notfall kann man Steine und Äste unterlegen oder sich soweit zurückrollen lassen, bis die Hinterräder an einem festen Widerstand Halt finden. Am besten gelingt die Bergfahrt, wenn man überhaupt nicht schalten muß: Unten Vollgas im zweiten oder dritten Gang, Gas stehen lassen, unter gar keinen Umständen kuppeln, durchhalten bis Kuppe oder Gipfel erreicht sind.

Es gibt natürlich auch Situationen, in denen man bis zum Gipfelpunkt so viel Schwung behält, daß der Wagen oben dazu tendiert, mit allen Vieren vom Boden abzuheben und einen Luftsprung zu vollführen. Wehe, wenn es dann nach dem gerade erklommenen Grat gleich wieder mit Macht bergab geht: Das Fahrzeug landet nach kurzem Flug mit dem Heck zuerst auf der vorher nicht erkennbaren Gefällstrecke, gerät augenblicklich außer Kontrolle und trudelt den Berg hinab wie ein in Brand geratener Doppeldecker. Kluge Off-Road-Piloten nehmen kurz vor dem Scheitelpunkt Gas weg, wenn sie merken, daß sie zuviel Schwung drauf haben. Wer das Gas richtig dosiert, bringt das Auto selbst auf einer schmalen Kuppe sicher zum Stehen. Von da aus kann man dann in aller Ruhe erkunden, ob es ratsam ist, die Fahrt in der einmal eingeschlagenen Richtung weiter fortzusetzen, oder ob es besser ist, zum Rückzug zu blasen.

Wer noch keine Erfahrung hat, sollte in einer Kiesgrube das Befahren von Steilhängen fleißig üben, bevor er sich zum großen Trip durch die Schluchten des Balkan oder Hindukusch aufmacht. Unterwegs hat man meist nur eine einzige Chance, bestimmte Geländehindernisse erfolgreich zu nehmen. Wer im falschen Augenblick zögert, kann sich oft nur noch mit der Winde aus der Klemme befreien. Bei alledem soll freilich nicht geleugnet werden, daß man neben Gefühl und Verstand auch noch etwas anderes braucht, um im Gelände zurecht zu kommen: Herz, und davon nicht zu wenig.

Schrägfahren am Hang – der Kippwinkel

Zu den schwierigsten Manövern gehört es, einen Hang quer zu befahren. Hier sind Mut und Ehrgeiz fehl am Platz, nur mit Gefühl und viel Erfahrung läßt sich die Situation meistern. Das Querfahren ist deshalb so riskant, weil von einem bestimmten Neigungswinkel an die Gefahr besteht, daß der Wagen zur Seite kippt und sich hangabwärts überschlägt. Wie früh die kritische Grenze erreicht wird, hängt vor allem davon ab, ob das Fahrzeug einen hohen oder niedrigen Schwerpunkt hat: Je höher der Schwerpunkt, desto größer die Kippgefahr. Besonders gefährdet sind die Insassen hochbeiniger Fahrzeuge mit ungewöhnlich großer Bodenfreiheit. Der Unimog zum Beispiel ist dank seiner großkalibrigen Reifen, der hochgezogenen Portalachsen und der hervorragend abgestimmten Getriebeübersetzung zwar Weltmeister im Überwinden von Hindernissen, doch am Schräghang erweist er sich als äußerst tückisch. Bundeswehrsoldaten können ein Lied davon singen.

Reduzieren läßt sich die Kippgefahr durch eine ausgewogene Verteilung der Achslast. Es gibt Geländewagen, die bereits bei einer seitlichen Neigung von 30 Grad umzukippen drohen, bei anderen Fahrzeugen wiederum liegt der Kippwinkel bei nahezu 40 Grad. Mit einem Auto, das schon bei verhältnismäßig geringer Schräglage instabil wird, hat man natürlich auch beim Befahren kurvenreicher Landstraßen Probleme.

Beim Fahren im Gelände kündigt sich das Näherkommen der Kippgrenze meist dadurch an, daß der Wagen hangabwärts ins Rutschen gerät. Auf trockenem, griffigem Untergrund bleibt dieses Warnsignal allerdings fast immer aus. Nur auf nassem, glitschigem Hangboden ist die Tendenz zum seitlichen Wegschmieren spürbar ausgeprägt.

Verborgene Bodenwellen und Löcher vergrößern die Kippgefahr: Geraten die Räder, die auf der Talseite liegen, unversehens in derartige Vertiefungen, erhöht sich der Neigungswinkel schlagartig. Besonders trügerisch sind Hänge und Böschungen, die mit Gras bewachsen sind. Wenn es nicht mehr zu verhindern ist, daß der Wagen hangabwärts rutscht, muß schleunigst bergab gelenkt werden. An den Vorderrädern können sich dann wieder Seitenführungskräfte aufbauen. Wer dagegen das Lenkrad in entgegengesetzter Richtung dreht und versucht, bergauf zu fahren, riskiert, daß sich das Auto augenblicklich überschlägt.

Beim Bergab-Lenken Füße weg von der Bremse! Sobald die Räder blockieren, ist es mit den Seitenführungskräften wieder vorbei, die Fuhre fängt von neuem an, seitwärts abzudriften. Wenn nichts mehr geht, hilft nur noch eins: Aussteigen, und zwar grundsätzlich auf der Bergseite. Nur dann kann man sicher sein, nicht erschlagen zu werden, wenn der Wagen doch noch umkippt. Hat man das Fahrzeug verlassen, sollten unverzüglich Sicherungsmaßnahmen ergriffen werden. Sind Seilwinde oder Greifzug vorhanden, ist die Gefahr rasch gebannt. Ansonsten verhindern Steine und Holzklötze, daß der Wagen sich selbständig macht. Mit groben Pfählen oder starken Ästen, die von der Talseite her gegen den Aufbau gestemmt werden, läßt sich das Auto solange sichern, bis Hilfe herbeigeholt werden kann.

Das Bergabfahren

Das Bergabfahren ist für geübte Piloten selbst bei starkem Gefälle eine Routineangelegenheit. Anfänger sollten sich eine alte Autofahrerregel einprägen, die aus einer Zeit stammt, als es noch keine Scheibenbremsen und keine Leitplanken gab: Bergab immer im gleichen Gang fahren wie bergauf! Eine sanfte Steigung, die bequem im vierten Gang genommen werden kann, darf auch in umgekehrter Richtung getrost im großen Gang zurückgelegt werden, Steilstrecken aber, die sich bergauf nur in kleinen Gängen bezwingen lassen, sollten auch bergab nur in den niedrigsten Gangstufen befahren werden. Größter Vorteil dabei: Wer bergab die Geschwindigkeit dem Gefälle anpaßt, kommt weitgehend ohne Bremse aus.

Das Fahrzeug wird ausschließlich über den Motor abgebremst, die »Motorbremse« wird so zur automatischen Antiblockiereinrichtung. Es liegt am Arbeitsverfahren eines Viertaktmotors, daß dies so ausgezeichnet funktioniert. Im Schiebebetrieb setzen die Verdichtungshübe in den Zylindern dem Vortrieb so viel Widerstand entgegen, daß der Wagen wirksam abgebremst wird; der Motor kann über lange Gefällstrecken im Leerlauf arbeiten, ohne daß sich das Tempo erhöht. Ein Minimum an Antriebskraft ist ja auch im Leerlauf vorhanden. Das reicht beim Bergabfahren fürs Vorwärtskommen aus. Bei Fahrzeugen mit Zweitaktmotoren funktioniert das Ganze allerdings nicht: Das Auto wird auch im Leerlauf bergab immer schneller.

Richtiges Bremsen

Auf besonders steilen Abschnitten kann es natürlich auch bei Geländewagen mit Viertakt-Otto- oder Dieseltriebwerken passieren, daß die Reise schneller geht, als man eigentlich will. Im Extremfall können die langsam rotierenden Räder einfach vom Wagen »überschoben« werden – sie geraten ins Rutschen, obwohl sie sich weiter drehen. Mit einem wohldosierten Gasstoß läßt sich das wieder regulieren. Nachteil dabei: Die Geschwindigkeit wächst unter Umständen bedrohlich an. Dann kommt man nicht mehr umhin, die Fußbremse zu betätigen. Doch dabei ist äußerste Vorsicht angebracht. Panik- und Gewaltbremsungen führen unweigerlich dazu, daß die Räder blockieren – das Auto läßt sich nicht mehr lenken, bricht aus, stellt sich quer, knallt gegen ein Hindernis oder ein entgegenkommendes Fahrzeug.

Es gibt zwei Möglichkeiten, das zu verhindern. Erstens: Man dosiert die Bremskraft so feinfühlig, daß der Wagen optimal verzögert wird, ohne daß die Räder zum Stillstand kommen und dabei ins Rutschen geraten. Zweitens: Man tritt in kurzen Abständen mit aller Kraft auf das Bremspedal und blockiert damit die Räder nur für Sekundenbruchteile (Intervall- oder Stotterbremse). Man erreicht damit einerseits ein bestimmtes Maß an Verzögerung und sorgt auf der anderen Seite dafür, daß die Manövrierfähigkeit erhalten bleibt. Immer dann nämlich, wenn die Bremse losgelassen wird, können die Räder Seitenführungskräfte aufbauen, sie bleiben damit lenk- und kontrollierbar.

Völlig falsch ist es, bei langen Paßfahrten den Fuß ständig auf dem Bremspedal ruhen zu lassen. Die Bremsscheiben oder Bremstrommeln werden heiß bis zur Rotglut, die Bremsflüssigkeit in den Bremszylindern und den Bremsleitungen fängt an zu sieden, die Bremswirkung läßt dramatisch nach. »Fading« nennen die Fachleute diese unangenehme Erscheinung. Sie beruht darauf, daß sich der notwendige Bremsdruck nur über ein Medium im flüssigen Aggregatzustand übertragen läßt, eben über die Bremsflüssigkeit und nicht über die Dampfblasen in den Leitungen. Auch nutzen sich die Bremsbeläge vorzeitig ab, wenn der Fuß ständig auf dem Pedal lastet. Besser ist es, auf langen Gefällstrecken in regelmäßigen Abständen die Bremse mit einigem Nachdruck zu betätigen, wonach sich Scheiben und Trommeln wieder abkühlen können.

Daß der Bremsweg auf nasser, schlüpfriger Fahrbahn und besonders auf festgefahrener Schneedecke und Eis merklich länger wird, ist wohl hinlänglich bekannt. Vorausschauend fahren, ständig bremsbereit sein, und, wenn nötig, rechtzeitig und mit Gefühl bremsen – das ist dann die Voraussetzung dafür, daß Wagen und Besatzung die Fahrt ohne Blessuren überstehen. Auch kommt es bei Nässe und Glätte noch mehr als sonst darauf an, einen ausreichenden Sicherheitsabstand zum Vordermann einzuhalten. Das gilt nicht nur auf der Straße, sondern auch im Gelände.

Die Bedienung der Handbremse

Auch der richtige Umgang mit der Handbremse will gelernt sein. Vorausgesetzt, daß die Handbremse nicht auf die Kardanwelle, sondern auf die Bremstrommeln wirkt und außerdem vorausgesetzt, daß der Vorderradantrieb nicht eingeschaltet ist, kann die Handbremse von geübten Fahrern als wirksame Manövrierhilfe auf Schnee und Sand benutzt werden. In engen Kurven blockiert man durch kurzfristiges Ziehen am Handbremshebel die Hinterräder und bewirkt damit, daß der Wagen hinten kontrolliert ausbricht. Die Nase dreht sich dann schneller in die gewünschte Richtung als dies allein durch Lenkbewegungen zu bewerkstelligen wäre. Durch geschicktes Gegenlenken wird verhindert, daß der Wagen allzu stark übersteuert. Versierte Piloten bringen es sogar fertig, mit Hilfe der Handbremse in voller Fahrt eine Wende um 180 Grad zu vollführen. Mit einem Geländewagen ist das eigentlich nur deshalb riskant, weil der Schwerpunkt verhältnismäßig hoch liegt und weil das Auto beim Wendemanöver umkippen kann. Man sollte eine derartige Übung deshalb nur in Notsituationen veranstalten.

Mit eingeschaltetem Allradantrieb funktionieren all diese Spielchen natürlich nicht: Weil alle Räder gleichzeitig blockiert werden, wenn man abrupt am Handbremshebel zerrt, gerät das Fahrzeug aus den geschilderten Gründen außer Kontrolle. So unwahrscheinlich es klingt: In bestimmten Situationen kann man durch dosiertes Betätigen der Handbremse die Traktion verbessern. Das geht freilich nur dann, wenn zumindest eine Achse mit einem selbstsperrenden Differential ausgerüstet ist. Zunächst hemmt die Bremse den Vortrieb. Konsequenz: Das Gaspedal muß energischer durchgetreten werden. Das wiederum hat zur Folge, daß der Motor ein höheres Drehmoment entwickelt. Dieses Plus an Drehkraft teilt sich dann dem selbsthemmenden Differential mit – die Sperrwirkung wird augenblicklich aktiviert, die Traktion reicht aus, um den Karren aus dem Dreck zu ziehen. Trotz Bremshemmung ist der Vortrieb jetzt ausreichend, kein Rad dreht mehr nutzlos durch.

Normale Differentiale ohne Sperrwirkung lassen sich auf diese Weise leider nicht überlisten – es sei denn, die Handbremse zieht schief und das Rad, an dem sie schwächer wirkt, findet griffigeren Boden vor als das Gegenüber an der Achse. Dann kann es durchaus sein, daß sich die Drehkraft gleichmäßig verteilt und die Traktion sich im gewünschten Maß verbessert.

Beim Anfahren im Berg ist man vor allem bei vollgepacktem Fahrzeug auf eine sauber arbeitende Handbremse angewiesen. Der Hebelweg darf nicht zu lang, die Bremsseile müssen leichtgängig und gut gewartet sein.

Als Notbremse taugen nur Handbremsen, die auf die Bremstrommeln wirken. Kardanwellenbremsen wirken weniger stark; bei der Betätigung wird zudem der gesamte Antriebsstrang in derart furchterregende Erschütterungen und Vibrationen versetzt, daß man geneigt ist, die Bremse vor Schreck gleich wieder loszulassen.

Aufs richtige Tempo kommt es an. Wasserfurten sollten nicht zu schnell und nicht zu langsam genommen werden.

Was tut Rallyeweltmeister Walter Röhrl, wenn er eine Pfütze sieht? Rast er mit Vollgas durchs Wasser, damit meterhoch aufspritzende Fontänen keinen Zweifel daran lassen, daß er der Größte ist? Oder schleicht er mit verhaltendem Tempo seitlich am Wasserloch vorbei, damit das

Wasserdurchfahrten

feuchte Naß nur ja nicht in den Motorraum eindringt und die Elektrik außer Gefecht setzt? Wer den baumlangen Regensburger bei seinen Einsätzen in Afrika, Brasilien, Griechenland oder Portugal beobachtet hat, der weiß es längst: Röhrl gehört zur Sorte jener besonnenen Piloten, die auf freier Strecke alles geben, in schwierigen Situationen aber überlegt und taktisch klug handeln. Und das bedeutet, daß er angesichts einer Lache, eines Wasserlaufs oder einer größeren mit Wasser gefüllten Senke Gas wegnimmt und das Auto vorsichtig durch die Gefahrenzone manövriert. Nicht nur Rallyefahrer, sondern auch Geländewagenpiloten sollten dem guten Beispiel folgen, das der Off-Road-Champion immer wieder gibt: Beim Durchfahren von Gewässern und Pfützen aller Art sollte man so zügig wie nötig, trotzdem aber so verhalten wie möglich Gas geben. Das ist keineswegs ein Widerspruch in sich: Ist man zu langsam, besteht die Gefahr, daß sich die Räder im nassen Untergrund festwühlen. Fährt man zu schnell, schlägt die aufschäumende Bugwelle über dem Fahrzeug zusammen – Wasser dringt in den Motorraum ein, unter Umständen auch in die Kabine; die aufspritzende Gischt klatscht mit Macht gegen die Windschutzscheibe und nimmt dem Fahrer augenblicklich die Sicht. Er ist für Sekunden blind – eine gefährliche Situation beim Durchqueren von Bächen und Flüssen. Auch wächst bei allzu schneller Fahrt der »Schwallwiderstand« gewaltig an: Ein gutes Teil der Motorleistung geht drauf, um das Wasser vorn am Bug zu verdrängen.

Beim Durchqueren von fließenden Gewässern muß man zudem damit rechnen, daß starke Strömungen das Fahrzeug in die falsche Richtung drängen. Unter Umständen kann der Druck so stark sein, daß der Wagen regelrecht abgetrieben wird.

Und wenn der Motor erst einmal Wasser geschluckt hat: Auto aufs Trockene ziehen, Motor ausbauen, völlig auseinandernehmen und alle beweglichen Teile sorgfältig abtrocknen. Solange der Motor bei einer Flußdurchquerung am Gas hängt, ist die Gefahr gering, daß er sich verschluckt. Die unter hohem Druck ausströmenden Abgase verhindern, daß Wasser über das Auspuffsystem in die Brennräume eindringen kann. Wird aber nur ein einziges Mal das Gas vollständig weggenommen, oder wird der Motor gar völlig abgewürgt, ist meist alles verloren.

Ein plötzliches Ende findet die Flußfahrt auch dann, wenn der Wasserspiegel so hoch steigt, daß Wasser über den Luftfilter angesaugt wird. Das kühle Naß dringt dann über den Vergaser und den Einlaßtrakt in Sekundenschnelle in die Brennräume ein. Es ist dann wirklich nur in den seltensten Fällen damit getan, den Vergaser abzubauen und zu reinigen. In der Regel dringt das Wasser bis ins Kurbelgehäuse und in die Lager vor. Mit einem wasserdichten, auf dem Vergaser festgemachten Schnorchel kann man dieser Gefahr wirksam vorbeugen. Zur Not tut's ein langes Stück Wasserschlauch, das über die Ansaugöffnung gestülpt und mit einer Schlauchschelle befestigt wird.

Es ist außerdem ratsam, vor einer riskanten Wasserdurchfahrt auch alle anderen kritischen Öffnungen am Motor wasserdicht zu machen: Öleinfüllstutzen, Öffnung für den Ölmeßstab, Schaufenster am Kurbelgehäuse für die Zündeinstellung. Bei manchen Motoren sitzen die Zündkerzen in tiefen Höhlen. Wenn die sich mit Wasser füllen, bleibt die Maschine unweigerlich stehen. Hier kann es helfen, die Löcher mit wasserfestem Klebeband zu verschließen. Die Zündkabel läßt man einfach wie Apfelstiele aus der Umwicklung herausschauen. Die meisten Zündverteiler sind nicht sonderlich gut vor Spritzwasser geschützt. Serienmäßig sind oft nur die Militärversionen bestimmter Geländewagenmodelle mit wasserdichten Kapselungen ausgerüstet.

Wenn sich für den eigenen Wagen keine passende Kapsel auftreiben läßt, kann man sich vorübergehend mit Klebeband behelfen. Das beste Abdichtmaterial, das es gibt, ist Flüssigsilikon aus der Tube (Silikon wird zum Abdichten von Badewannen, Waschbecken und Rohrleitungen benötigt). Nur: Es verträgt die Hitze nicht besonders gut.

Gut verschlossen werden sollten auch sämtliche Öffnungen an Karosserie und Kraftübertragung. Ein Schwallschutz vor dem Kühler verhindert, daß dieses wichtige Bauteil durch die mit Macht auftreffenden Wassermassen beschädigt oder aus der Verankerung gelöst wird. Ganz Schlaue legen für die Dauer der Flußfahrt sogar den Kühlventilator still: So kann er kein Wasser im Motorraum verspritzen.

Die Wassertauglichkeit eines Geländewagens wird im allgemeinen durch die »Watfähigkeit« definiert. Sie liegt bei normalen Serienautos zwischen 50 und 60 Zentimetern. So tief kann das Wasser sein, ohne daß der Wagen beim Durchqueren Schaden nimmt oder stehenbleibt. Man spricht auch von der »Wattiefe«. Durch die oben geschilderten Vorbeugemaßnahmen kann die Watfähigkeit entscheidend verbessert werden.

Vorsicht ist auch unmittelbar nach der Wasserdurchfahrt geboten: Die Bremsen sind in der Regel so naß, daß es eine Weile dauert, bis sie wieder greifen. Der Wasserfilm muß unbedingt von den Belägen, Scheiben und Trommeln heruntergebremst werden, bevor man in die Kurve sticht. Die bei der Reibung entstehende Hitze und der mechanische Druck sorgen rasch dafür, daß die Anlage wieder funktionsfähig wird. Also nicht vergessen, nach einer Flußdurchquerung einige Bremsproben zu machen – zur eigenen Sicherheit und zur Sicherheit anderer.

Wenn man nicht felsenfest davon überzeugt ist, daß der Wagen eine breite, unbekannte Furt auf Anhieb meistert, sollte man unbedingt aussteigen und kritische Passagen zu Fuß erkunden – auch auf die Gefahr hin, bis zum Bauch in die Fluten eintauchen zu müssen. Besser Wasser in der Hose als Wasser im Motor.

Fahren im Winter

Man sollte im Winter jederzeit daran denken, daß sich der Straßenzustand selbst auf kurzer Distanz grundlegend ändern kann: Sonnenbeschienene und daher abgetrocknete Asphaltstücke zum Beispiel wechseln ab mit Strecken, die im Schatten liegen oder mit Rauhreif oder Glatteis überzogen sind. Auf Schneematsch verhält sich das Fahrzeug anders als auf festgefahrener Schneedecke, im lockeren Pulverschnee ist eine andere Fahrweise erforderlich als auf eisglattem Untergrund. Wer blind auf den Vierradantrieb vertraut und sich nicht rechtzeitig auf die jeweiligen Boden- und Schneeverhältniss einstellt, wird auch mit dem besten Geländeauto alsbald im Graben landen.

Wie gut man im Tiefschnee vorwärtskommt, hängt vor allem davon ab, ob die Räder bis zum festen Untergrund vordringen können oder ob sie auf der Schneeschicht aufschwimmen. Schneehöhen von bis zu 50 Zentimeter werden von den meisten Off-Road-Fahrzeugen relativ mühelos gemeistert. Bei dickeren Lagen wird's kritisch: Dann kommt man meist nur dann noch weiter, wenn der Schneepflug das Gröbste zur Seite geschoben hat.

Schwierigkeiten bereitet in der Regel das Befahren von verharschten Altschneedecken. Vor allen Dingen schwere Fahrzeuge brechen gern ein, die feste Schneekruste setzt dem Vorwärtsdrang einen wesentlich größeren Widerstand entgegen als eine lockere Neuschneeschicht. Ohne Spezialreifen oder Ketten hat man auf derartigem Terrain keine Chancen. Leichtsinnig ist es, in unbekanntem, tief verschneitem Gelände ohne zwingenden Grund Wege oder Straßen zu verlassen. Die Gefahr, rechts oder links der Piste in meterhohen Schneewehen zu versinken, ist dann sehr groß. Da nützen dann auch die besten Ketten nichts mehr.

Erweist sich eine verharschte Altschneedecke als hinreichend tragfähig, sollte man so behutsam und gleichmäßig wie möglich Gas geben. Den Wagen einfach rollen lassen! Drehen die Räder erst einmal durch, besteht die Gefahr, daß die tragende Harsch-Schicht blitzschnell durchbrochen wird, der Wagen versinkt im bodenlosen Tiefschnee. Zügig fahren kann man auf einer festgefahrenen, nicht vereisten Schneedecke über festem Untergrund. Da macht es richtig Spaß, die Vorzüge des Allradantriebs auszukosten. Sobald die Schneedecke in eine Eisbahn übergeht (häufig anzutreffen in alpinen Wintersportorten, in denen kein Salz gestreut wird), Gas zurücknehmen, vorsichtig lenken, behutsam beschleunigen, mit Gefühl schalten. Bremsen sollte man auf Eis nur dann, wenn es wirklich nicht mehr anders geht; vorausschauend fahren – dann sind ruckartige Panikmanöver erst gar nicht notwendig. Ketten an allen vier Rädern verbessern das Fahrverhalten nicht nur auf festem Schnee, sondern auch auf Eis. Anhalten sollte man nur auf ebener oder leicht abschüssiger Strecke. Andernfalls kann das Anfahren später zum Problem werden.

Im Allgemeinen gelten beim Fahren auf Schnee die gleichen Regeln wie beim Fahren auf Sand, Staub oder Schlamm: Zügig, aber nicht zu schnell fahren, den Schwung ausnutzen, möglichst nicht stehenbleiben, alle Manöver mit Konzentration und Gefühl ausführen.

Vor dem ersten Kälteeinbruch sollte man den Zustand der Batterien, Kabel und elektrischen Anschlüsse überprüfen. Niedrige Temperaturen vermindern die Leistung jeder Batterie. Nicht vergessen, dem Kühlwasser ausreichend Gefrierschutz beizumischen. In unseren Breiten reicht normalerweise ein Frostschutz bis minus 20 Grad. In arktischen Gefilden kann die Temperatur schon mal bis minus 50 Grad Celsius sinken. Auch die Scheibenwaschanlage sollte mit Frostschutz versehen werden. Die Viskosität des Motoröls muß ebenfalls der kalten Jahreszeit angepaßt werden – es muß dünnflüssiger sein als ein Öl, das im Sommer gefahren wird. Die Betriebsanleitung Ihres Wagens gibt hierüber Auskunft.

Dieselfahrer sehen sich bei starken Minustemperaturen mit einem Problem besonderer Art konfrontiert: Je kälter die Außentemperatur, desto zähflüssiger wird der Kraftstoff. Deshalb müssen die Fahrer von Diesel-Fahrzeugen im Winter unbedingt auf den »Cold Filter Plugging Point« (CFPP) achten. Ist er erreicht, läuft nämlich nichts mehr: Der Dieselkraftstoff ist dann wegen des Frostes so dick geworden, daß er nicht mehr durch den Filter geht. Am ersten strengen Frosttag 1981 blieben einer Schätzung der ADAC-Straßenwacht zufolge rund 1500 Diesel-

Autos wegen dieses »CFPP« liegen. Hier half nur noch das Abschleppen in einen warmen Raum, wo der Dieselkraftstoff wieder flüssig werden konnte.

Ab etwa Anfang November gibt es an den Tankstellen das kältebeständigere Winterdieselöl. Aber auch bei diesem Treibstoff tritt der gefürchtete »CFPP« ein, und zwar bei etwa minus 15 Grad, (bei Sommerdiesel bereits bei minus 5 Grad). Wer auf freier Strecke nicht stehenbleiben will, sollte im Spätherbst und im Winter den Wetterbericht aufmerksam verfolgen. Wenn stärkerer Frost angesagt ist, sollte man dem Dieselkraftstoff die Mengen Normalbenzin oder Petroleum zumischen, die in der Betriebsanleitung für das Auto vorgeschrieben sind. Bis minus 20 Grad Celsius kann man etwa 7 Prozent, bis minus 25 Grad 20 Prozent, unter minus 25 Grad 30 Prozent Petroleum oder Normalbenzin zugeben.

Wichtig dabei ist, daß der Dieselanteil nicht tiefer als 70% sinken darf, weil sonst die Schmierkraft des Dieselöls und die Zündwilligkeit des Gemisches so stark beeinträchtigt werden, daß Motorschäden nicht ausgeschlossen werden können. Zwar ist Normalbenzin an den Tankstellen leichter als Petroleum zu bekommen, doch hat Petroleum als Diesel-Verflüssiger drei wichtige Vorteile, die einen Umweg lohnen. Es ist zündwilliger als Normalbenzin (das wiederum zündwilliger als Superbenzin ist), ist fast gleich schwer wie Dieselkraftstoff und mischt sich deshalb besser mit ihm und hat die gleiche Brand-Gefahrklasse wie Diesel; das macht die Handhabung unproblematischer.

Ein Ex-Militär-Jeep im österreichischen Winter. Profis montieren auch bei Allrad-Fahrzeugen Ketten an allen vier Rädern.

Unter den Vorderkotflügeln können sich Eis und Schnee in derartigen Mengen ansammeln, daß die Lenkung beeinträchtigt wird: Die Räder schleifen an den Schneeklumpen. Deshalb sollte man diesen gefährlichen Ballast in regelmäßigen Abständen entfernen. Wissen sollte man schließlich noch, daß seit dem Winter 82/83 für Autofahrer, die Schneeketten aufgezogen haben, Tempo 50 als Höchstgeschwindigkeit gilt. Die Geschwindigkeitsbeschränkung ist nicht nur aus Sicherheitsgründen wichtig, sondern dient auch dazu, den Straßenbelag zu schonen. Wer keine Schneeketten hat, kann sie sich mieten. An 85 ADAC-Stationen im gesamten Bundesgebiet stehen insgesamt 16 000 Paar in 26 verschiedenen Größen zur Verfügung.

Was tun, wenn ...?

Man sollte sich in jeder Situation zu helfen wissen

Vorsicht ist die Mutter der Porzellankiste. Erfahrene Geländewagen-Chauffeure gehen keine unnötigen Risiken ein, aber dennoch – man kann sich auch als Profi schon einmal in eine heikle Situation bringen. Zum Beispiel festfahren.

Was ist da zu tun? Nun, ein Auto, das auf einer Kuppe aufsitzt, läßt sich auf verschiedene Weise wieder flottmachen. Wenn sich der Wagen beispielsweise nur mit dem Chassis oder Unterboden festgeklemmt hat, ist es schon oft damit getan, das Fahrzeug zu entladen. Die Federn werden entlastet, die Bauchfreiheit wächst um ein paar Zentimeter, die Räder können wieder richtig greifen. Wenn es nichts gibt, das abgeladen werden könnte, oder wenn der Wagen mit den Achsen aufliegt (zwischen Spurrillen beispielsweise), kann man versuchen, das Auto mit dem Wagenheber soweit anzuheben, daß sich Steine, Holzklötze, Äste oder Bretter unter die Räder schieben lassen.

Als äußerst zweckmäßig erweist sich in derartigen Situationen der im Zubehör-Kapitel beschriebene Super-Wagenheber »Hi-Lift«: Das Auto läßt sich in einem einzigen Arbeitsgang vorn, hinten oder an den Seiten anheben. Die Räder können dann in aller Ruhe unterfüttert werden. Wenn sich genügend Unterlegmaterial findet, ist es sogar möglich, unter den angehobenen Achsen richtige Rampen zu bauen. Auf denen findet der Wagen dann mühelos auf den rechten Pfad zurück. Fein heraus ist, wer Sandbleche zur Hand hat: Ein paar Steine und ein Blech genügen pro Rad, um eine tragfähige und ausreichend lange Notrampe zu konstruieren. In bestimmten Fällen tut auch ein stabiler Unterbodenschutz gute Dienste: Das Fahrzeug gleitet auf den Prallblechen wie auf Kufen über das Hindernis hinweg. Voraussetzung dafür ist allerdings, daß die Räder einen ausreichend guten Bodenkontakt haben.

Genauso praktisch wie der Hi-Lift-Wagenheber ist der von der Firma Sapi in Nördlingen vertriebene »Air-Jack«. Es handelt sich um ein Spezialkissen, das von den Auspuffgasen des eigenen Wagens aufgeblasen werden kann. Man schiebt das Kissen einfach seitlich unter den Wagen, schließt das Ding über eine Schlauchverbindung an das Auspuffrohr an und gibt im Leerlauf ein paar Minuten lang Gas. Das Fahr-

Unten: Range Rover in Sumatra. Ausgedehnte Dschungel-Partien verlangen sehr viel Erfahrung. Wer hier steckenbleibt, kommt ohne fremde Hilfe meist nicht mehr vom Fleck. Rechts daneben: Nur wer eine gute Anlaufstrecke zur Verfügung hat, überwindet ein solches Steilstück mit lockerem Boden.

zeug wird so stark angehoben, daß die Räder schließlich hoch in der Luft hängen. Weil der Air-Jack eine sehr große Aufstandsfläche hat, funktioniert diese Methode auch auf weichem und morastigem Untergrund. Vorsicht ist allerdings angebracht, wenn das Auto sich ohnehin bereits in Schräglage befindet. Wird der Wagen dann auf der falschen Seite zu stark geliftet, kann leicht die Kippgrenze überschritten werden. Nicht ungefährlich ist auch ein anderes Bergeverfahren: Man hebt den Wagen mit dem Hi-Lift vorn oder hinten zunächst ordentlich an und drückt das Auto dann von der Seite her in die gewünschte Richtung. Der Wagenheber kippt weg, das Fahrzeug landet, um 20, 30 Zentimeter versetzt, wieder auf den Rädern. Wenn die Hebeklaue dabei allerdings abrutscht, kann es zu schweren Beschädigungen am Fahrzeug kommen. Auch muß sich derjenige, der das Manöver veranstaltet, rechtzeitig durch einen beherzten Sprung in Sicherheit bringen. Sonst wird er vom Wagenheber oder vom Wagen selbst erschlagen.

Besteht der Untergrund aus lockerem Material (Sand, Gras), kann man das Auto auch mit dem Spaten freischaufeln. Eine zeitraubende, mühsame und schweißtreibende Arbeit. Wenn nichts mehr hilft, muß man sein Glück mit der Seilwinde oder mit dem handbetätigten Greifzug versuchen. Findet sich ein geeignetes Widerlager für das Seilende, und ist die Zugkraft der Winde groß genug, kommt selbst der schwerste Geländewagen wieder frei. Darauf achten, daß das Seil nicht durchhängt, wenn die Winde ihre Arbeit aufnimmt – es könnte beim Spannen reißen. Selbst dann, wenn das Seil durch ein Rollenfenster läuft, sollte die Zugrichtung nicht mehr als 15 Grad von der Geradeaus-Richtung abweichen. Das Seilende sollte niemals unmittelbar am Widerlager eingehängt werden – die Kräfte, die am Haken wirken, sind einfach zu groß. Baumgurte oder Ketten schaffen eine solide und sichere Verbindung zwischen Zugseil und Widerlager.

Wie man die Traktion verbessert

Reicht auf kritischem Untergrund die Traktion nicht mehr aus, stehen ebenfalls verschiedene Möglichkeiten zur Wahl, um die Fuhre wieder auf Trab zu bringen. Wenn der Wagen sich lediglich in einer kleinen Kuhle festgefahren hat, bekommt man ihn meist durch einfaches »Freischaukeln« wieder flott. Man gibt – je nachdem, ob es bergauf oder bergab geht – bei eingelegtem Vor- oder Rückwärtsgang kurz und kräftig Gas, so daß der Wagen zehn oder zwanzig Zentimeter weit vorankommt, tritt dann schnell die Kupplung und wartet, bis das Fahrzeug durch sein eigenes Gewicht zurückfällt und mit dem dadurch erzeugten Schwung sogar ein kleines Stück den gegenüberliegenden Teil der Senke hinaufrollt. Im gleichen Augenblick, in dem er den rückwärtigen Totpunkt erreicht hat, kuppelt man wieder ein und gibt Gas – das Fahrzeug wird beim zweiten Versuch wesentlich weiter kommen als beim ersten, weil die Anlaufstrecke und der erzeugte Schwung nun größer sind. Man wiederholt den Vorgang so oft, bis alle Räder wieder festen Boden unters Profil bekommen.

Auf sandiger und schlammiger Piste sollte man – wie bereits kurz angesprochen – gar nicht erst so lange warten, bis die Traktion zusammenbricht. Ein Absenken des Luftdrucks und eine angemessene Fahrweise sind auf weichem Untergrund die beste Garantie dafür, daß sich der Wagen nicht festwühlt. Trotzdem wird es sich vor allem auf längeren Wüstendurchquerungen kaum verhindern lassen, daß der Wagen hin und wieder in einer Düne oder einem Treibsandfeld steckenbleibt. Mit Sandblechen und Schaufel bekommt man das Auto in den meisten Fällen wieder frei. Wie nützlich Hi-Lift und Air-Jack dabei sein können, wurde bereits gesagt.

Sand im Motor
Stark behindert werden kann der Vorwärtsdrang in der Wüste durch plötzlich aufziehende Sandstürme. Am besten ist es dann, anzuhalten, die Fenster zu schließen und den Motor abzustellen. Wer weiterfährt, riskiert schon nach wenigen Metern von der Piste abzukommen. Auch besteht dann die Gefahr, daß der Motor den umherwirbelnden feinen Sand ansaugt und dabei erheblichen Schaden nimmt. Wirksamen Schutz bieten nur die bekannten Zyklonfilter, die vor den Vergaser gesetzt werden können: Sie sind in der Lage, den Sand wirksam von den Ansaugwegen fernzuhalten.

Fährt man sich auf schlammigem und glitschigem Boden fest, kann man sich – genauso wie auf Eis und Schnee – mit Ketten weiterhelfen. Finden sich in der Umgebung Äste, Zweige und Steine in ausreichender Menge, sollte man sie zusammentragen, um daraus eine Behelfsstraße zu bauen. Man packt das Material auf einige Meter Länge unmittelbar vor die Räder und versucht dann durch behutsames Gasgeben, auf dem selbstgebauten Holzweg weiterzukommen. Sumpfige Stellen lassen sich zur Not auf einem Knüppeldamm überqueren, den man aus Ästen und dünnen Baumstämmen selbst bauen kann. Man sollte dabei allerdings nur altes, abgestorbenes Holz verwenden. Es ist nicht angebracht, durch das Fällen gesunder Bäumchen einen größeren Flurschaden anzurichten, bloß weil einen der fahrbare Untersatz vorübergehend mal im Stich läßt.

In weniger schwierigen Fällen empfiehlt es sich, die Achse, deren Räder durchdrehen, so stark wie möglich zu belasten. Das wird erreicht, wenn sich ein oder mehrere Beifahrer auf die Stoßstange stellen oder indem man die Ladung geschickt verteilt. Fahrer von Personenwagen mit Standardantrieb (Motor vorne, angetriebene Hinterräder) verbessern im Winter die Traktion bekanntlich durch das Beladen des Kofferraumes mit Sandsäcken. An Steigungen werden es meist die Vorderräder sein, die plötzlich durchdrehen: Der Schwerpunkt des Fahrzeugs wandert um so weiter nach hinten, je steiler der Hang ist. Mit einer Zentral-Differentialsperre läßt sich das Problem auch ganz gut in den Griff bekommen.

Auf ebenem Untergrund sind Achs-Sperrdifferentiale und Einzelradbremsen von großem Vorteil. Bei Autos ohne Sperrdifferential kommt es häufig vor, daß die Räder an den jeweils schräg gegenüberliegenden Fahrzeugenden durchdrehen. Mit einem Radnaben-Seilspill kann dem Übel abgeholfen werden. Voraussetzung dafür ist, daß die Räder mit aufgeschraubten Seiltrommeln ausgerüstet sind. Dann kann mit dem Seil zwischen den Rädern eine Verbindung hergestellt werden: Das erste Rad spult das Seil auf die Trommel, von der zweiten Trommel wird das Seil kontinuierlich abgewickelt. Durch die dabei auftretenden Zugkräfte wird erreicht, daß das Rad, das guten Bodenkontakt hat, das durchdrehende Rad zuverlässig mitnehmen kann. Die Belastung der Radaufhängung ist bei dieser Methode allerdings ziemlich groß. Auch muß der Fahrer alle Kräfte aufbieten, um die Lenkung geradezuhalten. Machen sich bald darauf ungewöhnliche Geräusche im Bereich der Radaufhängung bemerkbar, haben ein Lager oder ein Gelenk Schaden genommen. Wenn Lagerschalen oder Kugeln nicht gebrochen sind, kann man mit einem defekten Lager manchmal noch ein paar hundert Kilometer weit fahren.

Auch ansonsten sollte man stets ein Ohr für verdächtige Töne haben. Lockere Halter und Bolzen können Ursachen für ein hartnäckiges Poltern und Schlagen im Fahrwerksbereich sein. Nach jedem längeren Geländeausritt sollte man die gesamte Unterseite einer gewissenhaften Inspektion unterziehen. Vorher muß der Unterboden natürlich vernünftig gereinigt werden, möglichst mit einem Dampfstrahlgerät. Wenn das Fahrzeug bei Geradeausfahrt nach einer Seite zieht, ist ebenso Gefahr im Verzug wie auch dann, wenn die Bremswirkung auf einmal stark zu wünschen übrig läßt. Berührt das Bremspedal beim Bremsen fast den Fahrzeugboden, ist entweder Luft in die Leitungen eingedrungen oder die Bremsbeläge sind verschlissen.

Wenn die Motortemperatur plötzlich ansteigt, sollte man sofort anhalten. Im günstigsten Fall ist der Keilriemen locker, der die Wasserpumpe antreibt. Wenn er gerissen ist, muß auf dem schnellsten Weg Ersatz beschafft werden. Wohl dem, der einen Reserve-Keilriemen dabei hat. Meistens tritt aus dem Überdruckventil des Kühlverschlusses Dampf aus, wenn der Motor überhitzt ist. Wer sich nicht verbrühen möchte, sollte warten, bis die Dampfbildung abgeklungen ist – erst dann läßt sich der Verschluß gefahrlos öffnen. Erst nach der Ursache der Überhitzung suchen, dann handeln. Gerissene Schläuche und Keilriemen lassen sich leicht ersetzen, eine defekte Wasserpumpe macht einen längeren Zwangsaufenthalt notwendig. Hat das Kühlsystem ein Leck, das sich nicht auf Anhieb orten läßt, Kühlwasser nachfüllen und am nächsten Rastplatz oder besser noch in der nächsten Werkstatt der Sache gründlich auf den Grund gehen.

Springt der Motor nicht mehr an, kann das eine ganze Reihe von Ursachen haben. Indem man die Innenbeleuchtung einschaltet, kann man prüfen, ob die Batterie noch genügend Saft hat. Leuchtet sie nur schwach oder gar nicht, ist die Batterie entladen. Auch korrodierte, verschmutzte Batteriepole können der Grund dafür sein, daß der Anlasser den Motor nicht mehr richtig durchdrehen kann. Dreht der Motor beim Anlassen mit normaler Drehzahl, gibt trotzdem aber keinen Ton von sich, sollte man zuerst den Benzinvorrat überprüfen. Es kann auch an den Steckverbindungen zwischen Zündspule, Verteiler und Zündkerzen liegen, wenn der Motor nicht anspringt. Die Kontrolle ist einfach und bewirkt manchmal Wunder. Riecht es nach unverbranntem Kraftstoff, sind die Zündkerzen naß geworden, der Motor ist »versoffen«. Die Kerzen werden herausgedreht, getrocknet und nötigenfalls mit einer Drahtbürste gereinigt. Bei dieser Gelegenheit kann man auch den Elektrodenabstand überprüfen. Bei Pistenfahrten sollte man die Kerzen so oft wie möglich herausdrehen. Durch den schlechten Sprit, der in manchen Ländern verkauft wird, brennen die Elektroden schneller ab. Bevor die Zündkerzen wieder in den Zylinderkopf hineingedreht werden, sollte man den Motor 20 bis 30 Sekunden lang mit dem Anlasser durchdrehen – der Gemischüberschuß entweicht dann rasch aus den Brennräumen.

Tut's der Anlasser nicht mehr, kann man versuchen, das Fahrzeug durch Anschieben oder Abschleppen in Gang zu setzen. Da Geländewagen durchweg über kräftige, breite Stoßstangen verfügen, ist es durchaus möglich, daß ein intaktes Fahrzeug den Havaristen von hinten vorsichtig auf die Hörner nimmt. Man muß lediglich darauf achten, daß die Stoßfänger ungefähr auf gleicher Höhe liegen – andernfalls verhaken sich die Autos unweigerlich ineinander. Der Fahrer des defekten Autos schaltet die Zündung ein, tritt die Kupplung und wartet, bis das schiebende oder abschleppende Auto eine Geschwindigkeit von 15 bis 20 Stundenkilometern erreicht hat. Dann wird die Kupplung beherzt losgelassen, die Verbindung zwischen den sich drehenden Rädern und dem Motor ist hergestellt, die Maschine springt an – wenn Zündung und Benzinzufuhr funktionieren.

Oben: Der Volvo Laplander bleibt auch auf einer solchen Kuppe nicht hängen, weil er über enorme Boden- und Bauchfreiheit verfügt. Rechts daneben ein Range Rover in einem tropischen Wildbach. Wenn nur die Elektrik naßgeworden ist, geht's ja noch . . .

Bei müder Batterie kann man versuchen, den Motor mit einer Fremdbatterie zu starten. Starthilfekabel mit ausreichendem Kabelquerschnitt und kräftigen Zangen sind dazu unerläßlich. Bei Fahrzeugen mit 12-Volt-Anlage muß auch die Fremdbatterie 12 Volt haben. Autos mit 24-Volt-Anlage benötigen zur Starthilfe zwei 12-Volt-Batterien in Reihenschaltung. Wenn die Fremdbatterie in einem anderen Fahrzeug eingebaut ist, sollte man darauf achten, daß sich beide Fahrzeuge nicht berühren.

Bei Fahrzeugen mit Dieselmotor kann Luft in der Kraftstoffleitung die Ursache dafür sein, daß der Motor nicht anspringt. Luft dringt vor allem dann ein, wenn der Treibstofftank bis zum letzten Tropfen leergefahren wurde. Vornehmlich bei großer Hitze kann das schnell passieren: Der Motor hat dann einen schlechten Wirkungsgrad, ein Teil des Kraftstoffs verdunstet. Abseits fester Straßen ist der Verbrauch ohnehin um bis zu 60 Prozent größer als auf der Straße. In welcher Weise die Bauteile eines Dieselmotors entlüftet werden müssen, kann man der jeweiligen Betriebsanleitung des Fahrzeugs entnehmen. In der Regel müssen Kraftstoffilter und Einspritzpumpe durch das Drehen an besonders gekennzeichneten Schrauben entlüftet werden.

Können all die geschilderten Maßnahmen den Motor nicht dazu bewegen, die Arbeit aufzunehmen, muß das Fahrzeug abgeschleppt werden.

Abschleppen

Aufs Abschleppen verzichten sollte man indessen, wenn Schäden am Fahrwerk, an den Rädern, Achsen, der Lenkung, der Kraftübertragung oder am Bremssystem festgestellt worden sind. Die Abschleppprozedur wird sonst leicht zu einer Art Roulette. Es versteht sich von selbst, daß während des Abschleppvorganges das Seil immer stramm gehalten werden muß. Verantwortlich dafür ist in erster Linie der Fahrer des Wagens im Schlepp.

Mehr als Pkw-Besitzer sind Geländewagenfahrer darauf angewiesen, bestimmte Wartungsarbeiten notfalls in Selbsthilfe durchführen zu können. Ein wenig handwerkliches Geschick und eine ordentliche Werkzeugausrüstung gehören allerdings dazu. Es würde hier zu weit führen, detaillierte Wartungstips geben zu wollen. Zu verschieden sind die einzelnen Fahrzeuge konstruiert, zu groß sind die Abweichungen der technischen Daten von Modell zu Modell.

Nach jeder Geländefahrt (bei harter Beanspruchung täglich) Bremsbeläge, Trommeln, Bremsscheiben, Bremsleitungen, Radlager, Luftfilter, Ölstand im Motor, Schaltgetriebe, Verteilergetriebe und in den Achsdifferentialen kontrollieren; bei bestimmten Fahrzeugen müssen Lenkgestänge, Achsschenkel und Gelenkwellen täglich abgeschmiert werden. Im übrigen können folgende Arbeiten im Do-it-your-Self-Verfahren erledigt werden: Motorölstand kontrollieren, Motor- und Getriebeöl wechseln, Öl- und Luftfilter wechseln, Benzin- und Zentrifugal-Ölfilter (bei Dieselmotoren) reinigen, Kühlflüssigkeitsstand kontrollieren, Flüssigkeit auffüllen und gegebenenfalls wechseln, Keilriemen kontrollieren oder auswechseln, Luftfiltersätze reinigen (auch bei Zyklonfiltern). Zündkerzen-Elektrodenabstand überprüfen und einstellen, Zündkerzen wechseln, Zustand und Säurestand der Bordbatterie kontrollieren, Sicherungen und Glühlampen auswechseln, Bremsflüssigkeit und Kupplungshydraulik überprüfen, Achsschenkel und Gelenkwellen abschmieren, Wischerblätter auswechseln, Pedalweg, Kupplung und Bremse kontrollieren und unter Umständen einstellen, Scheinwerfersätze wechseln und einstellen.
Wer den Wert seines Autos über viele Jahre hinweg erhalten möchte, muß darüber hinaus vor allen Dingen dem Rost auf den Fersen bleiben. Streusalz und Schmutz sammeln sich vor allem an schwer zugänglichen Stellen unter dem Wagen und in den Radkästen. Durch regelmäßiges Abdampfen (im Winter mindestens einmal im Monat) wird verhindert, daß sich in Ecken und Nischen der Rost einnisten kann. Lackschäden, die durch kleine Rempeleien im Gelände oder durch Steinschlag verursacht worden sind, sollten unverzüglich beseitigt werden. Ist die Grundierung erst einmal angekratzt, hat der Rost leichtes Spiel. Er unterwandert von der Wunde her auch die gesunden Lackpartien in der Umgebung. Unbedingt darauf achten, daß die vom Hersteller wohlweislich vorgesehenen Abflußlöcher in den Türschwellern und Rahmenholmen nicht durch Schmutz und Dreck zugesetzt werden. Das Kondens- und Spritzwasser, das dann in den Hohlräumen zurückbleibt, führt zu beschleunigter Rostbildung.

Oben links: Hauptsache, Ansaugfilter und Auspuffrohr bleiben frei! Rechts daneben: Kleine Zwangspause für zwei Landcruiser auf Asien-Treck.

Welche Arbeiten kann man selbst ausführen?

Zubehör für Allrad-Automobile

**Große Unter-
schiede bei der
Grundausstattung**

Ob man beim Geländewagenkauf für sein Geld einen vernünftigen Gegenwert bekommt, hängt nicht nur von der technischen Konzeption des Wagens ab, sondern auch von Art und Umfang seiner serienmäßig installierten Grundausstattung. Die Unterschiede sind hier beträchtlich. Manche Hersteller und Importeure bieten Fahrzeuge an, bei denen alle wichtigen Ausrüstungsdetails im Grundpreis enthalten sind. Andere wiederum verdienen mit dem Zubehörprogramm mehr Geld als mit den Basisfahrzeugen.

Grundausstattung und Aufpreispolitik

So verfügen beispielsweise Autos wie der Toyota Landcruiser Station, der Datsun Patrol oder der Range Rover über eine erstklassige Komplettausstattung, beim Suzuki LJ 80 und beim Jeep CJ dagegen muß man sogar Plane und Spriegel extra bezahlen. Und auch beim teuren Mercedes ist längst nicht alles im Grundpreis enthalten. Wie groß die Unterschiede bei der serienmäßigen Ausrüstung sind, zeigt sich bei einem Vergleich, den der Geländewagen-Interessent tunlichst vor dem Unterschreiben eines Kaufvertrages vornehmen sollte.

Allein die Extras, die man beispielsweise gegen Aufpreis für den Mercedes-Benz/Puch G erhält – und die aus dem an sich ausgezeichneten Wagen erst ein hundertprozentiges, ideales Allradfahrzeug machen – schlagen enorm zu Buche. Man kann hier schnell noch einmal 20 000 Mark loswerden.

Spezialist für gutes Zubehör ist die Firma Allrad-Schmitt in Würzburg-Höchberg. Aus einem in der Basis preiswerten Nutzfahrzeug läßt sich hier bei einem Einkaufsbummel (zu dem auch ein hervorragend aufgemachter Katalog verführt) schnell ein teures Luxusgefährt machen. Nehmen wir den Jeep CJ-7 in der Renegade-Version, ein im Grunde nur mit dem Nötigsten versehenes Allradauto. Bei Allrad-Schmitt kann man es für 28 315 Mark kaufen (Stand Ende 1982), ausgerüstet mit einem 2,5-Liter-Vierzylinder-Benzinmotor, Vollsynchron-Vierganggetriebe, Zweigang-Untersetzungsgetriebe und zuschaltbarem Vorderradantrieb. Der Grundpreis enthält die Vorfracht nach Würzburg und den Kraftfahrzeugbrief. Will man das Fahrzeug optimal komplettieren,

*Nach dem Gelände-
wagenkauf: Zusätzliche
Ausrüstung des Fahr-
zeugs kostet viel Geld!*

184

kann man gut 18 000 Mark in (mehr oder minder nützliche) Extras investieren.

Beim Zubehörkauf sollte man allerdings nicht nur auf die Preise achten, sondern auch bedenken, daß sich durch den Einbau aufwendiger Extras das Fahrzeuggewicht beträchtlich erhöhen kann. Mehr Gewicht aber heißt höherer Verbrauch, geringere Geländetauglichkeit, niedrigere Leistungsfähigkeit. Profis überlegen sich daher genau, was sie ihrem Allradauto an zusätzlicher Last aufbürden. Nicht alles, was der Zubehörhandel feilbietet, ist beim Fahren abseits fester Straßen wirklich von Nutzen. Wer eine Abenteuerreise heil überstehen will, muß rechtzeitig lernen, sinnvolles Zubehör von Schnickschnack zu unterscheiden.

Zubehör für Pannenhilfe, Reparatur und Wartung

Wer sich auf eigene Faust ins Gelände wagt, sollte in der Lage sein, sich im Notfall auch aus eigener Kraft aus einer mißlichen Lage zu befreien. Vor allem bei Fernfahrten durch die Wildnis Afrikas oder Asiens kann man auf eine gewisse Grundausstattung an Werkzeug und Bergegerät nicht verzichten. Unter bestimmten Bedingungen tatsächlich nützlich: eine Seilwinde. Bei nahezu allen Geländewagen befinden sich in der vorderen Stoßstange Bohrungen, die es gestatten, die Seilwinde fest mit dem Fahrzeug zu verbinden. Passende Anbausätze gibt es als Sonderzubehör.

Elektrische und mechanische Seilwinden

Am meisten verbreitet sind Winden, die von einem Elektromotor angetrieben werden. Ihr Preis hängt von Zugleistung, Seillänge und Verarbeitung ab. Von Geräten, die weniger als 1000 Mark kosten, ist im allgemeinen abzuraten: Sie sind meist nicht in der Lage, einen tonnenschweren Geländewagen unter allen Bedingungen aus dem Graben zu ziehen. Eine wirklich leistungsfähige Elektrowinde ist kaum unter 2000 Mark zu haben. Die von Daimler-Benz angebotene Winde kostet sogar rund 4800 Mark – ohne Einbau. Dafür bietet sie aber auch wirklich zuverlässige Hilfe, wenn der Wagen mal richtig festsitzt.

Bei laufendem Motor werden Elektrowinden über die Lichtmaschine mit Strom versorgt, der Generator muß allerdings kräftig genug ausgelegt sein. Weil elektrische Winden sehr viel Strom verbrauchen, ist selbst eine gut geladene Autobatterie in der Regel schon nach wenigen Minuten erschöpft. Erfahrene Off-Road-Piloten nehmen daher eine Zweitbatterie mit, die bei Bedarf als zusätzlicher Energielieferant eingesetzt werden kann. Über ein Trennrelais kann die zweite Batterie sogar in den Stromkreislauf der bordeigenen elektrischen Anlage einbezogen werden, sie wird dann vom Motor aufgeladen. Ist sie gut gefüllt, unterbricht das Relais die Stromzufuhr, die Ersatzbatterie steht frisch geladen für den Notfall bereit. Verschiedene Fahrzeuge sind ab Werk mit zwei 12-Volt-Batterien ausgerüstet. Unter anderem verfügt der Datsun Patrol Diesel über eine leistungsfähige 24-Volt-Anlage (2 x 12 V/80 AH).

Es gibt auch mobile Elektrowinden, die an verschiedenen Fahrzeugpunkten angesetzt und über lange Kabel mit der Batterie verbunden werden können. Die Leistung derartiger Geräte ist allerdings meist begrenzt, weil aufgrund der horrenden Ampèrestärken an den Kabeln hohe Verluste auftreten.

Während elektrische Seilwinden auch dann noch funktionieren, wenn der Motor stehenbleibt, arbeiten mechanische Winden nur bei laufendem Triebwerk. Grund: Sie werden über einen speziellen Nebenantrieb in Gang gesetzt, und der steht mit dem Zwischengetriebe in Verbindung, das ja direkt über die Primärwelle vom Motor angetrieben wird. Serienmäßig sind nur bestimmte Militär- und Nutzfahrzeuge mit einem Nebenantrieb ausgerüstet. Wer sich nachträglich eine derartige Vorrichtung ans Fahrzeug montieren lassen will, muß tief in die Tasche greifen. Beim Mercedes G zum Beispiel kostet ein ans Zwischengetriebe angeflanschter Nebenantrieb rund 1300 Mark extra.

Was bei mechanischen Winden besonders von Vorteil ist: Zugkraft und Zuggeschwindigkeit lassen sich – anders als bei einer Elektrowinde – ausgezeichnet dosieren. Je höher die Motordrehzahl, desto größer die Seilgeschwindigkeit. Die Motordrehzahl wird entweder über das Gaspedal oder, was besonders zweckmäßig ist, über einen separaten Handgashebel reguliert. Wie groß die Zugkraft ist, hängt davon ab, welchen Gang man einlegt: Großer Gang – geringes Drehmoment – kleine Zugkraft; kleiner Gang – hohes Drehmoment – hohe Zugkraft. Es gibt mechanische Winden, die es auf eine Zugkraft von zehn Tonnen bringen. Bei Elektrowinden liegt die Zugkraft meist zwischen 500 und 3500 Kilo. Wenn man bedenkt, daß ein vollbeladener Geländewagen drei Tonnen schwer sein kann, wird einem klar, daß nur das Beste wirklich gut genug ist.

Mechanische Winden werden überwiegend eingesetzt, um ganz gezielt schwere Arbeiten zu verrichten: Bäume wegschleifen, Hindernisse beseitigen, havarierte Fremdfahrzeuge bergen. Für Geländefahrer, die sich notfalls selbst aus der Klemme helfen wollen, sind sie nur bedingt tauglich: Bleibt zum Beispiel während einer gewagten Wasserdurchfahrt der Motor stehen, nützt auch die stärkste mechanische Winde nichts mehr. Da ist dann die Elektrowinde eindeutig im Vorteil. Qualitätswinden sind serienmäßig mit Vor- und Rücklauf, Freilauf und automatischer Scheibenbremse ausgerüstet (Warn 8274 z. B. bei Allrad-Schmitt für rund 2000 Mark erhältlich.) Eine Fernbedienung mit ausreichend langer Verkabelung gehört bei dieser 3,6-Tonnen-Superwinde ebenfalls zur Grundausrüstung.

Nabenwinden

Fahrzeuge wie der Unimog lassen sich alternativ zu den genannten Systemen auch mit sogenannten »Nabenwinden« ausrüsten: An die Räder einer angetriebenen Achse werden Stahltrommeln angeschraubt; das Ende eines Stahlseils wird fest in eine Trommel eingehakt, das andere Ende wird an einem Baum oder einem Felsen festgemacht. Sobald sich nun die Räder drehen, wird das Seil auf die Trommel gespult, das Fahrzeug zieht sich praktisch am eigenen Schopf aus dem Graben. Wenn der Motor sauber arbeitet, funktioniert diese Bergemethode eigentlich immer recht gut.

Windenzubehör

Winden, bei denen das Zugseil nicht durch ein sogenanntes »Rollenfenster« geführt wird, können ihre Aufgabe nur ungenügend erfüllen. Die Rollen sorgen dafür, daß sich das Seil auch dann ordentlich auf die Trommel wickelt, wenn die Zugkraft schräg zur Fahrzeuglängsachse ausgeübt wird.

Bei Seilwinden ohne Rollenfenster kann das Seil nur gerade von der Winde weggeführt werden. Läuft es schräg, scheuert es an der Stoßstange oder am Windengehäuse entlang und verheddert sich schließlich. Im Extremfall kann es sogar reißen.

Es gibt verschiedene Seilfenster-Ausführungen. Am gebräuchlichsten und auch am zweckmäßigsten sind Rollenfenster, die über je zwei horizontal und zwei vertikal gelagerte Stahlrollen verfügen (etwa 140 Mark). Die Zugkraft kann dann sowohl nach rechts und links, als auch nach oben und unten umgelenkt werden. Bei billigen Ausführungen besteht das Seilfenster einfach aus einer Öse mit abgerundeten Kanten. Hier ist der Verschleiß natürlich wesentlich größer als bei Rollenfenstern.

Separate Umlenkrollen (pro Stück 40 bis 100 Mark) gestatten es, die Zugrichtung ganz nach Bedarf zu ändern. Befindet sich zum Beispiel in unmittelbarer Nähe des Havaristen kein geeignetes Widerlager, kann das Seil über Umlenkrollen bis zu einem Baum geführt werden, der ausreichend Halt bietet. Ein liegengebliebenes Fahrzeug an Umlenkrollen rückwärts aus dem Dreck zu ziehen, ist nicht ganz unproblematisch: Meistens scheitern entsprechende Versuche einfach daran, daß es sich als unmöglich erweist, das Seil unter dem fest aufsitzenden Chassis durchzuführen. Bei entsprechender Befestigung läßt sich mit Hilfe von Umlenkrollen auch eine Hebevorrichtung bauen: Die Rolle wird an einem Balken oder Ast befestigt, das Seil wird über die Rolle gelegt – fertig ist der Kran.

Nylon-Baumgurte

Nützlich sind auch Baumgurte aus hochelastischem Nylon. Ein 2,50 Meter langer Baumgurt hält eine Belastung von etwa 12 Tonnen aus und kostet ungefähr 80 Mark. Bei Bedarf wird der Gurt um den Baum gelegt, der Zughaken des Zugseils wird in die verstärkte Öse am Gurtende eingelegt. Es ist dann so gut wie ausgeschlossen, daß Seil, Fahrzeug, Winde oder Baum durch die harten Ruckbewegungen beschädigt werden, die auftreten, wenn die Winde anläuft, oder wenn das Seil nach einer Durchhängephase von neuem gespannt wird. Vor allem bei elektrischen Winden ist es angebracht, Baumgurte als Ruckbremse zwischen Baum und Fahrzeug zu schalten; die Zuggeschwindigkeit läßt sich hier ja nicht regulieren.

Bei Preisen um 100 Mark deutlich teurer als Baumgurte: Zug- oder »Choker«-Ketten aus gehärtetem Stahl. Wie Nylongurte lassen sich auch die Ketten um Bäume oder Felsbrocken schlingen, doch haben sie den Nachteil, daß sie nicht elastisch sind und auch leichter abrutschen als Gurte.

Ketten und Schlepphaken

Bei der Bergung von Fahrzeugen können auch zusätzliche, anschraubbare Zug- oder Schlepphaken (10 bis 25 Mark je Stück) und Schäkel von Nutzen sein. Mit Schäkeln lassen sich mehrere Seile aneinanderketten. Der Schraubverschluß schafft eine sichere Verbindung. Ein paar kräftige Arbeitshandschuhe gehören ebenfalls in die Zubehörkiste: Sie verhindern, daß man sich beim Hantieren mit dem Seil verletzt.

Die stärkste Seilwinde nützt nicht viel, wenn kein Widerlager für das Seil vorhanden ist. Vor allem in der Wüste ist guter Rat teuer: An einer Sanddüne läßt sich nun einmal kein Haken befestigen. Es sei denn, man hat einen Bodenanker im Gepäck: Das sind massive Stahlkonstruktionen, die mit meterlangen Pflöcken im Boden befestigt werden. Zur Not kann man sich auch damit behelfen, indem man das Reserverad oder ein Sandblech möglichst tief in den Boden eingräbt und daran dann das Zugseil befestigt.

Wer sich im Zubehörhandel nach einer Seilwinde umschaut, sollte darauf achten, daß die Seilstärke mindestens fünf Millimeter beträgt. Optimal: acht bis zehn Millimeter Durchmesser. Bei einem geringeren Querschnitt besteht leicht die Gefahr, daß das Seil bei hoher Beanspruchung reißt. Auch neigen allzu dünne Seile dazu, bei der ersten Gelegenheit zu knicken. Sie lassen sich dann nicht mehr vernünftig aufspulen. Bei Bergemanövern sollte man sich stets in respektvoller Entfernung zum Seil aufhalten. Eine Fernbedienung macht's möglich. Reißt nämlich das Seil, können die durch die Luft peitschenden Enden den Umstehenden lebensgefährliche Verletzungen zufügen. Auch heißt es aufgepaßt, wenn das Seilende sich beim Aufwickeln dem Seilfenster nähert: Schaltet man dann die Winde nicht rechtzeitig ab, wird entweder die Winde oder das Fahrzeug beschädigt. Auch empfiehlt es sich, beim Bergen nicht den letzten Zentimeter Seil in Anspruch zu nehmen: Solange das Seil belastet ist, kann es nicht ausgehakt werden. Man muß genauso wie beim Abschleppen eines Fahrzeugs auf der Straße am Schluß ein wenig Luft lassen, um das Seil abnehmen zu können.

Handbetätigte Seilzüge und Abschlepphilfen

Ein handbetätigter Seilzug macht zwar rein optisch nicht so viel her wie eine Seilwinde, doch ist die Leistungsfähigkeit keineswegs geringer. Und das bei durchaus zivilen Preisen: Das von verschiedenen Ausrüstern angebotene Spitzenprodukt »Greifzug TU-L 15« kostet bei einer Nutzkraft von 1500 Kilo nicht mehr als 700 Mark, inclusive 20 Meter Neun-Millimeter-Stahlseil, angekauschtem Zughaken und Handhaspel. Der TU-L 30 hat sogar eine Hubleistung von 3000 Kilo, genug, um den schwersten Geländewagen aus dem Dreck zu ziehen. Von Vorteil ist bei handbetätigten Seilzügen auch das geringe Eigengewicht: zwischen 10 und 20 Kilo. Elektrische Seilwinden können das Fahrzeuggewicht um bis zu 60 Kilo erhöhen. Mechanische Winden wiegen inclusive Nebenantrieb noch viel mehr. Von der Stöpler GmbH in Dundenheim bei Offenburg (»Cross Country Service«) werden sogar Handseilzüge angeboten, die nicht viel größer sind als ein Briefumschlag und inklusive zehn Meter 4,5-Millimeter-Seil nur 1,7 Kilo wiegen. Der Minizug heißt »Jockey«, kostet 196 Mark und bewältigt Gewichte bis 500 Kilo. Auch hier läßt sich durch das Einschalten von Umlenkrollen die Zugkraft leicht verdoppeln.

Da derartige Gerätschaften nicht von einem Motor, sondern von Hand betrieben werden, müssen sie mit einer starken Übersetzung ausgerüstet sein. Auf der einen Seite erleichtert das die Arbeit, auf der anderen Seite dauert das Manöver natürlich ziemlich lange. Dafür ist man wiederum völlig unabhängig von elektrischer oder durch Kraftstoffverbrennung erzeugter Energie: Ein Greifzug funktioniert bei abgesoffenem

Winde am Nebenabtrieb eines Munga. Die Stützschiene läßt sich herunterklappen, um die Standfestigkeit des Wagens zu erhöhen.

Motor genauso gut wie bei leergenudelter Batterie, er tut's bei 40 Grad Hitze genauso zuverlässig wie bei 30 Grad Kälte. Und noch einen anderen Vorzug sollte man nicht unterschätzen: Eine handbetätigte Winde kann überall am Fahrzeug angesetzt werden – vorn, hinten oder in der Mitte. Und aufgrund der kompakten Abmessungen nimmt sie im Fahrzeug nicht viel Platz weg, wenn sie nicht gebraucht wird.

Besonders vorsichtige Geländefahrer nehmen zusätzlich zu Seilwinde oder Greifzug ein Bergeband aus Kunststoffgewebe oder eine Abschleppstange aus Stahl mit. Wenn das Fahrzeug einmal über eine größere Distanz hinweg abgeschleppt werden muß, kann man auf derartige Hilfen in der Tat nicht verzichten. Elastische Abschleppgurte sind in verschiedenen Längen und Belastungsstärken zu haben. Stöpler bietet für 53 Mark ein fünf Meter langes Polyesterband an, das mit sechs Tonnen belastet werden kann. Mehr als 16 Tonnen hält das Nylon-Bergeband von Allrad-Schmitt aus. Der Gurt ist neun Meter lang und kostet immerhin gut 200 Mark. Empfehlenswert auch für Pkw-Fahrer: das ebenfalls von Schmitt angebotene 4,5-Meter-Abschleppband, das an den Enden mit zwei stabilen Zughaken ausgerüstet ist. Das Band ist mit rund 77 Mark zwar teurer als jedes normale Abschleppseil, aber wesentlich praktischer und haltbarer. Abschleppstangen haben den Vorteil, eine starre Verbindung zwischen Schleppwagen und abgeschlepptem Fahrzeug zu schaffen. Das gibt Sicherheit selbst dann, wenn die Bremsen des Havaristen nicht mehr funktionieren.

Anfahrhilfen und Schneeketten

Im Sand, im Schlamm oder im Tiefschnee läßt sich ein festsitzendes Auto auch mit sogenannten »Luftlande«- oder Sandblechen wieder flott machen. Bei schweren Militärfahrzeugen gehören diese Anfahrhilfen zur Grundausrüstung. Die großzügig perforierten Blechstreifen werden im Bedarfsfall vor die Räder gelegt und gewähren selbst unter extremen Bedingungen vorzüglichen Halt. Aufgrund der beträchtlichen Abmessungen (circa 35 x 150 Zentimeter) lassen sich die Sandbleche nicht im Fahrzeuginnern unterbringen; sie müssen auf dem Dach oder an seitlich angebrachten Haltern festgezurrt werden. Es gibt Stahl- und Aluminiumausführungen. Von Sandblechen aus Stahl ist zumindest bei kleinen und mittleren Geländewagen abzuraten: sie sind einfach zu schwer. Ein Alu-Sandblech dagegen wiegt nicht mehr als fünf Kilo. Da ist es dann kein Problem, vier Stück mitzuführen – für jedes Rad eines. Der Preis liegt bei 150 Mark pro Blech. Nur die Hälfte kosten die etwa 50 Zentimeter langen, leiterförmigen Anfahrhilfen aus Metall oder Kunststoff, die überall im Zubehörhandel angeboten werden. Zur Not genügt es, zwei Anfahrhilfen vor die Hinterräder zu legen, fest gegen den Reifen zu drücken und dann langsam anzufahren. Unterlegkeile aus Stahl oder Kunststoff (15 bis 30 Mark) bewahren das Fahrzeug am Berg nicht nur vor dem Wegrollen, sie können auch die Anfahrprozedur beträchtlich erleichtern.

Schneeketten erweisen sich im Winter auch bei einem allradgetriebenen Wagen als äußerst nützlich. Mit grobstolliger Serienbereifung kommt man nur auf lockerem Schnee über festem Untergrund und bei Schneematsch gut voran. Auf vereister Fahrbahn und an Steigungen mit festgefahrener Schneedecke läßt unter Umständen auch bei eingeschaltetem Vierradantrieb die Traktion zu wünschen übrig.

Am besten ist es, an allen vier Rädern Schneeketten aufzuziehen.

Werden lediglich die Hinterräder mit Schneeketten versehen, besteht die Gefahr, daß der Wagen vorn ständig aus der Spur läuft. Die Hinterräder greifen, die Vorderräder rutschen seitlich weg oder laufen, unbeeindruckt von jeder Lenkbewegung, Spurrillen nach. Beim Bremsen kann es passieren, daß sich der Wagen plötzlich querstellt. Wenn nur zwei Ketten vorhanden sind, diese am besten auf die Vorderräder aufziehen und dann Allradantrieb einschalten.

Hebegeräte

Für einen Radwechsel am Straßenrand dürfte der serienmäßig dem Fahrzeug beigelegte Wagenheber meistens ausreichen. Im tiefen Schlamm dagegen kommt man mit einem normalen Wagenheber nicht mehr zurecht: Der Hub ist zu klein, das Hebezeug drückt sich in den Morast, der Wagen rührt sich nicht vom Fleck. Helfen kann man sich in solchen Fällen nur, wenn man spezielle Hebegeräte an Bord hat. Erfahrene Buschpiloten vertrauen seit langem auf den »Hi-Lift«, einen Super-Wagenheber mit einer Tragkraft von 3,5 Tonnen und einem Hub von fast einem Meter. Der Hi-Lift läßt sich auch dann noch ansetzen, wenn das Chassis aufliegt: Die Hebekralle kann ganz nach unten geschoben werden. Durch eine spezielle Arretiervorrichtung ist gewährleistet, daß die Last in jeder Höhe sicher gehalten wird. Selbst umgestürzte Fahrzeuge lassen sich mit dem Hi-Lift wieder auf die Räder stellen. Von Nutzen ist der Hi-Lift auch, wenn Reparaturen am Fahrgestell erforderlich sind: Der Wagen läßt sich so weit anheben, daß man bequem unter das Auto kriechen kann, um dort zu arbeiten. Man sollte dabei allerdings niemals vergessen, das Fahrzeug durch das Unterlegen von Holzklötzen, Steinen oder Eisenteilen zusätzlich gegen ein plötzliches Absacken zu sichern. Notfalls tun's auch ein paar Reserveräder, die einfach übereinander geschichtet werden.

Bei weichem Untergrund empfiehlt es sich, die Aufstandsfläche des Wagenhebers durch ein stabiles Brett, das unter den Heber-Sockel gelegt wird, zu vergrößern. Außerdem wird so einigermaßen zuverlässig verhindert, daß der Wagenheber wegrutschen kann. Ein Hi-Lift-Heber kostet inklusive Zubehör etwa 240 Mark.

Unten: Sandbleche helfen beim Überwinden kritischer Passagen (Toyota Station, Camel Trophy 1982). Rechts daneben: Holzbalken als Hebel bei der Bergung eines eingebrochenen Toyota Landcruiser.

Vielseitig verwendbar und dementsprechend gesucht ist auch der alte Wagenheber vom VW Käfer: Großer Hub, relativ hohe Tragkraft, praktische Handhabung. Für wenig Geld kann man sich auf dem Schrottplatz auch einen alten Lkw-Wagenheber besorgen. Hydraulische Heber haben zwar eine enorme Tragkraft, aber nur einen geringen Hub. Für den Einsatz im Gelände besser geeignet, dafür aber ziemlich schwer und sperrig: konventionelle Lkw-Heber mit Drehkurbel und Schneckenrol-

len oder Zahnstangentrieb. Diese Dinger sind urig aber wirkungsvoll. Eine geniale Erfindung ist der »Air-Jack«, ein Ballon aus hochfestem Nylongewebe, der mit den Auspuffgasen aufgeblasen werden kann. Der Ballon kann an jeder beliebigen Fahrzeugstelle angesetzt werden. Vor allem auf morastigem Untergrund ist der Air-Jack allen anderen Hebegeräten überlegen: Er kann wegen der gewaltigen Aufstandsfläche nicht so leicht einsinken. In zusammengefaltetem Zustand läßt er sich gut im Fahrzeug verstauen.

Wer eine Dienst- oder Abenteuerreise durch den Dschungel Malaysias oder den brasilianischen Regenwald plant, wird nur schwerlich auf Äxte, Beile oder Macheten verzichten können. Die Teilnehmer der Camel-Trophy quer durch Sumatra zum Beispiel mußten oft genug Motorsägen einsetzen, um sich einen Weg durchs dichte Unterholz bahnen zu können. Umgestürzte Baumriesen und herabhängende Lianen versperrten den Teams immer wieder den Weg.

Wüstenfahrer sollten nicht ohne Schaufel und Spaten auf die Reise gehen. Das Freischaufeln von Fahrzeugen, die sich in den Sand eingegraben haben, gehört zum täglichen Brot der Sahara-Durchquerer. Es gibt sogar universelle Schaufelgeräte aus Aluminium, die sich je nach Verwendungszweck verstellen und zusammenklappen lassen (Preis etwa 60 Mark).

Schaufeln, Äxte, Sägen

Werkzeuge wie Axt, Spaten und Schaufel bringt man am besten außen am Fahrzeug an: Hier nehmen sie keinen Platz weg, sind im Notfall schnell greifbar. Spezielle Halter gibt es überall im Zubehörhandel. Eher Spielzeugcharakter haben kleine Kombiwerkzeuge, mit denen gesägt, gehackt und gegraben werden kann. In schwierigen Situationen sind sie nicht mehr als ein Notbehelf. Auch beim traditionellen Klappspaten sind die Einsatzmöglichkeiten begrenzt. Kluge Geländewagen-Piloten gehen übrigens niemals ohne Starthilfekabel auf Fahrt. Der Kabelquerschnitt sollte mindestens zehn Millimeter betragen, die Polzangen müssen kräftig und griffsicher sein.

Absolut unentbehrlich bei Reifenpannen: Radmutterschlüssel in Kreuzform, Montiereisen, Flickzeug und Luftpumpe. Bei Fahrten über Geröllpisten, die mit scharfkantigen Steinen übersät sind, kann es vorkommen, daß ein und derselbe Reifen mehrmals am Tag durchlöchert wird. Da ist die Arbeit nicht damit getan, einfach ein Reserverad zu montieren. Der defekte Reifen muß vielmehr unverzüglich repariert werden. Sehr praktisch: Ein Kreuzschlüssel, der an einem Arm mit einem Vierkant zur Aufnahme von Stecknüssen versehen ist. Mit einem solchen Schlüssel und einem entsprechenden Nußsortiment läßt sich jede Schraubenmutter öffnen. Beim Flickzeug sollte man nicht zu den kleinen Päckchen greifen, die man an Tankstellen bekommt, sondern zu preiswerten Großpackungen. Montiereisen können gar nicht lang genug sein. 60 Zentimeter sind eigentlich das Mindeste. Die Hebelwirkung läßt sich durch ein Rohr, das man über das gerade Ende schiebt, zusätzlich verbessern. Fußluftpumpen sind zu Preisen zwischen 30 und 60 Mark erhältlich. Besonders empfehlenswert: Pumpen mit Doppelzylinder. Sie sind wesentlich leistungsfähiger als Einfachpumpen, der Reifen ist in kürzester Zeit mit Luft gefüllt. Die meisten Pumpen sind mit einem eingebauten Manometer ausgerüstet.

Hilfe bei Reifenpanne

Elektrisch betriebene Bordkompressoren gehören in den USA fast überall zur Grundausstattung, bei uns werden sie nur von wenigen Zubehörspezialisten angeboten. Der Cross-Country-Service zum Beispiel offeriert einen 12-Volt-Hochdruck-Kompressor, der über ein drei Meter langes Kabel einfach an die Zigarettenzünder-Steckdose angeschlossen wird. Die maximale Druckleistung liegt bei 8,5 bar. Im Preis (150 Mark) inbegriffen: Manometer bis 10 bar, Gummischlauch mit Universal-Reifenventil-Stecker und ein Adapter für Fahrradventile, Luftmatratzen und Bälle. Das Gerät wiegt 2,3 Kilo.

Feuerlöscher

Wer ganz auf Nummer sicher gehen will, vergißt natürlich nicht, einen Feuerlöscher im Fahrzeug anzubringen. Wenn es brennt, hat man freilich nur einige Aussicht auf Erfolg, wenn die Kapazität ausreichend ist: Ein Feuerlöscher mit vier Kilo Inhalt sollte es schon sein. In einem größeren Fahrzeug lassen sich auch Sechs-Kilo-Löscher unterbringen. Bei den meisten Geräten handelt es sich um konventionelle Pulverlöscher. Neuerdings sind jedoch auch Halon-Löscher im Handel: Beim Feuerlöschen mit Halon gibt es – anders als beim Löschen mit Pulver – keine Rückstände. Auch ist die Löschwirkung an schwer zugänglichen Stellen besser. Motorbrände zum Beispiel können durch den Kühlergrill hindurch gelöscht werden – man braucht also die Motorhaube gar nicht erst zu öffnen. So geht keine kostbare Zeit verloren. Außerdem positiv: Die Sicht wird beim Löschen nicht vernebelt. Halon-Löscher werden unter anderem von den Rettungsstaffeln eingesetzt, die bei Autorennen für Sicherheit sorgen. Ein Zwei-Kilo-Halon-Löscher kostet etwa 120 Mark, ein Vier-Kilo-Gerät 200, ein Sechs-Kilo-Löscher 270 Mark.

Bordwerkzeug und Ersatzteile

Geländefahrer sind darauf angewiesen, Reparaturen notfalls selbst auf freier Strecke durchführen zu können. Das geht natürlich nur, wenn man das richtige Werkzeug an Bord hat. Besonders reichhaltig sind die Werkzeugsätze bei Geländewagen, die aus dem Ostblock stammen. Vor allem beim russischen Lada Niva und beim rumänischen ARO ist die Werkzeug-Grundausstattung vorbildlich. Montiereisen und Luftpumpe fehlen ebensowenig wie eine Kurbel zum Anwerfen des Motors und eine Handlampe. Zwischen Kaukasus, Ural und Baikalsee sind Werkstätten nämlich so rar wie weiße Elefanten.
Recht kümmerlich dagegen das Bordwerkzeug bei einigen japanischen und amerikanischen Fahrzeugen: Außer ein paar Gabel- und Steckschlüsseln finden sich allenfalls ein Dorn, ein Zündkerzenschlüssel und ein schwächlicher Wagenheber mit Spindelantrieb. Wenn man derartiges Werkzeug dreimal benutzt hat, kann man es wegwerfen.
Geländefahrer, die sich mit ihrem Allrad-Muli auf große Fahrt begeben wollen, sollten unter keinen Umständen am Werkzeug sparen. Am besten bedient ist man mit Markenwerkzeug aus gehärtetem Chrom-Vanadium-Stahl. Billige Supermarktware kann nur in den seltensten Fällen den Ansprüchen genügen.

Werkzeug

Zur Werkzeuggrundausstattung gehören: Ein Satz Schraubendreher für Schlitz- und Kreuzschlitzschrauben, ein Satz Maulschlüssel, ein Satz Ringschlüssel, eine Kombi- und eine Kneifzange, ein mittelschwerer Eisenhammer, ein Kunststoffhammer, eine Spitzzange, ein paßgenauer Zündkerzenschlüssel (gegebenenfalls mit Verlängerung), ein Radkreuz, ein Meißel, ein kräftiger Dorn, zwei lange Montiereisen, eine Prüflampe, eine Auswahl Steckschlüssel, eine Kontaktfeile, eine Lehre zum Einstellen von Zündkontakten und Elektrodenabständen. Fernfahrer sollten außerdem einpacken: Kontaktspray, Fettpresse inklusive Ersatzkartusche zum Auswechseln, Spezialwerkzeug wie bestimmte zum Fahrzeug passende Abzieher, Drehmomentschlüssel (wichtig bei Zylinderkopfmontage), Seegeringzangen für Arbeiten am Motor oder am Antrieb (Kreuzgelenke), Wasserpumpenzange, Lötwerkzeug, Schmirgelpapier, Ölkännchen, Draht.

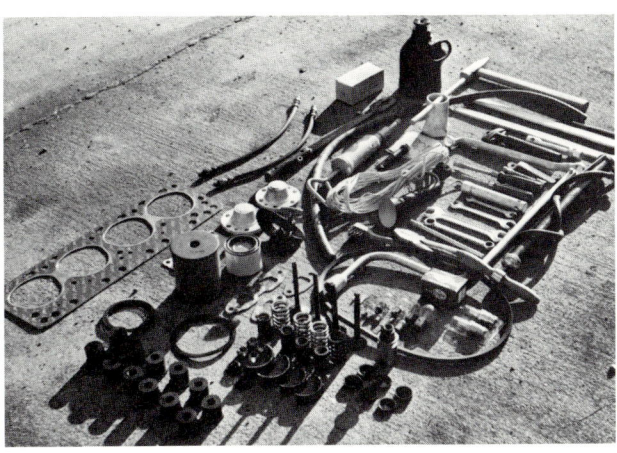 

Mit dem Werkzeug allein lassen sich natürlich längst nicht alle Schäden beheben. Was nützt es mir, wenn ich es geschafft habe, die defekte Wasserpumpe auszubauen, das passende Ersatzteil aber nirgends auftreiben kann? Wer wirklich für alle Fälle gerüstet sein will, sollte daher auch einen bestimmten Vorrat an Ersatzteilen mit auf große Fahrt nehmen. Ganz wichtig natürlich, wie bereits erwähnt: Ersatzräder (mindestens zwei), Reserveschläuche, Ventileinsätze, Flickzeug und Vulkanisierflüssigkeit in ausreichender Menge. Was außerdem leicht kaputt gehen kann: Wasserpumpe, Lichtmaschine, Anlasser, Benzinpumpe, Radlager, Verteilerkappe, Kardangelenke. Mit auf die Reise nehmen sollte man ferner: Motor-Dichtungssatz (vor allem Zylinderkopfdichtung), Öl- und Benzinfilter, Kühlwasserschläuche, Gas- und Kupplungszug, Bremsbeläge, Elektrokabel in verschiedenen Längen und Stärken, Schrauben, Muttern, Scheiben, Sprengringe und Splinte, Vergaserdüsen (wichtig zum Umrüsten in großer Höhe), Einspritzdüsen und Glühkerzen bei Fahrzeugen mit Dieselmotor, je ein Stück Brems- und Kraftstoffleitung. Für Haupt- und Radbremszylinder gibt es im Autozubehörhandel oder beim Fachhändler spezielle Reparatursätze. Das gleiche gilt für Kupplungssysteme mit hydraulischer Betätigung. Auch die Wasser- oder Benzinpumpe läßt sich notfalls mit einem mitgeführten Reparatursatz instandsetzen. Wer darüberhinaus stolzer Besitzer eines Werkstatthandbuches ist, kann bei einigem handwerklichem Geschick auch schwierige Reparaturen ohne fremde Hilfe ausführen.

Ersatzteile

Unentbehrlich bei Reparaturen in der Nacht: Eine Handlampe, die an die Bordsteckdose oder den Zigarettenanzünder angeschlossen werden kann. Besonders praktisch ist eine Magnet-Bordlampe, die sich

Handlampen, Generatoren, Ölfilter

überall am Fahrzeug befestigen läßt (25 bis 30 Mark). Zwar tut's zur Not auch eine Taschenlampe, doch bei einer Magnetleuchte hat man stets die Hände frei. Besonders hoch ist die Lichtausbeute, wenn die Lampe mit einer Halogenglühbirne ausgerüstet ist. Für nur zehn bis 14 Mark sind die bewährten Drahtkorblampen zu haben, die mit einem Haken an jeder beliebigen Stelle aufgehängt werden können. Als Lichtquelle dient eine normale Biluxbirne.

Das Non-Plus-Ultra sind professionelle Handscheinwerfer mit Metallgehäuse, Halogeneinsatz, 200-Millimeter-Streuscheibe und gummiertem Haltegriff. Die Reichweite ist so groß, daß noch Ziele in 500 Meter Entfernung erkannt werden können. Deshalb eignen sich derartige Leuchten auch hervorragend als Suchscheinwerfer. Die Preise liegen zwischen 90 und 100 Mark. Nützlich ist auch eine serienmäßig installierte Motorraumbeleuchtung. Nur im Zubehörhandel erhältlich sind zweipolige Steckdosen für den nachträglichen Einbau ins Armaturenbrett oder an beliebige Stellen an der Außenwand.

Neuerdings werden Bordgeneratoren angeboten, die aus 12 oder 24 immerhin 220 Volt machen können. So lassen sich mitten in der Wüste sogar Bohrer, Schleifer, Sägen und Pumpen betreiben.

Zubehör für die Verbesserung der Geländetauglichkeit

Vor über 50 Jahren, vom August 1931 bis zum März 1932, durchquerte im Auftrag des französischen Automobilherstellers Citroën eine Truppe wagemutiger Ingenieure, Forscher und Kameraleute mit tonnenschweren Geländefahrzeugen den Vorderen Orient, Persien, Afghanistan und China. Als »Croisière Jaune«, als »Gelbe Expedition« ging diese Pioniertat in die Geschichte ein. Daß die Franzosen es schafften, mit dem Auto die 4000 Meter hoch gelegenen Hymalaya-Pässe und die gefährlichen Schluchten des Karakorum-Gebirges zu bezwingen, war vor allen Dingen der ausgeklügelten Fahrzeugausrüstung zu verdanken: Die Citroën-Wagen vom Typ C4 und C6 verfügten an der Hinterachse über Raupenketten, die das Traktionsvermögen entscheidend verbesserten. Die Ketten waren zudem weniger pannenanfällig als normale Gummireifen. Vorne waren die Halbkettenfahrzeuge mit riesigen Stützrollen ausgerüstet: Die Rolle machte es möglich, scharfe Absätze, Geländestufen und Felsbrocken zu überqueren, ohne daß der Vorderwagen aufsetzte.

TÜV-Bestimmungen beachten

Auf vergleichbar effektive Zusatzeinrichtungen kann der Besitzer eines modernen Geländewagens in der Regel nicht zurückgreifen, wenn er sein Fahrzeug für einen extremen Einsatz vorbereiten will. Zumindest in der Bundesrepublik bietet der Zubehörhandel nur Ausrüstungsgegenstände an, die den Wagen in seiner Gesamtcharakteristik nicht durchgreifend verändern. Wer es wagen würde, sein Allradauto mit Raupenketten und Bugrolle zu versehen, würde vom TÜV schnell in die Schranken gewiesen.

Aber auch beim Kauf von scheinbar ganz normalen Ausrüstungsgegenständen ist Vorsicht geboten. Man sollte unbedingt prüfen, ob der Fahrzeughersteller das betreffende Teil freigegeben hat oder ob ein TÜV-Gutachten vorliegt. Und jede Veränderung am Fahrzeug muß in die Papiere eingetragen werden. Liegen ABE oder Mustergutachten vor, gibt es normalerweise keine Probleme. Ist das nicht der Fall, muß im Rahmen eines Einzelgutachtens geklärt werden, ob das Teil montiert werden darf oder nicht. Für eine Privatperson lohnt es sich in der Regel allerdings nicht, die aufwendige Prozedur durchführen zu lassen: Die Kosten können sich auf mehrere tausend Mark belaufen. Wer mit Zubehörteilen durch die Gegend donnert, die nicht eingetragen worden sind, verliert spätestens bei einem Unfall unweigerlich den Versicherungsschutz. Er muß für alle Schäden selbst aufkommen, die er verursacht hat. Das kann in die Millionen gehen. Außerdem setzt es eine Anzeige und Punkte in der Flensburger Verkehrssünderkartei. In bestimmten Fällen kann auch der Führerschein eingezogen werden.

Was viele Geländefahrer irritieren mag: Im Zubehörhandel sind zahlreiche Ausrüstungsgegenstände erhältlich, die zwar ganz offiziell vertrieben, angeboten und auch von jedermann gekauft, aber nicht im Straßenverkehr benutzt werden dürfen. Eine wirklich paradoxe Situation. Der Handel mit verbotener Ware ist erlaubt, der Gebrauch dagegen streng untersagt. Seriöse Händler versäumen es allerdings nicht, ausdrücklich darauf hinzuweisen, ob der betreffende Gegenstand vom TÜV freigegeben wurde oder nicht. Die Entscheidung liegt letztlich beim Käufer.

Räder und Reifen

Daß ein Allradauto erst durch die richtigen Reifen zum tauglichen Geländewagen wird, wurde bereits gesagt. Wer die falschen Reifen aufzieht, muß damit rechnen, daß die Vorteile des Allradantriebs zum großen Teil eliminiert werden. Fein profilierte Pneus verbessern auf Asphaltstraßen zwar die Fahreigenschaften, stehlen dem Wagen aber die von den meisten Gelände-Freaks so geschätzte Off-Road-Optik. Auch ist man mit Straßenreifen im Winter schnell am Ende – trotz Four-Wheel-Drive. Wer die serienmäßig aufgezogenen Reifen nun gegen spezielle Pneus austauschen will, hat die Qual der Wahl: Auf dem internationalen Markt und auch in der Bundesrepublik werden hunderte von verschiedenen Reifentypen angeboten. Die Verwirrung wird noch vergrößert durch die Vielzahl der Bezeichnungen. Da werden Abmessungen in Buchstabenkombinationen, Zoll und Millimeter angegeben, da wird nach Diagonal- und Radialbauweise unterschieden, da gibt es chiffrierte Hinweise auf Belastbarkeit, Höchstgeschwindigkeit und Anzahl der Lagen im Unterbau.

Ein paar Hinweise, die beim Kauf weiterhelfen: Die erste Zahl der großen Ziffernkombination auf der Reifenflanke gibt in Zoll oder Millimeter die Reifenbreite an, die zweite Zahl gibt Auskunft über den Felgendurchmesser. Beispiel: 7.50 x 16 = Reifenbreite 7,50 Zoll, Felgendurchmesser 16 Zoll. Die zusätzlichen Kennbuchstaben geben an, wie schnell mit dem Reifen gefahren werden darf: L bis 120, M bis 130, N bis 140, P bis 150, Q bis 160, R bis 170, S bis 180, T bis 190, U bis 200, H bis 210, V über 210 km/h.

Reifen-Bezeichnungen

Insgesamt sind in Europa folgende Angaben üblich: Reifenbreite in Millimeter oder Zoll, Felgendurchmesser in Zoll, Verhältnis Reifenhöhe zu Reifenbreite (vor allem bei Niederquerschnittsreifen wichtig), Reifenbauart (Radial oder Diagonal), maximale Tragfähigkeit, zugelassene Höchstgeschwindigkeit. Bei amerikanischen Reifen sieht die Sache ganz anders aus. Beim »Baja Belted«, dem in der Bundesrepublik meistverkauften Jeep-Reifen, finden sich folgende Bezeichnungen: Size (Größe) 9.5–15 LT (Light Truck); Description (Bezeichnung) »Baja

Belted«; Load Range (Tragfähigkeit) B (= bis 707 Kilo bei 2,1 bar/30 PSI); Maximal Speed (Höchstgeschwindigkeit) 100 MPH (= ca. 160 km/h); Tire Pressure (Reifendruck) 30 PSI (2,1 bar); Breadth of Tire (Reifenbreite) 9,8 inches (ca. 249 mm); Rim Dimension (Felgengröße) 7″ x 8″ x 18″. Neuerdings wird die Tragfähigkeit von Reifen durch Tragfähigkeitskennziffern wiedergegeben. Bei US-Buchstaben werden oft noch zusätzliche Lettern als Kennung verwendet. Die wichtigsten Daten für die gängigsten Größen (Quelle: Allrad-Schmitt Würzburg):

Reifengrößen	Höchstgeschwindigkeit km/h	Laufflächenlagen	Seitenwandlagen	Felgengröße	Laufflächen-Breite	Gesamt-Reifen-Durchmesser	Tragfähigkeit kg
27 x 9,50–14 LT	160	4	2	7	$7^{1}/_{4}$	$26^{1}/_{2}$	567
27 x 9,50–15 LT	160	4	2	7	$7^{1}/_{4}$	$26^{1}/_{2}$	535
9,5–15 LT	160	4	2	7/8	$7^{1}/_{2}$	30	694
11–15 LT	160	4	2	8	9	$30^{1}/_{2}$	861
12–15 LT	160	4	2	10	10	$31^{3}/_{4}$	1020
33 x 14,50 15LT	160	6	4	10	$10^{1}/_{2}$	$32^{1}/_{2}$	1072
11–16 LT	160	6	4	8	10	$30^{1}/_{2}$	1134
11–16,5 LT	160	6	4	$8^{1}/_{4}$	9	$30^{1}/_{2}$	1134
12–16,5 LT	160	6	4	$9^{3}/_{4}$	10	$31^{3}/_{4}$	1075
9,5–16 LT	160	4	2	7	$7^{1}/_{2}$	30	673

Spezialreifen wie der Baja Belted (Radialbauweise) packen wegen ihrer ausgeprägten Profilierung an den Flanken (»Side Biter«) auch dann noch, wenn andere Pneus längst durchdrehen oder seitlich wegschmieren. Das Profil ist durch eine charakteristische Keilstruktur gekennzeichnet – gute Voraussetzungen fürs Fahren auf verschlammten Wegen und schneematschbedeckten Straßen.

Ziemlich umfangreich ist das Reifenangebot, das Geländewagen-Importeur Kugel in Konz auf Lager hat. Die wichtigsten Fabrikate:

1. Goodyear Wrangler Radial: mit weißer Konturschrift als Seitenwand-Dekor; ein Radialreifen, der gute Straßen- und Geländeeigenschaften in sich vereint. Beste Ganzjahrestauglichkeit, ausgezeichnete Traktion in jedem Gelände, grobstollige, tief in die Seitenwand hineingezogene Profilierung, offenes Profil für gute Wasserableitung auf nassen Straßen. Lieferbare Größen: 9 x 15 LT, Traglast 670 kg, 160 km/h und 10 x 15 LT, Traglast 715 kg, 160 km/h (Preis 370 Mark pro Stück).

2. Goodyear Tracker A–T: mit weißer Konturschrift als Seitenwand-Dekor, robuster Diagonalreifen, komfortabel und laufruhig auf der Straße, ausgezeichnete Traktion. Lieferbare Größen: 9 x 15 LT, Traglast 705 kg, 160 km/h und 10 x 15 LT, Traglast 795 kg, 160 km/h (Preis 295 Mark pro Stück).

3. Goodrich TA: Stahlgürtelreifen mit weißer Konturschrift als Seitenwand-Dekor, Reifen-Vergleichstest-Sieger der Fachzeitschrift »Off Road«, ausgewogene Allround-Eigenschaften, vom Hersteller aber nur bis 120 km/h freigegeben. Lieferbare Größen: 9 x 15 TA, Traglast 1010 kg, 120 km/h, 10 x 15 TA, Traglast 1010 kg, 120 km/h und 11 x 15 TA, Traglast 1010 kg, 120 km/h (Preis 370 bis 440 Mark pro Stück).

4. Mohawk: Diagonalreifen, zugelassen bis 120 km/h; sehr gut im Gelände, aber für Straßenbetrieb nur bedingt geeignet (hoher Rollwider-

stand und schlechter Abrollkomfort auf Asphalt). Lieferbare Größen: 9 x 15 XLT und 10 x 15 XLT (Preis 260 Mark pro Stück).

5. Michelin XCL: robuster Gürtelreifen, für Straßenbetrieb aber weniger geeignet, weil der Verschleiß auf Asphalt extrem hoch ist. Dazu laut und schlechter Abrollkomfort. Lieferbare Größen 7.00 R 16 und 7.50 R 16 (Preis 260 bis 320 Mark pro Stück).

6. Michelin Stahlgürtelreifen M + S: guter Allroundreifen. Lieferbare Größen: 195 R 16 und 205 R 16 (Preis 260 Mark pro Stück).

7. Avon: preiswerter Stahlgürtelreifen mit guten Allroundeigenschaften. Lieferbare Größe: 205 R 16 (Preis 210 Mark pro Stück).

8. Semperit-Allwetterreifen. Lieferbare Größe: 7.50 x 16 6 PR (Preis 290 Mark pro Stück).

Beim Kauf von Breitreifen kommt man nicht umhin, auch extra breite Felgen anzuschaffen. Derartige Felgen gibt es in Stahl- und Leichtmetallausführung. Stahlfelgen sind billiger (rund 200 Mark/Stück), aber deutlich schwerer als Aluminiumfelgen (300 bis 400 Mark/Stück). Dementsprechend groß sind die ungefederten Massen, Komfort und Bodenhaftung werden in bestimmten Situationen merklich beeinträchtigt. Komplette Radumbausätze inklusive Kotflügelverbreiterungen, angepaßten Radhäusern, Tachoangleichung und TÜV-Abnahme bietet Kugel in Konz an. Beispiel: 5 Goodyear Wrangler 10 R 15 auf 8-Speichen-Stahlfelgen für Toyota Landcruiser kosten 3600 Mark. Fünf Wolf-Race-Alufelgen mit Bereifung 8,5 x 15 für den Suzuki SJ 410 schlagen mit 3900 Mark zu Buche. Bei Daimler-Benz kostet der Spaß einschließlich breiterer Kotflügel rund 4800 Mark. (Dafür bekommt man bei Honda oder Yamaha ein ausgewachsenes Geländemotorrad mit allen Schikanen.) Mit speziellen Felgenschlössern kann man die wertvollen Räder gegen Diebstahl sichern (Preis pro Satz 80 bis 90 Mark). Preiswert sind Kotflügelverbreiterungen aus Gummi: circa 240 Mark für alle vier Flügel. Wer ein zweites Reserverad mitnehmen möchte, braucht einen zusätzlichen Reserveradhalter. Bei Fahrzeugen mit zweiflügeliger Hecktür muß der Halter schwenkbar sein, sonst geht die Tür nicht auf. Beim Toyota Landcruiser ist dieses nützliche Zubehör serienmäßig. Beim offenen Mercedes G kostet es 260 Mark extra, beim Datsun Patrol muß man dafür 500 Mark zusätzlich bezahlen. Reserveradhüllen sind teuer, können sogar schädlich sein: Unter der Hülle sammelt sich Schwitz- und Spritzwasser und selbst gut lackierte Stahlfelgen fangen schon nach kurzer Zeit an zu rosten.

Einige der Reifenprofile, die Continental für Geländewagenfahrer im Programm hat. Die gesamte Pneu-Industrie hat heute solche Spezialsorten in ihrem Angebot.

Freilaufnaben und Sperrdifferentiale

Auf die Vorzüge von Freilaufnaben wurde bereits hingewiesen: Die Vorderräder laufen bei ausgeschalteter Nabe vollkommen frei auf den Kugellagern, der Antriebsstrang wird nicht nutzlos mitbewegt. Folge: geringerer Verbrauch, geringerer Verschleiß, geringere Vibrationen. Beschleunigungsvermögen und Höchstgeschwindigkeit werden ebenfalls verbessert, wenn auch nur geringfügig. Bei nachträglicher Montage muß mit Mehrkosten zwischen 220 (manuelle Naben) und 500 Mark (Automatiknaben) pro Satz gerechnet werden. Neueste Nachricht: Toyota-Geländewagen sind jetzt serienmäßig mit Freilaufnaben ausgerüstet, die sich über einen Hebel am Armaturenbrett aus- und einschalten lassen. Eine feine Sache, entfällt doch das lästige Hantieren an den meist verschmutzten Rädern. Freilaufnaben zum nachträglichen Einbau sind für fast alle Geländewagenmodelle erhältlich.

Wer seinen Wagen nachträglich mit Sperrdifferentialen ausrüsten möchte, tut gut daran, sich gleich bei der Neuwagenbestellung danach zu erkundigen, ob der Hersteller dieses begehrte Zubehör ab Werk als Extra anbietet. Es ist nämlich billiger, den Wagen ab Fabrik mit den gewünschten Sperrvorrichtungen zu bestellen, als im Nachhinein Differentialsperren einbauen zu lassen.

Servolenkung und Stoßdämpfer

Auch für die Servolenkung gilt: Gleich beim Kauf mitbestellen. Die Mehrkosten übersteigen dann selten den Betrag von 1500 Mark. Ein nachträglicher Einbau ist mit einem allzu großen und kostspieligen Aufwand verbunden. Lenkungsdämpfer werden für rund 120 Mark angeboten; sie nützen nur auf extrem holprigem Untergrund etwas. Einige Geländewagen sind serienmäßig mit verstärkten Federn zumindest an der Hinterachse ausgestattet. Daimler-Benz bietet Federverstärkungen an Vorder- und Hinterachse zu einem verhältnismäßig geringem Aufpreis an. Die Mehrausgabe lohnt sich allerdings nur dann, wenn man vorhat, sich mit dem Wagen überwiegend in extrem schwierigem Gelände zu bewegen. Auch dann, wenn der Wagen ständig bis an die Grenze des Möglichen beladen wird, machen sich verstärkte Federn schnell bezahlt. Schon mancher Wüstenfahrer ist mit seinem Auto liegengeblieben, weil die Serienfedern den Strapazen nicht gewachsen waren und deshalb einfach durchgebrochen sind.

Praktisch sind auch »Liftkits« für Vorder- und Hinterachse: Sie erhöhen die Bauchfreiheit um bis zu fünf Zentimeter. Wie lange Stoßdämpfer halten, hängt ebenfalls von Art und Dauer des Einsatzes ab. Im Straßenbetrieb können die Dämpfer viele Jahre alt werden, im Gelände sind sie schon oft nach wenigen Wochen verschlissen. Man kann das Problem in den Griff bekommen, wenn man Zusatzstoßdämpfer einbaut. Der Komfort läßt dann zwar spürbar nach, doch sind Zwangsaufenthalte durch Schäden an der Dämpfung kaum noch zu befürchten. Leistungsfähiger und langlebiger als die meist serienmäßig eingebauten Öldruckstoßdämpfer sind Gasdruckstoßdämpfer.

Reservetanks Kanister Prallbleche Luftfilter

Ebenfalls unentbehrlich auf großer Fahrt: Zusatztanks oder Reservekanister, die mit speziellen Halterungen außen am Fahrzeug mitgeführt werden. Fest eingebaute Zusatztanks sind zwar die elegantere, in jedem Fall aber die teurere Lösung (630 Mark für 2 x 15 Liter beim Mercedes G). Ein 20-Liter-Kanister aus Tiefziehstahlblech kostet nicht mehr als 40 Mark. Man sollte lediglich darauf achten, daß die Kanister innen über eine kraftstoffeste Lackierung verfügen. Praktisch sind verzinkte Ausgußstutzen mit eingebautem Messinggewebefilter: Beim Nachtanken geht nichts daneben, Schmutzpartikel werden zuverlässig absorbiert. Neuerdings werden auch hochglanzpolierte, rostfreie Edelstahlkanister angeboten. Preis pro Stück: rund 160 Mark.

Selbst wer nur gelegentlich einen Abstecher ins Gelände macht, sollte unter gar keinen Umständen darauf verzichten, Motorölwanne, Getriebe und gegebenenfalls auch Teile des Unterbodens durch stabile Schutzbleche vor Beschädigungen zu schützen. Die wertvollen Gehäuseteile können im Extremfall durch einen einzigen, harten Schlag von unten irreparabel beschädigt werden. Auch unter den Achsdifferentialen ist die Montage von Prallblechen angebracht. In bestimmten Situationen können die Schutzbleche am Unterboden auch als Gleithilfe nützlich sein, beispielsweise beim Überqueren scharfkantiger Grate, Felsbrocken, kleiner Hügel mit steil abfallenden Flanken. Für Geländewagen, die nicht serienmäßig mit Prall- und Schutzblechen ausgerüstet sind, werden vom Hersteller oder Importeur in der Regel passende Bleche bereitgehalten. Wer trotzdem nichts Geeignetes findet, kann sich die gewünschten Teile ohne weiteres in einer Karosseriewerkstatt nach Maß anfertigen lassen. Wüstenfahrer kommen nicht ohne Zyklon-Vorfilter aus, wenn sie nicht riskieren wollen, daß der Motor Schaden nimmt. Diese Spezialfilter (110 bis 140 Mark) verhindern, daß Sand und Staub über den Vergaser in die Brennräume gelangen.

Oben links: Besonders schick ist der verchromte Reservekanister (den Praktiker indessen in schlichtem Oliv bevorzugen). Rechts daneben: Hydraulischer Heber für einen Schneepflug, der den Allradwagen zum vielseitigen Nutzfahrzeug macht (Dangel-Peugeot).

**Überrollbügel
Sicherheitsgurte
Kopfstützen**

Geländewagen haben von Haus aus einen hohen Schwerpunkt – die Gefahr, daß die Fuhre bei allzu großer Seitenneigung umkippt, ist ziemlich groß. Vor allem die Insassen offener Wagen sind in einem solchen Fall vor lebensgefährlichen Verletzungen nur dann einigermaßen sicher, wenn der Wagen mit einem stabilen Überrollbügel ausgerüstet ist. Der Bügel verhindert, daß Fahrer und Beifahrer zwischen Aufbau und Erdoberfläche eingeklemmt werden. Je nach Ausführung kosten Überrollbügel zwischen 130 (Suzuki) und 450 Mark (AMC Jeep). Extra berechnet wird hier und da die Ummantelung aus Schaumstoff und Kunstleder: 200 bis 250 Mark. Halboffene Wagen wie die Basisversion des Mercedes G und der Datsun Patrol Hardtop weisen Überrollbügel aus Profilblech auf, die in die Karosserie integriert sind.
Doch nützt bei einem Crash selbst der beste Überrollbügel nicht viel, wenn sich die Passagiere nicht angeschnallt haben. Leider sind zahlrei-

che Fahrzeuge im Fond nicht mit Sicherheitsgurten ausgestattet. Nicht in allen Ländern der EG sind Gurte hinten bislang vorgeschrieben. Davon abgesehen, bereitet es bei manchen Geländewagentypen ohnehin erhebliche Schwierigkeiten, hinten Gurte anzubringen. Entweder fehlen die erforderlichen Befestigungspunkte, oder Karosserieform und Raumaufteilung machen die Montage unmöglich. Bei Fahrzeugen, die mit Längssitzbänken im Fond bestückt sind, ist es besonders kompliziert, Gurte einzubauen. Besonders guten Schutz geben Hosenträgergurte (80 bis 100 Mark pro Stück).

Kopfstützen dienen nicht nur der Bequemlichkeit, sondern auch der Sicherheit: Sie fangen bei einem Frontalaufprall den gefürchteten Peitscheneffekt auf, der im Extremfall dazu führen kann, daß sich Fahrer oder Beifahrer das Genick brechen; auch wenn ein anderes Fahrzeug von hinten auffährt, schützen Kopfstützen vor Verletzungen der Halswirbelsäule. Während Kopfstützen bei modernen Personenwagen überall zur Serienausrüstung gehören, ist dieses wichtige Sicherheitszubehör bei Geländewagen längst nicht immer eine Selbstverständlichkeit. Vor allem Fahrzeuge, die grau importiert worden sind, sind oft nur mit Primitivsitzen ohne Kopfstützen ausgerüstet. Kopfstützen für die Fondpassagiere werden nur von ganz wenigen Herstellern angeboten, von Daimler-Benz beispielsweise.

Chevrolet Blazer mit Rammschutz, extrabreiten Reifen und Felgen sowie Dachscheinwerfern, die aber nicht überall den TÜV-Segen genießen.

Scheiben, Schutzgitter, Wischer, Spiegel

Eine Windschutzscheibe aus Verbundglas dient ebenfalls der Sicherheit: Sie springt nicht gleich in tausend Stücke, wenn sie durch Steinschlag oder durch einen Unfall beschädigt wird. Frontscheiben aus völlig flachem Sicherheitsglas (Mercedes-Benz/Puch G und AMC Jeep zum Beispiel) haben den Vorteil, daß man sie im Notfall fast überall in der Welt gegen normales Fensterglas auswechseln kann. Das ist zwar nur eine Notlösung, doch immer noch besser als bei Sturm und Regen »oben ohne« durch die Gegend zu fahren. Im Zubehörhandel bekommt man für wenig Geld auch aufblasbare Notscheiben aus durchsichtigem Kunststoff.

Auch ein gepolstertes Armaturenbrett und stabile Haltegriffe, möglichst ebenfalls gepolstert, tragen zur Verbesserung der passiven Sicherheit bei.

Sehr gefragt und zu Preisen zwischen 400 und 700 Mark überall im Fachhandel zu haben: Rammschutzbügel aus stabilem Stahlrohr. Von

Rallyefahrern werden die martialisch aussehenden Rohrgitter auch respektlos »Kuhfänger« genannt. Sie schützen den gesamten Vorderwagen inclusive Zusatzscheinwerfern und Zubehör vor Beschädigungen aller Art. Beim Kauf darauf achten, daß ein Mustergutachten vorliegt! Schutzgitter mit scharfen Kanten und Ecken haben beim TÜV keine Chance. Alles muß hübsch abgerundet sein. Es gibt auch Rammschutzgitter mit eingearbeitetem Drahtgeflecht zum Schutz der Scheinwerfer. Wer gezwungen ist, durch dichtes Unterholz zu fahren, sollte zusätzlich sogenannte Ast- oder Buschabweiser anbringen. Dabei handelt es sich um solide Gestänge, die vom »Kuhfänger« oder »Safarigrill« zur Oberkante des Fensterrahmens hochgezogen werden. So können Windschutzscheibe und Wischergestänge nicht so leicht von herabhängenden Ästen beschädigt werden. Schutzleisten aus Gummi oder PVC, die seitlich auf die Karosserie geklebt oder geschraubt werden, haben im Gelände keine nennenswerte Funktion. Sie sind lediglich imstande, bei Rempeleien auf dem Supermarktparkplatz Kratzer und kleine Beulen zu verhindern.

Wie nützlich gerade bei Geländewagen eine leistungsfähige Scheibenwaschanlage sein kann, merkt man spätestens dann, wenn man mit Volldampf durch eine prächtige Pfütze prescht: Die schlammige Brühe spritzt hoch auf, schlägt sich auf der Windschutzscheibe nieder und nimmt dem Fahrer für Sekunden die Sicht. Die Waschanlage sorgt dann unverzüglich wieder für klare Sicht. Ob eine Scheinwerferwaschanlage bei Geländewagen angebracht ist, darüber kann man streiten. Zwar halten die kleinen Wischerarme die Lampengläser immer schön sauber, doch ist die Gefahr, daß der komplizierte Mechanismus beim Fahren im Gelände beschädigt wird, doch recht groß. Auf einen Heckscheibenwischer mit Wisch-Wasch-Automatik sollte man dagegen nicht verzichten. Er erweist sich bei Regenwetter und beim Fahren auf schlammiger Piste als unentbehrlich. Stets klare Sicht nach hinten hat man, wenn die Heckscheibe beheizbar ist.

Beim Fahren auf der Autobahn, im Stadtverkehr und bei Wendemanövern wird die Sicht beträchtlich erhöht, wenn ein zweiter Außenspiegel vorhanden ist. Die Rückspiegelhalter sollten unbedingt klappbar sein – sonst brechen sie im Unterholz schnell ab, verbiegen sich oder drücken sich in den Aufbau hinein. In einem abschließbaren Handschuhfach lassen sich Wertgegenstände vorübergehend sicher aufbewahren. Und ein verschließbarer Tankdeckel macht es bösen Buben unmöglich, heimlich Treibstoff abzuzapfen oder Sand in den Tank zu werfen.

Zusatzscheinwerfer, Instrumente

Zusatzscheinwerfer sollten so angebracht werden, daß sie beim Fahren über Stock und Stein nicht beschädigt werden können. Es hat keinen Zweck, die Zusatzlampen an der Stoßstangenunterkante zu befestigen – bei der ersten Bodenberührung reißen sie ab. Bei längeren Fahrten auf schlammigem Untergrund hat es sich als zweckmäßig erwiesen, die Scheinwerfer oben am Dachgepäckträger zu befestigen: Die Gläser werden von den Schlammspritzern kaum erreicht. Auch ist die Ausleuchtung der Fahrbahn besser, wenn die Lampen in großer Höhe angebracht werden. Das gilt besonders für Halogen-Weitstrahler. Derartige Fernscheinwerfer sind imstande, die Piste auf mehrere hundert Meter auszuleuchten.

Auch Breitstrahler kann man auf unbeleuchteten Rollbahnen kaum entbehren: Sie sorgen für eine gute Ausleuchtung der Fahrbahnränder. Nebelscheinwerfer sind im Gelände nicht so wichtig, beim Fahren über Autobahnen oder Landstraßen dagegen können sie gute Dienste leisten. Sie müssen paarweise angebaut werden und dürfen nicht höher als die Hauptscheinwerfer liegen. Kombiniert werden dürfen sie nur mit dem Stand- oder Abblendlicht.

Nebelschlußleuchten sind vor allen Dingen dazu da, den nachfolgenden Verkehr zu warnen. Abseits fester Straßen kann man getrost auf sie verzichten. Ein vernünftiger Rückfahrscheinwerfer gehört unbedingt zur Grundausrüstung. Am besten geeignet sind Halogenlampen, die an einer geschützten Stelle über der Stoßstange angebracht werden. Zusatzscheinwerfer für Geländewagen sind in der Regel ab Werk mit Gittern aus Kunststoff oder Draht versehen. Diese Gitter schützen einigermaßen sicher vor Beschädigungen.

Von Allrad-Schmitt, Würzburg, angebotener Wettbewerbs- und Show-Reifen – nicht für die Straße gedacht. Rechts daneben: Zusatzscheinwerfer, dezenter Rammschutz und Dachträger an einem Range Rover.

Suchscheinwerfer sind in verschiedenen Ausführungen erhältlich. Es gibt Lampen, die im Fahrzeuginnern hinter der Frontscheibe angebracht werden und Scheinwerfer, die auf einem Sockel außen am Windschutzscheiben- oder Türrahmen thronen. Bei außenliegenden Suchscheinwerfern ist natürlich die Gefahr sehr groß, daß die teuren Instrumente beim Fahren im Gelände beschädigt werden. Ein guter Kompromiß sind leistungsfähige Handscheinwerfer mit Halogeneinsatz.

Welche Zusatzinstrumente angeschafft werden müssen, hängt davon ab, was der Wagen serienmäßig zu bieten hat. In jedem Fall sollten vorhanden sein: Tachometer mit Gesamt- und Tageskilometerzähler, Tankuhr, Öldruckmesser, Wasserthermometer, Zeituhr. Darüber hinaus können nützlich sein: Voltmeter (wichtig beim Betrieb von energiezehrenden Stromverbrauchern wie Seilwinden usw.), Drehzahlmesser (erleichtert das Fahren mit kontrolliertem Schlupf), Ölthermometer. Der letzte Schrei sind elektronische Neigungsmesser, die genau anzeigen, in welcher Schräglage sich das Fahrzeug jeweils befindet. Der Toyota Tercel 4WD ist als erstes Auto serienmäßig mit einem »Clinometer« ausgerüstet. Zusätzlich wird auch der Steigungswinkel angezeigt. Einen mechanischen Neigungsmesser hat Allrad-Schmitt im Programm, für 32 Mark. Das Ding zeigt an bis 45 Grad – bei größeren Schräglagen kippt das Auto meistens um . . .

Komfortzubehör   Die ersten Jeeps waren nichts anderes als primitive Fahrmaschinen, die nur eine einzige Aufgabe hatten: ihre Besatzung selbst unter widrigen

Umständen zuverlässig ans Ziel zu befördern. Auf Komfort wurde vor 30, 40 Jahren allein schon aus Kostengründen verzichtet. Eine Heizung gab es nicht, bei trockenem Wetter wurde offen gefahren, bei Sturm und Regen knöpfte man das Segeltuchverdeck zu – das war alles.

Der Unterschied zwischen einem Willys-Overland von 1945 und einem Range Rover von 1980 ist so groß wie zwischen einem Holzkahn und einer Hochseeyacht. Eine stufenlos regulierbare Heizungs- und Lüftungsanlage mit Gebläse ist bei einem modernen Station Wagen absolut selbstverständlich; selbst die derzeit angebotenen offenen Wagen bieten in dieser Hinsicht ein gewisses Mindestmaß an Komfort. Bei den geschlossenen Geländewagen der gehobenen Preisklassen gehören darüber hinaus getönte, wärmedämmende Scheiben nahezu überall zur Serienausstattung. Wenn nicht, dann ist dieses Extra für einen relativ niedrigen Aufpreis zu haben: 250 bis 400 Mark je nach Fahrzeugtyp. Vor allem in Gegenden mit hoher Sonneneinstrahlung sind getönte Scheiben äußerst angenehm: Sie mindern die Blendwirkung und reduzieren – wenn auch in geringem Maße – die Wärmestrahlung der Sonne.

Heizung, Lüftung, Klima

Völlig unabhängig von den jeweiligen Außentemperaturen wird man durch den Einbau einer Klimaanlage. Egal, ob draußen höllische Wüstenhitze oder sibirische Kälte herrscht – das Wageninnere ist immer angenehm temperiert. Einzige Voraussetzung: Die Fenster müssen geschlossen bleiben. Sonst ist die Anlage nicht imstande, für den gewünschten Temperaturausgleich zu sorgen. Der Nachteil dabei: Man fühlt sich eingeengt, abgekapselt von der Außenwelt, eingesperrt in eine Schachtel aus Blech und Glas.

Nicht billig ist eine solche Klimaanlage: 2500 bis 5000 Mark. Wer die Preise miteinander vergleicht, kann hier freilich manchen Hundert-Mark-Schein sparen. Bei Leyland zum Beispiel kostet die Klimaanlage für den Range Rover 3700 Mark; Auto Kugel in Konz bietet dieses Extra für 2900 Mark an. Bedenken sollte man auch, daß eine Klimaanlage viel Leistung schluckt: Der Kompressor wird über Keilriemen vom Motor angetrieben. Die Zusatzarbeit, die da geleistet wird, kostet natürlich Treibstoff, bis zu einen Liter auf 100 Kilometer.

Für Frischluftfanatiker ist das natürlich alles kein Thema. Sie fahren offen oder lassen sich in ihren Station ein Schiebedach einbauen. Viel billiger als eine Klimaanlage ist dieser Luxus freilich nicht: Die Preise liegen zwischen 2000 und 3500 Mark. Dabei ist zu beachten, daß elektrisch betätigte Sonnendächer fast einen Tausender mehr kosten als Schiebedächer, die mit der Handkurbel geöffnet werden. Preiswerter Kompromiß: Ein ausstellbares Glasdach, das nachträglich eingebaut werden kann. Mit rund 500 Mark ist man in der Regel dabei.

Schiebedach

Aufstellbare Fenster im Fond sind vor allen Dingen dann zu empfehlen, wenn öfter mit großer Besatzung gefahren wird. Von den Fahrzeugen mit geschlossenem Aufbau werden allerdings nur wenige Typen ab Werk mit rückwärtigen Aufstell- oder Schiebefenstern im Fond ausgerüstet. Bei Autos mit viertüriger Karosserie können natürlich an allen vier Türen die Scheiben ganz nach Bedarf heruntergekurbelt werden.

Im Winter ist eine Standheizung unter Umständen zweckmäßiger als eine Klimaanlage. Sie produziert nämlich auch dann Wärme, wenn der Motor abgestellt ist. Vor allen Dingen bei längeren Wartezeiten im geparkten Auto ist das sehr angenehm. Die Vorzüge einer Standheizung lernten unter anderem auch die beiden sowjetischen Raumfahrer Anatoli Beresowoj und Walentin Lebedew kennen, nachdem sie im Dezember 1982 nach einem 211 Tage dauernden Rekordflug im All mit ihrem Raumschiff in der kasachischen Steppe gelandet waren: Weil sie wegen dichten Nebels nicht vom Hubschrauber abgeholt werden konnten, mußten sie die Nacht in einem geheizten Geländefahrzeug zubringen – bei minus 20 Grad Außentemperatur.

Bestimmte Heizungsmodelle lassen sich zeitlich vorprogrammieren: Man stellt abends die Anlage so ein, daß sie morgens von selbst anspringt und den Wagen vorwärmt, bevor man einsteigt und losfährt. Ihren Treibstoff entnehmen Standheizungen dem regulären Kraftstoffbehälter. Eine Anlage, die etwa 2500 kcal/h leistet, verbraucht pro Stunde nicht mehr als einen Drittel Liter Kraftstoff. Das sind drei Liter in zehn Stunden. Je nach Auslegung können Standheizungen mit Diesel oder mit Benzin betrieben werden. Die Preise sind sehr unterschiedlich: Kugel nimmt für eine Eberspächer-Heizung inclusive Einbau in den Toyota HJ 60 G Station nur 1480 Mark. Eine Zeitschaltuhr ist im Preis enthalten. Bei Daimler-Benz sind für eine Webasto-Anlage 2791 Mark zu zahlen.

Wer öfter Kinder mitnimmt, sollte darauf achten, daß der Wagen mit vernünftigen Trittstufen ausgerüstet ist. Die Kleinen schaffen es sonst nicht, das hochbeinige Gefährt zu erklimmen. Armlehnen an den Türen oder an den Fond-Seitenwänden werden von den Mitreisenden ebenfalls als angenehm empfunden. Bei vielen Fahrzeugen sind sie nur gegen Aufpreis erhältlich.

Innenausstattung Sitze

Große Unterschiede gibt es auch, was den Sitzkomfort betrifft. Die Rückenlehnen sollten zumindest an den Vordersitzen verstellbar sein. Viele teure Fahrzeuge sind serienmäßig mit Liegesitzen ausgerüstet. Kunstlederbezüge sind zwar nicht gerade hautsympatisch, doch unempfindlich und pflegeleicht – bei Geländewagen ein wesentliches Kriterium. Zu Stoffbezügen ist nur dann zu raten, wenn der Wagen überwiegend wie ein Pkw genutzt wird. Guten Seitenhalt in Kurven und auch im Gelände bieten Spezialsitze, die gegen Aufpreis eingebaut werden können (600 bis 700 Mark je Stück inklusive Konsole). Weil derartige Sitze meist anatomisch richtig geformt sind, werden gerade beim strapaziösen Ritt über Stock und Stein Wirbelsäule und Bandscheiben geschont. Daß Sportsitze über integrierte Kopfstützen verfügen, kommt der Sicherheit zugute.

Teppichboden vorn und hinten eignet sich nur für Fahrzeuge, die überwiegend auf dem Boulevard bewegt werden. Im Gelände erweist sich der Plüsch als äußerst unpraktisch: Er saugt Schmutz und Nässe geradezu in sich hinein. Vor allem unter dem Teppich hält sich die Feuchtigkeit sehr lange. Nischen und Fugen werden so zu idealen Brutstätten für den Rost. Das einzig Wahre sind herausnehmbare Gummifußmatten. Die lassen sich leicht reinigen, trocknen rasch im Wind und sind zudem viel billiger als flauschiger Plüsch.

Für zahlreiche Geländewagenmodelle werden kernig aussehende Lederlenkräder angeboten. Doch auch hier ist Vorsicht am Platz: Manche Fabrikate sind vom Fahrzeughersteller nicht freigegeben. Wer ein derartiges Volant trotzdem montiert, verliert unter Umständen den Versicherungsschutz. Zudem sollte man bedenken, daß Leder äußerst schmutzempfindlich ist. Wer nach einem Rad- oder Zündkerzenwechsel in freier Wildbahn schon einmal gezwungen war, sich mit öl- oder schlammverschmierten Händen ans Steuer zu setzen, weiß, was gemeint ist.

Kaum verzichten kann der Off-Road-Fahrer dagegen auf vernünftige Ablage- und Staumöglichkeiten. Für Fahrzeuge, die von Hause aus weder mit einem großen Kofferraum, noch mit Ablagefächern ausgestattet sind, gibt es eine Menge sinnvolles Zubehör: Mittelkonsolen, Halter für Getränkedosen und Musikkassetten, abschließbare Extrafächer für Handtasche, Fotoapparat und Fernglas. Allrad-Schmitt bietet für den AMC-Jeep eine praktische, verschließbare Heck-Staubox an, die exakt zwischen Rücksitzbank und hinteres Abschlußblech paßt und fest mit der Karosserie verschraubt werden kann.

Stauräume

Der Land-Rover-Spezialist Saueressig in Solingen baut aus Aluminium stabile Transportkisten, die auf die vordere Rover-Stoßstange geschraubt werden. Der TÜV hat gegen derartige Zusatzbehälter nichts einzuwenden, wenn Kanten und Ecken sauber geglättet werden und wenn der Anbau nicht über das Fahrzeug hinausragt.
Eher zu den Luxus-Extras gezählt werden müssen elektrische Fensterheber. Man braucht sie nicht unbedingt, aber sie sind herrlich bequem. Daß die elektrischen Motoren und die komplizierten Hebemechanismen eine Pannenquelle sein können, sollte man nicht außer acht lassen.
Auch über die Vor- und Nachteile von automatischen Getrieben wurde bereits gesprochen. Kein Zweifel: Ein hydrodynamischer Drehmomentwandler erhöht den Bedienungskomfort beträchtlich. Die Preise sind demnach: 2000 bis 3000 Mark.
Wer sich für einen offenen Wagen entschieden hat, muß in der Regel erhebliche Aufpreise für Planverdecke oder Hardtops bezahlen. Ein Softtop mit Stofftüren kostet zwischen 1400 und 1800 Mark, ein Planverdeck mit Metalltüren 2500 bis 3000 Mark, ein Hardtop aus Polyester 2800 bis 3500 Mark. Die Dachreeling wird meist extra berechnet.

Weil sie außerordentlich hohe Anhängelasten verkraften, werden Geländewagen häufig als Zugwagen für Boote, Pferdeanhänger, Autotrailer und Wohnwagen verwendet. Die zugehörige Anhängerkupplung kann man entweder sofort beim Neufahrzeugkauf mitbestellen oder nachträglich selbst anbauen. Weit verbreitet ist das von dem westfälischen Unternehmer Franz Knöbel 1930 erfundene Kugelkopfsystem. Allein bei Westfalia in Wiedenbrück wurden inzwischen mehr als zwei Millionen Kugelkopf-Kupplungen produziert. Der Preis für eine Kugelkopf-Zugvorrichtung liegt inklusive Kabelsatz und Montage zwischen 500 und 1000 Mark. Bis zu einer Anhängelast von etwa drei Tonnen erfüllen Kugelkopf-Kupplungen voll und ganz ihren Zweck.
Vorsicht bei bestimmten US-Importen: Amerikanische Fahrzeuge sind oft mit Anhänger-Kupplungen ausgerüstet, die nicht den EG-Bestimmungen entsprechen. Es hapert mit der Elektrik, und die vorgeschriebenen Prüfnummern sind auch nicht aufzufinden. Allrad-Schmitt bietet für den AMC-Jeep eine stabile Anhängertraverse mit Kugelkopf an, die 2,2 Tonnen ziehen darf und vom TÜV abgenommen worden ist. Preis ohne Anbau: rund 850 Mark. Beim Mercedes-Benz/Puch G sind entsprechende Quertraversen summa summarum auch nicht billiger: Die

Anhängerbetrieb

Traverse hat nur Platz, wenn die durchgehende Heckstoßstange entfernt und durch eine geteilte Stoßstange ersetzt wird. Serienmäßig mit Anhängerkup-plung ausgerüstet: Alle Range- und Land-Rover-Typen. Im Profeinsatz kann man mit Kugelkopf-Kupplungen oft nichts anfangen, weil sich bestimmte Anhänger aufgrund der Deichselbauart nur an Maulkupplungen anhängen lassen. So haben denn auch die meisten Hersteller schwerer Geländewagen Maulkupplungen im Zubehörprogramm. Bei Leyland kostet das massive Bauteil nur 80, bei Mercedes mehr als 300 Mark. Die anderen Anbieter liegen dazwischen. Nützlich kann eine Abschleppkupplung für die vordere Stoßstange sein: Sie ermöglicht im Notfall die sichere Befestigung einer Abschleppstange.

Gepäckträger

Ob sich ein Dachgepäckträger am Fahrzeug anbringen läßt, hängt in erster Linie von der Art des Aufbaus und von der zulässigen Dachlast ab. Während Fahrzeuge mit Stahlblech-Karosserie problemlos eine Menge Gepäck auf dem Dach verkraften können, gibt es bei Geländewagen mit Aluminium-Aufbau immer wieder Schwierigkeiten. Der zierlichen Alu-Dachkonstruktion des Land-Rover zum Beispiel können vor allen Dingen auf bösen Holperstrecken keine allzu hohen Lasten ohne zusätzliche Verstärkungs-Konstruktion aufgebürdet werden. Surfbrett- und Skihalter gibt es für alle möglichen Geländewagenmodelle, sogar für Varianten mit offenem Verdeck.

Wohnen und Schlafen

Auf dem Dach kann man allerdings nicht nur zusätzliche Gepäckstücke unterbringen, auf dem Dach kann man auch schlafen – in einem Auto-Dachzelt. Ein Zelt für zwei Personen kostet inklusive Dachgestell und Leiter etwa 1700 Mark, ein Vier-Personen-Zelt gut 2000 Mark. Geländewagenfahrer, die eine Abenteuerreise unternehmen, schwören auf »Air-Camping«: Man ist einigermaßen sicher vor Ungeziefer, braucht in feuchten Gegenden keinen Drainagegraben auszuheben, hat immer Kontakt zum Fahrzeug. Diebe werden es sich zweimal überlegen, den Wagen aufzubrechen, wenn oben auf dem Dach der Besitzer schläft.
Zu einem richtigen Dachzelt gehören Veranda, Nylonhaube als zusätzlicher Wetterschutz und ein Moskitonetz. Für den Transport wird das Dachzelt einfach zusammengeklappt. Die stabilen Träger, die an der Dachrinne befestigt werden, sorgen dafür, daß der Fahrtwind das zusammengefaltete Paket nicht wegwehen kann.
Konkurrenz bekommen hat das Dachzelt in jüngster Zeit durch das originelle und wohnliche »Schlafrohr«, das von der österreichischen Spezialfirma Wohnmobil GmbH in Saalfelden in vollisolierter Sandwichbauweise eigens für Geländewagen hergestellt wird. Die Wände des Schlafrohrs sind vier Zentimeter dick und weisen keine Kältebrücken auf. Zur Inneneinrichtung gehören Wandschränkchen und Schaumstoffmatratze. Bullaugen und doppelt verglaste Fenster geben den Blick nach draußen frei. Lieferbar sind zwei Standardversionen: 2,50 Meter lang, 1,60 Meter breit und 0,80 Meter hoch für den Land-Rover (4800 Mark); 3,25 Meter lang, ansonsten gleiche Baumaße für den Toyota Landcruiser mit langem Radstand (Preis: 5400 Mark). Auf Wunsch wird das Schlafrohr auch passend für andere Basisautos gefertigt. Je nach Größe wiegt der komplette Aufbau 80 bis 120 Kilo. Ins Innere gelangt man entweder durch eine Heckklappe oder durch eine Bodenluke. (Dazu muß natürlich auch ein Loch ins Autodach geschnitten werden.)

Man kann auch auf eine bestimmte Länge den Kabinenboden und das Autodach entfernen – dann hat man soviel Stehhöhe wie in einem richtigen Wohnmobil.

Apropos Wohnmobil: Die Zahl der Abenteuerfahrer, die ihren Geländewagen zum Wohnmobil umbauen möchten, wird immer größer. Es gibt allerdings nur ganz wenige Anbieter, die Wohnkabinen mit Allrad-Fahrgestellen kombinieren: Gérardmobil in Peißenberg zum Beispiel und die Wohnmobil GmbH in Saalfelden. Bei dem Allrad-Motorhome von Gérardmobil handelt es sich um einen Ford-Transit mit Rau-Vierradantrieb und ARCA-Aufbau. Den Aufbau gibt es in verschiedenen Grundausführungen: Als »Mini« mit den Maßen 5,82 x 2,22 x 2,80 Meter und als »Scout« mit den Maßen 4,90 x 2,15 x 2,63 Meter. Die aufwendige Konstruktion ist in vollisolierter Sandwichbauweise ausgeführt. Je nach Ausführung können bis zu sechs Personen im Innern schlafen. Zur Serienausstattung der Kabine gehören unter anderem: Gasheizung, Warmluftgebläse, 110-Liter-Kühlschrank, Energieversorgung wahlweise über 12 Volt, 220 Volt (Außensteckdose) oder Gas, Edelstahlspüle, dreiflammiger Gaskocher, getönte Doppelfenster rundum, Isoliermatten, Moskitonetze, Zusatzbatterie, elektrische Wasserpumpe, Dusche mit WC, Frisch- und Abwassertank, separater Fäkalientank, variable Sitz-/Bettgruppe mit herausnehmbarem Schiebetisch, Alkovenbett mit Leiter, Dachlüfter, Gasanlage mit Abnahmebescheinigung (für Elf-Kilo-

Flaschen), einbrennlackierte Aluminium-Außenhaut. Inklusive Allradantrieb kostet der ARCA Mini auf Ford Transit-130-Fahrgestell rund 75 000 Mark. Der ARCA Scout Allrad mit Transit 100-Fahrgestell ist ab 60 000 Mark zu haben.

Ebenfalls in temperaturabweisender Sandwichbauweise ausgeführt sind die »action-mobil«-Spezialaufbauten der Wohnmobil GmbH. Die qualitativ hochwertige, wüsten- und arktiserprobte Wohnkabine ist zur Zeit für folgende Basisfahrzeuge lieferbar: Chevrolet Blazer, Chevrolet Pickup C 10, C 20 und CK 30, Mercedes G in der kurzen, offenen Version, Unimog U 1300 L, Toyota Landcruiser BJ 45 Pickup, Toyota Hi Lux 4 x 4, Land-Rover 109 Pickup, Land-Rover 110 Militär-Lkw, VW LT 40/45 mit holländischem De Vries-Allradantrieb, Peugeot 504 Pickup mit Dangel-4WD und AMC-Jeep Cherokee Pickup. Auf Wunsch macht action-mobil-Konstrukteur Otfried Reitz seine Wohnkabine auch für jeden anderen Geländewagen passend. Die Aufbauten kosten je nach

Oben links: Land-Rover 109 mit geräumigem Wohnaufbau und Dachträger für zusätzliche Lasten; rechts daneben ein Chevrolet Blazer mit Pickup-Wohnkabine ohne Hecküberhang, gebaut von action-mobil, Saalfelden.

Ausführung 30 000 bis 40 000 Mark, wenn sie komplett ausgestattet sind. Man kann aber auch Leerkabinen zum Selbstausbau bekommen. Besonderer Gag: Der Aufbau kann mit vier elektrisch betriebenen Hubstützen jederzeit vom Basisfahrzeug abgesetzt werden. Die Kabine bleibt dort stehen, wo man sich längere Zeit aufhalten möchte, mit dem Basisauto kann man Besorgungs- und Erkundungsfahrten unternehmen.

Spezialnutzung

Nicht nur in den Alpenländern werden Geländewagen von den Kommunen gerne als Schneepflüge eingesetzt. Entsprechende Anbaueinheiten werden unter anderem von der Firma Kugel angeboten. Ein »Federschneepflug« kostet einschließlich Universal-Anbausatz etwa 4000 Mark. Eine Elektro-Hydro-Pumpe zum Heben und Senken des Schneepflugs schlägt noch einmal mit 1600 Mark zu Buche. Unter anderem liefert Kugel für den Lada Niva, den Mercedes-Benz/Puch G, den Daihatsu Wildcat, den Land-Rover, den Toyota Landcruiser und den DKW Munga passende Schneepflug-Anbausätze. Sogar auf die Feinheiten wird geachtet: Gegen Aufpreis gibt es »Schürfleisten« aus Gummi – damit beim Pflügen die Asphaltdecke nicht beschädigt wird. Aus einem 4WD Pickup läßt sich durch den Anbau spezieller Kranvorrichtungen ein leistungsfähiger Abschleppwagen machen.

Geländewagen werden auch gern als Kombiwagen genutzt. In der Tat bieten vor allem die Station-Versionen verschiedener Modelle eine Ladefläche, die der eines Kleinlieferwagens nicht nachsteht. Wenn sich zudem die Rücksitzbank nach vorne klappen läßt, können selbst sperrige Güter befördert werden. Soll der Allrad-Wagen häufiger als Transporter genutzt werden, empfiehlt sich der Kauf eines Autos mit senkrecht unterteilter oder oben angeschlagener Hecktür. Das erleichtert den Beladevorgang. Quergeteilte Heckklappen (Datsun Patrol) sind weniger praktisch: Man muß das Ladegut erst über die untere Türhälfte hinwegwuchten, bevor es im Gepäckraum verstaut werden kann.

Zierat

Viel Geld wird von manchen Geländewagenfreunden auch für Zierat und Schnickschnack ausgegeben. Vor allem die Besitzer amerikanischer Fahrzeuge werden von der Zubehörindustrie gewaltig in Versuchung geführt. Besonders reichhaltig ist die Auswahl an teuren Chromteilen.

Ganz erstaunlich, was da an blinkendem Flitter zusammenkommt. Bei manchen Ausstattern gibt es zusätzlich verchromte Auspuffanlagen, die nach US-Manier seitlich unter dem Trittbrett angebracht werden. Durchschnittspreis inklusive Anbausatz: 400 Mark je Rohr. Ein derart hergerichteter Jeep sieht aber nicht mehr aus wie ein Geländeauto, sondern wie eine Musikbox von Wurlitzer aus den späten 50er Jahren. Wie bescheiden sind doch diejenigen, die ihrem Allrad-Untersatz nichts weiter gönnen als eine schlichte Metalliclackierung – Aufpreis Toyota 200, Range-Rover 950 Mark. Die beliebten Dekorstreifen kosten auch kein Vermögen. Und wer seinen Geländewagen mit ins Bett nehmen möchte, kann sich bei Neckermann bedienen: Das Versandhaus bietet zum Garniturpreis von 69,90 Mark »Fein-Flanell-Bettwäsche« an, die mit einem bunten Bild vom Suzuki LJ 80 bedruckt ist. »Der weiche Oberflächenflausch speichert die Luft und schafft angenehme Wärme«, heißt es im Katalog. Mehr vermag auch eine teure Klimaanlage nicht.

Mit dem Geländewagen auf Fernreise

Viele Expeditionen in Länder der dritten Welt scheitern deshalb, weil die Vorbereitungen nicht sorgfältig genug durchdacht worden sind. Vor größeren Reisen sollte man rechtzeitig damit beginnen, sich um die notwendigen Visa, Fahrzeugpapiere und Bescheinigungen zu kümmern. Es kann unter Umständen Monate dauern, bis man die erforderlichen Dokumente beisammen hat. Auch muß man die Wartezeiten einkalkulieren, die zwischen den Impfterminen eingehalten werden müssen.

Papiere
Dokumente
Bescheinigungen

Jeder Mitreisende sollte folgende Papiere mit sich führen: Einen gültigen Reisepaß, zusätzlich Personalausweis (es könnte ja sein, daß der Paß verloren geht), Jugendherbergs- oder Studentenausweis, Mitgliedsbescheinigung der Krankenkasse, Impfpaß, Reservepaßbilder, sämtliche erforderlichen Visa. An bestimmten exotischen Grenzstationen macht es auch Eindruck, wenn man Zeugnisse und Empfehlungsschreiben vorweisen kann. An den Grenzen in Afrika, Asien und Südamerika sind vier Kontrollen zu passieren: Ausreisebehörde und Ausreisezoll im Land, das man gerade verläßt, Einreisebehörde und Einreisezoll im Land, das man betritt. Freundlichkeit und höfliche Zurückhaltung zahlen sich immer aus, Arroganz und Überheblichkeit dagegen provozieren meist unfreundliche Reaktionen bei den Polizei- und Zollbeamten. Es hat keinen Zweck zu drängeln. Wer in Afrika oder auch im Ostblock die Grenze überschreiten will, muß nicht nur die richtigen Papiere haben, sondern auch Zeit und Geduld.

Den Reisepaß und andere wichtige Dokumente niemals im Wagen liegenlassen! Wertsachen und Papiere sollten immer mitgeführt werden, am besten in einem diebstahlsicher festgemachten Brustbeutel. Handtaschen sind nicht der geeignete Aufbewahrungsort: Sie sind ein gefundenes Fressen für Taschendiebe und motorisierte Straßenräuber.

Für die Beantragung der Visa gilt: Vor der Reise immer die Botschaften der betreffenden Länder aufsuchen oder anschreiben. Sämtliche Dokumente nur per Einschreiben zur Post geben!

Viele Visa werden nur für einen begrenzten Zeitraum erteilt. Erfahrene Globetrotter planen bei der Beantragung stets mehr Zeit ein, als eigentlich benötigt wird. Das gibt Sicherheit, wenn unterwegs irgend etwas schiefgeht: Panne mit längerem Zwangsaufenthalt, Unfall, Krankheit, Schwierigkeiten bei der Grenzüberschreitung durch Kriegswirren oder andere Unruhen. Manche Länder erteilen nur Transitvisa. Die Bescheinigung hat dann nur für die Dauer der Durchreise Gültigkeit.

Es kann nicht schaden, wichtige Bescheinigungen mehrsprachig abfassen zu lassen: Deutsch, Englisch, Französisch, Spanisch, Portugiesisch, Italienisch. Man muß sich daran gewöhnen, daß sämtliche Papiere von den örtlichen Polizeidienstbehörden kontrolliert werden, selbst Impfpaß und Krankenbescheinigung.

Alle Reiseteilnehmer, die einen Führerschein besitzen, sollten sich beim Straßenverkehrsamt ihrer Heimatstadt einen Internationalen Führerschein ausstellen lassen. Das Dokument, das mit einem Lichtbild versehen wird, kostet nur ein paar Mark. Es ist beim Befahren ferner Länder unerläßlich. Leider hat dieser Führerschein nur eine Gültigkeitsdauer von einem Jahr. Man muß ihn also alle Jahre wieder von neuem beantragen. Zum Fahrzeug gehören folgende Dokumente: Nationaler Kfz-Schein, in bestimmten Ländern ein Carnet de Passage. Den Kfz-Brief sollte man nur dann mitnehmen, wenn man den Wagen im Ausland verkaufen und anschließend die Heimreise per Flugzeug oder Schiff antreten will. Manche Globetrotter finanzieren ihren Urlaub, indem sie ihr Auto am Zielort mit ordentlichem Gewinn losschlagen. Aber Vorsicht: In manchen Ländern ist es verboten, privat Autos zu verkaufen. Durch das Carnet soll sichergestellt werden, daß man sein Auto im Ausland nicht verkaufen kann, ohne den erforderlichen Einfuhrzoll zu

Begegnung in der Wüste.
Der Chevrolet Suburban
hat viel zu schleppen,
verkraftet die Last aber
gut.

entrichten. Ausgestellt wird das Papier von Automobilclubs und Zollbehörden im Heimatland. Bitte erkundigen Sie sich vor der Abreise bei Ihrem Automobilclub.

Will man das Fahrzeug nun im Ausland verkaufen, muß man darauf achten, eine Quittung darüber zu bekommen, daß man den Einfuhrzoll auch brav bezahlt hat. Fehlt die Bescheinigung, gibt's Ärger bei der Ausreise.

Ist man gezwungen, nach einem Unfall oder aufgrund eines irreparablen Defekts das Auto in einem fremden Land zurückzulassen, muß man sich eine polizeiliche Bescheinigung über den Sachverhalt beschaffen. Trotzdem kann es vorkommen, daß bei der Ausreise Zollgebühren verlangt werden. Die orientieren sich dann meist am Schätzwert des zurückgelassenen Fahrzeugs. Der Ermessensspielraum ist hier natürlich besonders groß. Es hat sich bewährt, wenn nicht nur der Besitzer ein Carnet mit sich führt, sondern auch der Beifahrer: Fällt der erste Fahrer aus, hat der zweite Mann beim Passieren der Grenzen keine Schwierigkeiten mit dem Zoll. Die Carnets werden nämlich immer auf Einzelpersonen ausgestellt.

Bestimmte Ersatz- und Zubehörteile werden nicht in das Carnet eingetragen. Man muß dann bei der Einreise Zoll dafür bezahlen. Bei der Ausreise wird der Betrag dann anstandslos zurückerstattet – allerdings nur selten in Dollar oder DM, sondern in Landeswährung. Kursverluste sind dann unvermeidlich.

Was ist zu beachten, wenn das Fahrzeug im Ausland repariert werden muß? Die bei der Reparatur erneuerten Teile sind bei der Wiedereinreise in die Bundesrepublik abgabenfrei, wenn die Schäden bei der Ausreise nicht vorhersehbar waren und die Reparatur für den weiteren Betrieb des Fahrzeugs erforderlich gewesen ist. Verwahren Sie deshalb die Reparatur-Rechnung.

Sollten Sie in die unglückliche Situation kommen, im Ausland plötzlich ohne Papiere dazustehen (Reisepaß, Personalausweis, Führerschein, Fahrzeugschein usw.), müssen Sie unverzüglich die zuständige ausländische Polizeidienststelle aufsuchen, den Verlust anzeigen und zu Protokoll geben. Mit dem polizeilichen Protokoll können Sie dann bei der nächstgelegenen konsularischen Vertretung der Bundesrepublik für Ihren verlorengegangenen Reisepaß oder Personalausweis einen »Rei-

Expeditionsfahrzeug par excellence:
Land-Rover 109. bis zu 12 Personen kann man in den großen Karosserie-Versionen unterbringen. Das Foto entstand in Marokko.

seausweis« als Paßersatz zur Rückkehr in die Bundesrepublik Deutschland oder bei genügend langer Wartemöglichkeit (für die erforderlichen Rückfragen bei Ihrer Heimatbehörde) einen neuen Reisepaß erhalten. Die Bescheinigung der ausländischen Polizei dient auch als Ersatz für Kfz-Schein oder Führerschein und muß nach Rückkehr bei der zuständigen Behörde Ihres Heimatortes vorgelegt werden.

Die schönsten Reisepläne lassen sich nicht in die Tat umsetzen, wenn das Geld nicht reicht oder wenn man gewisse Bestimmungen außer acht läßt. In vielen Ländern ist es zum Beispiel nicht gestattet, daß höhere Geldbeträge in der Landeswährung ein- oder ausgeführt werden. Vor allem in Ostblockländern herrschen strenge Devisenbestimmungen. Welche Beträge in Landeswährung (Noten und Münzen) mitgeführt werden dürfen oder ob andere Devisenvorschriften zu beachten sind, können Sie den nachfolgenden Tabellen entnehmen. In einigen Staaten muß jeder Umtausch in ein besonderes Formular eingetragen werden. In manchen Ländern ist auch der Rücktausch nur gegen Vorlage der Umtauschbescheinigungen erlaubt. Die Wechselquittungen sollte man daher unbedingt aufheben.

Von den Devisenbestimmungen einmal abgesehen, sollte man wenigstens so viel Bargeld in Dollar- oder DM-Noten mit sich führen, wie nötig ist, um Treibstoff, Lebensmittel und notfalls ein Rückflugticket bezahlen zu können. Bei einer Afrika-Durchquerung wird man selten

Geld und Devisen

mit weniger als 5000 Mark pro Person auskommen. So weit erlaubt, auch kleinere Geldbeträge in den Währungen der Länder mitnehmen, die man bereisen will. Oft ist es nicht möglich, unmittelbar an der Grenze zu tauschen. Wer dann kein Bargeld hat, kann sich nicht mal 'ne Dose Cola leisten.

Wenn das Bargeld ausgeht, helfen Euroschecks oder Reiseschecks weiter. Mit Euroschecks und Euroscheckkarte können Sie sich bei Kreditinstituten in allen europäischen Staaten (außer der DDR) und in den an das Mittelmeer angrenzenden Ländern (ausgenommen Algerien, Libyen und Syrien) ohne weiteres Bargeld besorgen. Mehr als 125 000 Banken und Bankfilialen in folgenden Ländern zahlen gegen die Vorlage von Euroschecks und Scheckkarte Geld aus: Ägypten, Albanien, Andorra, Belgien, Bulgarien, Dänemark, Finnland, Frankreich (einschl. Monaco), Gibraltar, Griechenland, Großbritannien, Irland, Island, Israel, Italien (einschl. San Marino), Jugoslawien, Libanon, Luxemburg, Malta, Marokko, Niederlande, Norwegen, Österreich, Polen, Portugal, Rumänien, Schweden, Schweiz (einschl. Liechtenstein), Sowjetunion, Spanien, Tschechoslowakei, Türkei, Tunesien, Ungarn, Zypern. Viele Auszahlungsstellen verlangen bei der Einreichung von drei oder mehr Euroschecks die Vorlage des Reisepasses bzw. Personalausweises. Schecks und Scheckkarte zusammen sind so gut wie bares Geld. Bewahren Sie deshalb Euroschecks und Karte stets getrennt voneinander auf, damit Dritte nicht mißbräuchlich in den Genuß dieser Geldquelle kommen. Besonders anziehend für Diebe sind unbeaufsichtigtes Reisegepäck und parkende Autos. Lassen Sie daher niemals Ihre Schecks, Scheck- und Kreditkarten im Wagen liegen – auch nicht im abgeschlossenen Handschuhfach. Sollten Ihnen trotz aller Vorsicht Schecks und Scheckkarten verlorengehen oder gestohlen werden, informieren Sie Ihre Bank und die Polizei auf schnellstem Wege.

Reiseschecks

Bargeldlos zahlen kann man auch mit Reise- oder »Traveller«-Schecks. Man bekommt diese Zahlungsmittel bei allen Banken, Sparkassen und bei der Bundespost. Eingelöst werden die Schecks erst, wenn unter den Augen eines Mitarbeiters der einlösenden Bank noch einmal unterschrieben wird, und das unter Vorlage des Personalausweises oder Reisepasses. Ohne Ihre zweite Unterschrift ist der gestohlene Reisescheck wertloses Papier – es sei denn, die großen Könner unter den Unterschriften- und Ausweisfälschern wären am Werk. Verlorengegangene Reiseschecks werden auch im Ausland ersetzt, wenn Sie die Kaufbestätigung vorlegen können. Außerdem sollten Sie beachten: Geben Sie Ihre Reiseschecks nur bei Banken in Zahlung. Andere Wechselstellen rechnen meist zu ungünstigeren Kursen ab. Reiseschecks gibt es auch in fremder Währung. Man erhält solche Reiseschecks ebenfalls bei allen Kreditinstituten.

Zumindest in den großen Städten, in Hotels, am Flughafenschalter, an Großtankstellen und in Einkaufszentren sind Kreditkarten ein zuverlässiges, bequemes und sicheres Zahlungsmittel. Man zahlt bargeldlos, indem man die Karte vorlegt und per Unterschrift den Kauf auf einem besonderen Formular besiegelt. Verliert man die Karte oder wird sie gestohlen, meldet man den Verlust umgehend der nächsten Agentur; die Karte wird dann sofort gesperrt, man bekommt umgehend eine neue. Das Ganze hat zudem den Vorteil, daß der Betrag erst viele Wochen später vom Konto abgebucht wird. In Ländern der Dritten Welt kann es von Vorteil sein, eine Bankgarantie vorweisen zu können. Das Papier sollte formlos bestätigen, daß der Inhaber über genügend Finanzkraft verfügt, um den Lebensunterhalt im Gastland bestreiten und bei Bedarf ein Rückflugticket lösen zu können.

Wer aus irgendwelchen Gründen plötzlich zahlungsunfähig wird, sollte sich zunächst mit seinen Angehörigen in Verbindung setzen. Wenn es gar keinen anderen Ausweg mehr gibt, kann man sich auch an die nächstgelegene Auslandsvertretung der Bundesrepublik wenden. Wenn ein echter Notfall vorliegt, wird Ihnen dort sicherlich weitergeholfen, indem Ihnen die Mittel für die Rückkehr in die Heimat vorgestreckt werden.

Medizinische Versorgung

Bei Fahrten in Länder mit mangelhafter medizinischer Versorgung ist es ratsam, eine reichhaltige Reiseapotheke mitzunehmen. Einpacken sollte man vor allem Heftpflaster in unterschiedlichen Größen, Mullbinden und elastische Binden, Brandpflaster und -binden, Dreieckstücher, Desinfektionsmittel, Wundpulver, Wundsalbe, Schere, Pinzette, Fieberthermometer, Mittel gegen Hautreizungen und Insektenstiche.

Gegen Moskitos schützt man sich durch geeignete Netze. Dennoch gibt es gegen ihre Stiche wirkungsvolle Mittel. Fehlen dürfen aber auch nicht Schmerztabletten, Kohletabletten, Vitamin- und Salztabletten.

Mit einem Schlangenserum kann der Laie meist nicht viel anfangen. Ihre Anwendung scheitert meist schon daran, daß man Art und Gattung des Reptils nicht zu erkennen vermag . . .

Nur wenige Länder verlangen heute vom Einreisenden noch einen Impfschutz. Dennoch ist eine Impf-Vorsorge dringend zu empfehlen, wenn man Fahrten in afrikanische oder asiatische Länder unternimmt. Welche Impf-Vorschriften oder -Empfehlungen es für welche Länder gibt, erfährt man über die großen Automobilclubs. Sich in dieser Angelegenheit mit einem gerade auf diesem Gebiet profilierten Arzt in Verbindung zu setzen, ist durchaus ratsam. Auf jeden Fall sollte man sich seine Impfungen in das Gelbe Impfbuch der Weltgesundheitsorganisation (WHO) eintragen lassen, das von allen Behörden anerkannt wird.

Chevrolet-Treck beim Rast in einer Oase. Die Wohnaufbauten machen die Fahrer unabhängig von Herbergen jedweder Art.

Ernährung und Trinkwasser

Vor Infektionen ist man eigentlich nur dann einigermaßen sicher, wenn man sich bei der täglichen Nahrungsaufnahme der einwandfreien Beschaffenheit der Lebensmittel vergewissert. Besondere Vorsicht ist bei Frischfleisch in tropischen Ländern geboten.

Ein geringeres Risiko geht man ein, wenn man einen angemessenen Vorrat an Konserven an Bord hat. In Ländern mit geringerer Luftfeuchtigkeit ist auch der Transport von Instant-Nahrungsmitteln unproblematisch: Trocken-Kartoffelpürree, Trockenmilch und -kaffee, Tee. Knäckebrot, Schwarzbrot in Dosen, Reis, Gries, Nudeln gehören ebenfalls in die Lebensmittelkiste, die im übrigen staubdicht verschlossen sein sollte. Tip aus Profi-Kreisen: Ein-Mann-Rationen der Bundeswehr. Sie enthalten alles, was man zum Überleben braucht und sind meist weit über das angegebene Verbrauchsdatum hinaus halt- und genießbar.

Wer in der Wüste überleben will, muß einen ausreichend großen Wasservorrat mit sich führen. Es gibt sogar Möglichkeiten, das kostbare Naß selbst bei hohen Außentemperaturen einigermaßen kühl zu halten. Vor dem Auto befestigt man einen Zehn-Liter-Wasserkanister, der fest in ein wasseraufsaugendes Stück Segeltuch gewickelt wird. Aus einer darüberliegenden Wärmflasche läßt man kontinuierlich Wasser darauftropfen, so daß der Sack aus Segeltuch ständig durchfeuchtet wird. Der Fahrtwind bringt die Feuchtigkeit zum Verdunsten – selbst bei 40 Grad Außentemperatur bleibt das Wasser im Kanister bei 20 Grad somit verhältnismäßig kühl . . .

Leitungswasser zu trinken, muß in Afrika oder Asien nicht immer problematisch sein. Wohl aber droht beim Genuß von Wasser aus Brunnen oder Tümpeln Gefahr: Das Wasser kann von Krankheitserregern durchsetzt sein. Man sollte es also in jedem Falle desinfizieren. Abkochen führt nicht in allen Fällen dazu, daß alle gefährlichen Keime abgetötet werden; zuverlässigeren Schutz bietet das bekannte Entkeimungsmittel Mikropur, das man in Tablettenform oder als Pulver kaufen kann. Damit behandeltes Wasser bleibt über einen längeren Zeitraum hinweg keimfrei. Man kann das Wasser auch mit Chlortabletten desinfizieren – nur hat die Flüssigkeit dann einen nicht gerade angenehmen Geschmack. In zu reichlicher Dosierung wirkt Chlor außerdem giftig. Bewährt haben sich in den Tropen auch Wasserfilter, die mittels Schlauch und Handpumpe betrieben werden.

In seinem Afrikaführer stellte Globetrotter Bernd Tesch fest, daß »auf einsamen Strecken Lebensgefahr besteht, wenn man schlecht ausgerüstet, unvollständig informiert und leichtsinnig ist«. Er erzählt von sechs Arabern, die mitten in der Wüste neben ihrem Fahrzeug verdurstet aufgefunden wurden – weil sie nicht genügend Reifenflickzeug dabeigehabt hatten. Der Wagen hatte nicht mehr flottgemacht werden können, der Wasservorrat war zu schnell erschöpft.

Es ist ratsam, niemals allein, sondern immer im Konvoi zu fahren, wenn man unwegsame, einsame Gegenden ansteuert. Die Besatzung eines begleitenden Fahrzeugs kann im Falle eines Falles immer Hilfe holen. Vor allem sollte man sich – besonders in der Wüste – nicht darauf verlassen, zu Fuß weiterzukommen. Die hohen Temperaturen und weiten Entfernungen lassen jeden Fußmarsch tödlich enden.

Es mag sich im Falle einer Panne auch als fatal erweisen, hat man das »falsche« Fahrzeug dabei. Mit einem Japaner ist man in Südamerika oder Afrika eventuell besser dran, wenn es zur Inanspruchnahme einheimischer Werkstätten kommt, als mit einem Lada Niva oder Volvo Laplander. Die Verbreitung des jeweiligen Wagenmodells spielt hier schon eine gewisse Rolle. Was Jeep oder Toyota in Mittel- und Nordamerika, sind Land-Rover oder Unimog in Afrika. Sich hierüber vor Planung und Antritt einer ausgedehnten Fernreise Gedanken zu machen, kann nur von Vorteil sein.

Gegen Risiken, gleich welcher Art, kann man sich aber auch absichern – nicht nur durch die Wahl eines Wagenfabrikats, für das es mehr oder weniger gut ausgestattete Werkstätten im Reiseland gibt. Neben einer Reisegepäckversicherung und einer Privat-Haftpflichtversicherung sollte man an den international gültigen Autoschutzbrief denken. Der hiermit abgedeckte Kostenschutz erstreckt sich auf Pannen- oder Unfallhilfe, Abschleppen, auch Übernachtungen im Pannenfall, Autorücktransport.

Vor dem Start auf keinen Fall vergessen: Gutes Kartenmaterial. Einen ausgezeichneten Ruf für seine detaillierten Karten für Globetrotter hat Michelin, aber es gibt natürlich auch andere Kartenverlage, die bewährte Unterlagen bieten. Bestes Kartenmaterial und natürlich auch zuverlässige Reiseführer sind eine Voraussetzung für das Gelingen jeder Fernfahrt.

Ein Range Rover, der gleich auf Tauchstation gehen wird! Und damit jedermann klar wird, daß man die vor einem liegende Wegstrecke nur mit Gelände- und nicht mit herkömmlichen Personenwagen befahren soll, gibt es in der Salzwüste von Utah/USA sogar deutliche 4 x 4-Hinweisschilder.

Sicherheit und Versicherungen

Nützliche Adressen

Hersteller

ALM A.M.A.T., Le Point du Jour, F-44 600 Saint Nazaire, Frankreich

American Motors (AMC Jeep, Eagle) American Motors/Jeep Corporation, 27 777 Franklin Road, Southfield/Michigan, 14 803 USA

ARO Intredrinderea Mecanica Muscel, Strada Vasile Roaita 173, Cimpulung-Muscel, Rumänien

Audi Quattro/80 Audi NSU Auto Union AG, Postfach 220, 8070 Ingolstadt

Citroën Méhari Citroën S. A., 26 Boulevard Victor Hugo, F-92208 Neuilly sur Seine, Frankreich

Cournil Gevarm SARL, F-42260 Saint-Germain Laval, Frankreich

Covini Soleado Ferucio Covini Automobili, Via S. Allende 38, Castel San Giovanni PC, Italien

Daihatsu Daihatsu Motor Co. Ltd., 1 Daihatsu-cho, Ikeda City, Osaka, Japan

Dangel-Peugeot Automobiles Dangel, B.P. 01, F-68780 Sentheim, Frankreich

Dodge Ramcharger Chrysler Corporation, Dodge Division, P.O. Box 867, Detroit, Michigan, 48 231 USA

Ebro-Jeep Motor Iberica S.A., Apartado 680, Barcelona 34, Spanien

Embo-Campagnola Embo S.R.L., Strada Reale 46, I-12030 Caramagna, Italien

Felber Oasis Automobiles Haute Performance W.H. Felber, CH-1100 Morges, Schweiz

Fiat Campagnola FIAT S.p.a., Corso G. Marconi, I-10120 Torino, Italien

Ford Bronco Ford Motor Company, P.O. 43 303, Detroit, Michigan, 48 121 USA

Ford Transit Ford Werke AG, Ottoplatz 2, 5000 Köln-Deutz

General Motors/GM/Chevrolet General Motors Corporation, 3044 West Grand Bvd., Detroit, Michigan, 48 202 USA

Greppi Savana Soc. Greppi, Via Stradale Nord, I-22050 Colico, Italien

Isuzu Trooper Isuzu Motors Ltd., 20-10 Mirani-Oi, 6-chome, Tokio 140, Japan

Interstate Trax Interstate Motor Vehicle Co., 17 Maltzan Street, Pretoria 0001 West, Süd-Afrika

Jeep Brasil Ford Brasil S.A., Av. Rudge-Ramos, BR-1501 Sao Bernardo do Campo, Brasilien

Jeep India Mahinda Ltd., Worti Road 13, Bombay 400 018, Indien

Jeg Dacunha GT S.A. Engenharis, Rua das Orquideas 475, Sao Bernardo do Campo, Brasilien

Land-Rover/Range Rover BL Ltd., 174 Marylebone Road, London NW1 5AA, England

Léotard 6 x 6 S.A.Léotard, 10 Bvd. des Batignolles, F-75017 Paris, Frankreich

Luaz Zaporoshts Automobilnij Zawod, Zaporoshe, UdSSR

Mercedes-Benz G/Puch Daimler-Benz AG, Mercedesstraße, 7000 Stuttgart 60

Mitsubishi Pajero Mitsubishi Motors Corp., 33-8 Shiba 5C-chome, Minatoku, Tokio, Japna

Monteverdi Automobile Monteverdi AG, Oberwiler Straße 14-10, CH-Binningen/Basel, Schweiz

Moretti Sporting Stabilimenti Carrozzeria Moretti, via Monginevra 278-242, I-1i142 Torino, Italien

Nissan Patrol Nissan Motor Co. Ltd., 17-1 chome, Ginza, Chuo-Ku, Tokio, Japan

Portaro G.V. Sociedade Electro-Mecanica de Automoveis, Rua Nove de S. Mamede 3-9, Lisboa 2, Portugal

Puch (Mercedes-Benz G) Steyr-Daimler-Puch AG, Kärntner Ring 7, A-1010 Wien, Österreich

Renault RVI Renault Véhicules Industriels, 33 rue Galliémi, F-92153 Suresnes, Frankreich

Renault Baja Car Système/International Diffusion, 5 ave. de la Résistance, Z.I. La Croix Blanche, F-91700 St. Geneviève des Bois, Frankreich

Rover Santana Métalurgica de Santa Ana S.A., Ave. General Mola 13, Madrid, Spanien

Shiguli Lada Niva Volzkij Automobilnij Zawod, Togliatti, UdSSR

Solo Solo Kleinmotoren GmbH, Postfach, 7032 Sindelfingen 6

Steyr Pinzgauer Steyr-Daimler-Puch AG, Kärntner Ring 7, A-1010 Wien, Österreich

Subaru Fuji Heavy Industries, Bldg. 7-2, 1-chome, Nishishinjuku, Shinuku-Ku, Tokio, Japan

Suzuki Suzuki Motor Company Ltd., Hamamatsu-Nishi, P.O.B. 1, 432-91 Hamamatsu, Japan

Toyota Landcruiser Toyota Motor Co., 1 Toyota-cho, Toyota Shi, Aichi-Ken, Japan

Toyota Bandeirante Toyota do Brasil S.A., Estrada de Piraporinha, BR-1501 Sao Bernardo do Campo, Brasilien

UAZ Tundra Ulianovsk Automobilnij Zawod, Ulianovsk, UdSSR

UMM Uniao Metalo Mecanica Lda., Rua das Flores 71 – 2° D, Sogusa P, Lisboa 2, Portugal

VW Iltis Volkswagenwerk GmbH, Postfach, 3180 Wolfsburg

Volvo Laplander Volvo Truck Corporation AB, S-405 08 Göteborg, Schweden

Importeure und/oder Händler

Allrad-Center Kurpfalz GmbH, Viktoriastraße 58, 6550 Bad Kreuznach (Monteverdi, Suzukui, Subaru, Daihatsu)

Allrad-Center Siegen GmbH, Hagener Straße 38, 5800 Siegen (japanische Fabrikate)

Allrad-Center Stahl, Heistergasse 4-6, A-1200 Wien, Österreich

Allrad-Laden, Bahnhofstraße 4, 8031 Seefeld-Hechendorf (japanische Fabrikate)

Allrad-Schmitt, Einsteinstraße 2, 8706 Höchberg/Würzburg (neue u. gebrauchte Geländewagen div. Marken)

Auto-Becker GmbH, Suitbertusstraße 150, 4000 Düsseldorf (Jeep, japanische Fabrikate, Rover)

Auto-Bläcker, Langenbrahmstraße 27, 4300 Essen

Auto-Daffner GmbH, 8431 Batzhausen/Seubersdorf 164 (japanische Fabrikate)

Auto-Grüning AG, Schwarzenburger Straße 142, CH-3097 Bern-Liebefeld, Schweiz (UMM)

Auto-Kugel GmbH, Klosterstraße 6, 5503 Konz (japanische, britische und amerikanische Fabrikate)

Autoland, Via Antonio Silvani 104, Roma, Italien (Delta Mini Cruiser, UAZ)

Auto-Müller, Ruhrstraße 32, 5760 Arnsberg (Toyota)

Auto-Siegert, Industrie-Gebiet, 3421 Herzberg

B & S Automobil-Import GmbH, 4172 Straelen 1 (englische und japanische Fabrikate)

Daihatsu-Center Matthias Schäfer, Augsburger Straße 25, 8093 Puchheim

Deutsches Handelskontor Ost, Postfach 1853, 4432 Gronau (ARO)

Deutsche Lada Import GmbH, Lessingstraße 52, 2153 Wulmsdorf (Shiguli Lada Niva)

Deutsche Steyr-Daimler-Puch GmbH, Karl-Hammerschmidt-Straße 9, 8011 Aschheim-Dornach (Steyr Pinzgauer)

Gandinauto, Via Cadore Mare, San Vendemiano (Autostrada A 27), Conegliano, Italien (Geländefahrzeuge aller Art)

Geländewagen-Homilius, Raiffeisenstraße 27, 6365 Rosbach 1

General Motors France SA, 56–58 av. Louis Roche, F-92231 Gennevilliers, Frankreich (Chevrolet Blazer)

General Motors Continental N.V., Noorderlaan 75, B-2030 Antwerpen, Belgien (Chevrolet Blazer)

General Motors Suisse SA, Salzhausenstraße 21, CH-2501 Biel (Chevrolet Blazer)

Guido Gemein, Jeep-Center Krefeld, Frühlingsweg 43–45, 4150 Krefeld (AMC/Jeep)

4 x 4-Hefelmann, Langenberger Straße 11, 5620 Velbert 1 (Mercedes-Benz G u. a.)

Heinrich A. Hoier, Bavaria Off-Road, Verdistraße 130, 8000 München 60 (Spezialausführungen Mercedes)

Garage Huber AG, Rütlistraße 1155, CH-8634 Hombrechtlikon, Schweiz (Gurgel)

J.H. Keller AG, Vulkanstraße 120? CH-8048 Zürich, Schweiz (AMC/Jeep)

Werner Keul, Eichenweg 3, 5568 Daun-Waldkönigen (AMC/Jeep u. a.)

H. und L. Knebel GmbH, Emilienstraße 9, 5900 Siegen 1 (japanische Fabrikate, Lada)

Siegfried Kostinek, Bavariaring 49, 8000 München 2 (ARO)

Leyland GmbH, Am Fuchsberg 1, 4040 Neuss (Range Rover, Land-Rover)

Volker Linde, Kakenhaner Weg 12, 2000 Hamburg 65

Udo Maletz, Am Mühlenweg 6, 4790 Paderborn-Elden

Maristar AG, Zimmergasse 8, CH-8008 Zürich, Schweiz (Jeg)

MMC Auto Deutschland GmbH, Hessenauer Straße 2, 6097 Trebur-Geinsheim (Mitsubishi)

Müller-Buchhof Automobile, Schleißheimer Straße 276, 8000 München 40 (Gurgel)

Nissan Motor Deutschland GmbH, Nissanstraße 1, 4040 Neuß (Nissan Patrol)

Off-Road Shop Drewke, Föhrenstraße 4, 8084 Inning

Hermann Plate, Echostraße 12, 5900 Siegen-Eiserfeld (japanische Fabrikate, Lada Niva)

Braam Ruben, Stationsweg 86 a, Herkenbosch, Holland (Armee-Land-Rover)

Konrad Russ KG, Gewerbegebiet, 8723 Gerolzhofen (Volvo Laplander)

Saueressig GmbH, Diesekslraße 53, 5650 Solingen (Land-Rover und Spezialfahrzeuge)

K.D. Schlangen, Billstraße 35, 2000 Hamburg 28

Schmidt & Goerke, Postfach 1123, 4714 Selm

Subaru Deutschland GmbH, Konrad-Zuse-Straße 13, 6430 Bad Hersfeld (Subaru 4WD)

Suzuki Motor-Handels-GmbH, Ingolstädter Straße 61 d, 8000 München 46 (Suzuki LJ, SJ)

Tap Pony Fahrzeuge AG, CH-4657 Dulliken (Solothurn), Schweiz (Namco Pony 4 x 2)

Tarbuk & Co Importges. mbH, Davidgasse 90, A-1100 Wien, Österreich (Nissan)

Toyota AG Suisse, CH-5745 Safenwil (Toyota)

Toyota Austria Ernst Frey OHG, Wiedner Gürtel 2, A-1040 Wien, Österreich (Toyota)

Toyota Deuschland GmbH, Pachemer Landstraße, 5000 Köln 40 (Toyota)

Unfried Geländewagen, Schlachthofstraße 23, 7800 Ludwigsburg (japanische und amerikanische Fabrikate)

Voelkl & Co GmbH, Robinigstr. 9, A-5020 Salzburg

Gebr. Wittmeier, Geländewagen-Import, Waldenburger Straße 9, 4460 Nordhorn

J.A. Woodhouse, Dürener Straße 424–428, 5000 Köln 40 (Jeep, ARO)

Zoellin GmbH, Ellengurt 4, 7841 Auggen

Spezialunternehmen, Behörden

A.C.A. s.a.r.l., Franco Sbarro, Ch-1411 Les Tuileries de Grandson, Schweiz (Umbauten, Spezialfahrzeuge)

British Rhine Army Disposals Organisation, Markendorfer Str. 97, 4700 Hamm-Mark

Bundeseigene Verwertungsgesellschaft, Günderoder Straße 21, 6000 Frankfurt/Main 1 (ehem. Bundeswehr-Fahrzeuge)

Georg Busch & Sohn, Tarpenring 8, 2000 Hamburg 62 (Jeep- und Dodge-Veteranen)

Carmichael Custom Cars, Gregory's Mill Street, Worcester WR3 8BE, England (Range-Rover-Umbauten)

Marlies Cremer, Schützenstraße 8, 5162 (Verleih von Jeep-Fahrzeugen)

Czech Automobile, 8581 Weidenberg (japanische Fabrikate, spez. Tuning)

Helmut Hey, 8741 Waltershausen (Umbau und Modifikation von Geländefahrzeugen)

Hirnböck & Voglstätter OHG, Ziegeleistraße 30, A-5020 Salzburg (Ersatzteile für historische Jeep-Modelle)

Jeep US Collectionneurs, C.P. 20, CH-1522 Lucens, Schweiz (Restaurierung von Jeep-Veteranen)

Christian Kunad, Kampworth 41, 3457 Stadtoldendorf (Ersatzteile und Zubehör für Veteranen)

Rapport Trading Ltd., Rapport House, Great Eastern Street, London EC2A 3EJ, England (Umbau von Range-Rover zu Cabriolets)

Reomie B. V., Erlecomsedam 30, Ooy/Nimwegen, Holland (Ersatzteile für historische Jeep-Modelle)

Karosseriebau Wenger, Alschwilerstr. 15, CH-4055 Basel (Hardtop und Spezialaufbauten für Jeep)

Wood & Pickett Ltd., Victoria Road, Ruislip, Middlesex, H14 0JU, England (Range-Rover-Umbauten)

Ausrüstungen und Zubehör

Caviglia Service, Grimselweg 3, CH-6002 Luzern (Jeep-Ersatzteile)

Comasco AG, Bernstraße 1, CH-3363 Oberönz, Schweiz (spez. Hardtops für japanische und MB-Fahrzeuge)

Cross-Country Service R. Stöpler GmbH, Industriegebiet Dundenheim, 7607 Neuried 3

Därrs Expeditions-Service, Kirchheimer Straße 2, 8011 Heimstätten (Off-Road-Ausrüstungen)

Delta, Lukkaerstr. 2, 8063 Odelzhausen (spez. Zubehör für Suzuki)

Der Geländewagen, Marien-/Dietrichstraße, 3000 Hannover 1 (spez. Zubehör für Suzuki)

Fahrzeugtechnik-Vertriebs-GmbH, Holzwiesenstr. 1, 8000 München 83 (Breitfelgen, Bremsteile)

Kuno Falk, Ziegelstraße 16, 7980 Ravensburg (spez. Zubehör für Lada Niva)

Auto Fürst, Münchener Straße 14, 8940 Memmingen (spez. Zubehör für Daihatsu)

Globetrott-Zentrale Tesch, Korneliusmarkt 56, 5100 Aachen-Kornelimünster (Ausrüstungen)

Fa. Hefelmann, Langenberger Straße 141, 5620 Velbert 1 (spez. Zubehör für Mercedes-Benz/Puch G)

Peter Hermann, Ihmer Straße 6–8, 3000 Hannover 91 (Munga-Ersatzteile)

ISP Nothacker, Bahnstraße, 6240 Königstein (Jeep, Land- und Range Rover, Chevrolet, Dodge)

Auto Kugel GmbH, Klosterstraße 6, 5503 Konz (Zubehör für Geländefahrzeuge)

Caviglia Service, Grimselweg 3, CH-6002 Luzern (Jeep-Ersatzteile)

Matz Autoteile, Postfach 22 55, 2390 Flensburg (Teile für Munga- und Borgward-Allradwagen)

ORS, Pfarrweg 2, Assling (spez. Zubehör für Jeep, auch Verleih)

Peter Prass KG - Metallwarenfabrik, Postfach 10 04 69, 5650 Solingen (Rammschutz-Stoßstangen für Mercedes-Benz/Puch G)

Design West, Postfach 1305, 4950 Porta Westfalica (Camper-Aufbauten)

Surplus City, 11794 Sheldon Street, Sun Valley, California, 91 352 USA (spez. Zubehör und Ersatzteile für Willys-Overland/Ford-Jeep)

Taubenreuther Spezialfahrzeuge, Am Schwimmbad 8, 8650 Kulmbach (spez. Zubehör für Jeep, Schneefahrzeuge, Sonderausrüstungen, Winden)

Ungerer & Hesse, 4 x 4-Sauerland, 5750 Menden
Mark A. Weber, Postfach 4, B-2100 Antwerpen D. 1 (Sperrdifferentiale)

F. Weissner, Wilhelm-Leuschner-Straße 13, 2990 Papenburg 1 (Zubehör für alle Fabrikate)

A. Werner GmbH & Co., Feuerlöschtechnik, Höhrer Straße, 5414 Vallender/Rhein (Feuerlöscher)

Wohnmobil GmbH, Leoganger Straße 53, A-5760 Saalfelden (Wohnmobil-Aufsätze und -einbauten)

Wono Service, Leichlinger Straße 13 a, 4018 Langenfeld (spez. Ersatzteile für Range Rover)

Geländewagen-Clubs

AGM-Club (Munga)   Peter Kurze, Parkallee 205, 2800 Bremen 1

Allrad-Club Nord e. V.   Kattenturmer Heerstraße 64–66, 2800 Bremen 61

Allrad-Club Vorarlberg   Emil Stark jun., Franz-Michael-Felder-Straße 28, A-6840 Götzis

Allrad Wien   Kurt Somek, Tannengasse 19/14, A-1150 Wien

Association Française des Collectionneurs de véhicules militaires   4 rue Antoine Barye, F-77630 Barbizon

Club-Auto-Verte   52 rue Guynemer, F-92400 Courbevoie

Club Morvan 4 x 4   Christophe Carpentier, rue de la Presle, F-18350 Nérondes

Cross Country Club Bayern e. V.   Otmar Hofheinz, Am Moorfeld 11, 8000 München 82

Deutsche Interessengemeinschaft Schwimm- und Geländewagen   Falltorstraße 1, 6369 Schöneck 1

Deutscher Rover-Club e. V.   Otto R. Seidel, Kampchaussee 2, 2050 Hamburg 80

4 x 4-Club Karlsruhe   Rudolph Delmas, Kußmaulstraße 5, 7500 Karlsruhe 21

4 x 4-Club Klagenfurt   Forellenschänke, Polsterteich, A-9073 Viktring

4 x 4-Club Salzberg   Gemeindeweg 10, 5061 Glasenbach

4 x 4-Club Salzburg   Volker Rotschädl, Vogelweidestraße 63b, A-5020 Salzburg

4 x 4-Club Sonne und Sand   Paul Teutrine, Herforder Straße 87, 4920 Lemgo

Geländewagenclub Zürich   Erachfeldstraße 6, CH-8180 Bülach

Grazer Geländewagen-Club   W. Grünanger, Richard-Strauß-Gasse 2/4, A-8020 Graz

Interessengemeinschaft 4 x 4 Bochum   Wolfgang Knüpfer, Hauptstraße 168, 4630 Bochum 7

Interessengemeinschaft 4 x 4 Bodensee   Rainer Stengl, Radolfzeller Straße 73, 7750 Konstanz

Interessengemeinschaft Four Wheel Driver   Hans-Peter Klein, Rumannstraße 32, 3000 Hannover 1

Interessengemeinschaft 4 x 4 Garmisch-Partenkirchen   Rudolf Spichtinger, Loisachauen, 8100 Garmisch-Partenkirchen

Jeep-Club Frankfurt/Main   Bischofsweg 51, 6000 Frankfurt/Main 70

Jeep-Club Switzerland   Werner E. Schlatter, Humrigenstraße 43, CH-8704 Herrliberg

Kärntner Motor-Veteranen-Club   Josef Trattnig, Ikarusgasse 36, A-9020 Klagenfurt

Niederbayerischer Verein für Geländewagen e. V.   N. Täuber, Neuburger Straße 7, 8390 Passau

Österr. Gesellschaft für hist. Kraftfahrzeuge   H. Clostermayer, Hütteldorfer Straße 1, A-1150 Wien

Off-Road-Club Baden-Württemberg e. V.   Bruchsaler Staße 80, 7520 Bruchsal-Untergrombach

Off-Road-Club Bayern   Reinhold Haslbeck, Postfach 343, 8260 Mühldorf

Off-Road-Club Berlin e. V.   Norbert Neff, Postfach 460 546, 1000 Berlin 46

Off-Road-Club Luxembourg   John Schweigen, Domeldange, G. D. Luxembourg

Off-Road-Club Wien   Modergasse 10, A-1090 Wien

Schwimmwagen- und Geländefahrer-Kreis (DISG/SFGK)   J. Malsbenden, Im Eulehorst 15, 5400 Koblenz 1

Suzuki-Club Aaretal   Postfach, CH-5200 Brugg

Suzuki-Eljot-Club Südbayern   J. Loder, Postfach 11, 8063 Odelzhausen

Suzuki-Off-Road-Fan-Club   K. H. Kiesewetter, Wöhrmühle 6, 8520 Erlangen

Wintercamp eines Off-Road-Club in Österreich. Geländewagenfahrer sind nur selten Einzelgänger; viele Unternehmungen lassen sich in der Clubgemeinschaft wesentlich besser angehen.

Stichwortverzeichnis

Für Oldtimer-Fans und Automobil-Liebhaber

Halwart Schrader

Automobil-Faszination

Aus der Chronik des Automobils:
Meilensteine der Motorisierung von 1885 bis heute

240 Seiten,
96 Farbfotos,
385 s/w Fotos

Dieser hervorragend ausgestattete und reich bebilderte Band ist eine einmalige Dokumentation klassischer Automobil- und Oldtimer-Raritäten aus acht Jahrzehnten. Er informiert über die Geschichte des Automobils, seine gesellschaftliche und zeitgeschichtliche Bedeutung, die Entwicklung der Automobilfirmen sowie über Konstruktions- und Aufbauformen der einzelnen Automobiltypen.

Halwart Schrader

Oldtimer-Lexikon

Geschichte · Marken · Technik von A–Z

2. Auflage, 160 Seiten,
344 Fotos,
109 Zeichnungen

Dieses Oldtimer-Lexikon erklärt Fachbegriffe von A–Z, beinhaltet technische Funktionsbeschreibungen, Erklärungen von Markennamen, eine Einführung ins Oldtimer-Hobby und Tips für die Anschaffung eines Veteranenwagens.

Hans-Jürgen Schneider

Alles über Wohnmobile

Kauf · Einrichtung · Reisen · Tips und Technik

160 Seiten, 213 Fotos,
38 Zeichnungen,
Tabellen

Dieser praktische Ratgeber behandelt alle Aspekte des Motorcaravaning. Eine detaillierte Marktübersicht informiert über verschiedene Fahrzeugtypen, Verwendungsmöglichkeiten und Preisklassen. Motoren und Antriebssysteme werden vorgestellt, Inneneinrichtung, Energieversorgung und Sicherheitsvorschriften genau behandelt.

Stefan Knittel

Motorrad-Lexikon

Geschichte · Marken · Technik von A–Z

2. Auflage, 160 Seiten,
246 Fotos,
165 Zeichnungen

Motorradmodelle von früher bis heute sind in diesem Lexikon zusammengestellt. Es erklärt Fachbegriffe von A–Z, befaßt sich mit der Geschichte berühmter Marken und führt in das Hobby »Oldtimer-Motorrad« ein.

BLV Verlagsgesellschaft München